AF544171

EUL VERLAG

EINZELSCHRIFTEN

Abdelhakim Azaouagh

Finanzwirtschaftliche Effekte der Bilanzierung Strukturierter Produkte – Erfolgsneutrale Fair Value-Bilanzierung als alternatives Konzept?

Lohmar – Köln 2014 • 240 S. • € 56,- (D) • ISBN 978-3-8441-0333-5

Matias Bronnenmayer

Erfolgsfaktoren von Unternehmensberatung – Eine Zweiperspektivenbetrachtung

Lohmar – Köln 2014 • 364 S. • € 64,- (D) • ISBN 978-3-8441-0348-9

Philipp Nitzsche

Inbound Open Innovation – Eine empirische Analyse ihrer Erfolgswirkung auf Basis des Dynamic Capabilities View

Lohmar – Köln 2014 • 364 S. • € 64,- (D) • ISBN 978-3-8441-0349-6

Klaus Frank und Marco Patrizi

Nachhaltigkeitsaspekte im Marketing-Mix der Automobilindustrie

Lohmar – Köln 2014 • 156 S. • € 47,- (D) • ISBN 978-3-8441-0350-2

Daniel Gavranović

Strategisches Controlling auf Basis quantifizierender Kalküle im Projekt- und Bereichsbezug – Produktprojekte und Standortalternativen als Objekte der Prognose und Vorteilhaftigkeitsanalyse

Lohmar – Köln 2014 • 368 S. • € 64,- (D) • ISBN 978-3-8441-0353-3

Sven Seehausen

Kapitalstrukturentscheidungen in kleinen und mittleren Unternehmen

Lohmar – Köln 2014 • 376 S. • € 65,- (D) • ISBN 978-3-8441-0354-0

Jan Klaus Tänzler

Corporate Governance und Corporate Social Responsibility im deutschen Mittelstand – Ein empirischer Vergleich mittelständischer Unternehmen mit unterschiedlichem Familieneinfluss

Lohmar – Köln 2014 • 212 S. • € 55,- (D) • ISBN 978-3-8441-0355-7

JOSEF EUL VERLAG

Corporate Governance und Corporate Social Responsibility im deutschen Mittelstand

-

Ein empirischer Vergleich mittelständischer Unternehmen mit unterschiedlichem Familieneinfluss

Inauguraldissertation zur Erlangung des akademischen Grades
eines Doktors der Wirtschaftswissenschaften
der Universität Mannheim

vorgelegt von
Dipl.-Kfm. Jan Klaus Tänzler
Mannheim

Dekan: Dr. Jürgen M. Schneider

Referent: Univ.-Prof. Dr. Michael Woywode

Korreferent: Univ.-Prof. Dr. Bernd Helmig

Tag der mündlichen Prüfung: 4.12.2013

Jan Klaus Tänzler

Corporate Governance und Corporate Social Responsibility im deutschen Mittelstand

Ein empirischer Vergleich mittelständischer Unternehmen mit unterschiedlichem Familieneinfluss

Bibliografische Information der Deutschen Nationalbibliothek

Die Deutsche Nationalbibliothek verzeichnet diese Publikation in der Deutschen Nationalbibliografie; detaillierte bibliografische Daten sind im Internet über <http://dnb.d-nb.de> abrufbar.

Dissertation, Universität Mannheim, 2013

ISBN 978-3-8441-0355-7
1. Auflage Oktober 2014

JOSEF EUL VERLAG GmbH
Brandsberg 6
53797 Lohmar
Tel.: 0 22 05 / 90 10 6-6
Fax: 0 22 05 / 90 10 6-88
E-Mail: info@eul-verlag.de
http://www.eul-verlag.de

Bei der Herstellung unserer Bücher möchten wir die Umwelt schonen. Dieses Buch ist daher auf säurefreiem, 100% chlorfrei gebleichtem, alterungsbeständigem Papier nach DIN 6738 gedruckt.

Meinem Vater gewidmet

„Mein Sohn, sey mit Lust bey den Geschäften am Tage, aber mache nur solche, daß wir bey Nacht ruhig schlafen können."

Thomas Mann: Buddenbrooks – Verfall einer Familie[1]

Das Buch „Buddenbrooks – Verfall einer Familie" von Thomas Mann aus dem Jahre 1901 handelt vom allmählichen, sich über vier Generationen hinziehenden Niedergang einer wohlhabenden Lübecker Kaufmannsfamilie. Der Autor zeichnet dabei das Bild des Kaufmanns und Familienunternehmers und stellt es in unterschiedlichen Facetten dar.

Auf der einen Seite steht der alte Patriarch, Konsul Johann (Jean) Buddenbrook, der die Moral hochhält, unehrliche Geschäfte verachtet und das Streben nach dem reinen Geldverdienen als Verfall der Bildung und moralisch verwerflich betrachtet. Hintergrund seiner Einstellung ist dabei maßgeblich die Erziehung durch seinen Vater, der spekulative Geschäfte verachtet und den zunehmenden Kapitalismus der damaligen Zeit durchaus gesellschaftskritisch sieht: "Praktische Ideale... na, ja... (...). Da schießen nun die gewerblichen Anstalten und die technischen Anstalten und die Handelsschulen aus der Erde, und das Gymnasium und die klassische Bildung sind plötzlich Bêtisen, und alle Welt denkt an nichts als Bergwerke ... und Industrie... und Geldverdienen... Brav, das alles, höchst brav! Aber ein bißchen stupide, von der anderen Seite, so auf die Dauer - wie?".[2] Konsul Budenbrook lebt diese ihm vorgelebte Moral des ehrenwerten Kaufmanns, die das Haus Buddenbrook bislang auszeichnete, weiter. „Ich ging zu diesem Ende bis Schottland hinauf und machte manche nutzbringende Bekanntschaften, erkannte aber alsbald auch den gefährlichen Charakter, welchen die Export-Geschäfte dorthin an sich trugen, weshalb eine weitere Kultivierung derselben in der Folge auch unterblieb, zumal ich immer des Mahnwortes eingedenk gewesen bin, welches unser Vorfahr, der Gründer der Firma, uns hinterlassen:"[3] „Mein Sohn, sey mit Lust bey den Geschäften am Tage aber mache nur solche, daß wir bey Nacht ruhig schlafen können."[4]

---

1 Mann 1969, S. 48

2 Mann 1969, S. 24

3 Mann 1969, S. 152, es finden sich im Text noch weitere Anzeichen für das konservative Geschäftsgebaren des Konsuls, vgl. S. 98, S. 116

4 Mann 1969, S. 48, dazu führt auch der Familienunternehmer Friedrich von Metzler (2012) aus: „Jedes Familienmitglied, das in der Bank aktiv wird, muss sich also als Treuhänder der nächsten Generation verstehen, denn das ist eine der besten Voraussetzungen für den Bestand eines Familienunternehmens. „Sei des Tags mit Eifer bei den Geschäften, aber mach nur solche, dass du des Nachts gut schlafen kannst", schreibt der alte Buddenbrock seinen Nachfolgern ins Stammbuch. Das zu beherzigen gilt für jeden Familienunternehmer, denn er ist ein Vermögensverwalter im Unternehmen für die Familie."

Auf der anderen Seite steht sein Sohn, Senator Thomas Buddenbrook. Dieser ist nicht mehr mit Leib und Seele Kaufmann, sondern geht mit der Zunft der Kaufleute hart ins Gericht. So beklagt er, „"Ach, ich fürchte beinahe, daß der Kaufmann eine immer banalere Existenz wird, mit der Zeit".[5] Thomas verhält sich zwar nicht wie ein gewissenloser und unehrlicher Spekulant, er bricht aber trotzdem aus dem Moralkodex der Familie Buddenbrook aus und beteiligt sich an spekulativen Geschäften, die letztendlich den Ruin und Untergang des Familienunternehmens herbeiführen.[6]

Thomas Mann zeichnet in seinem Roman somit ein konträres Bild des Kaufmanns – auf unsere Zeit bezogen des Familienunternehmers. „In den "Buddenbrooks" wird der Moralcodex des ehrenvollen Kaufmanns, den die Buddenbrooks repräsentieren, herausgefordert. (…) Auf der einen Seite wird das Bild des ehrenvollen Kaufmanns dargestellt, der gesellschaftlich und politisch engagiert sowie prinzipienfest ist, langfristig denkt (…). Auf der anderen Seite steht das Bild des Kaufmannes, welcher, um es mit Christian Buddenbrooks Worten auszudrücken: "Eigentlich und bei Lichte besehen (ein) Gauner (ist)".[7] Thomas Mann, der sein Werk gegen Ende des 19. Jahrhunderts verfasste, war beeinflusst vom Realismus der damaligen Zeit.[8] Die Interpretation seines Romans muss somit auch vor dem Hintergrund der aufkommenden Spekulation sowie der zunehmend kapitalistischen Gesellschaft der damaligen Zeit, die in der gesellschaftskritischen Literatur des 19. Jahrhunderts immer wieder thematisiert wird, gesehen werden.

Mann stellt somit die Figur des Familienunternehmers in unterschiedlichen Schattierungen dar. Doch wie steht es in Wirklichkeit um die deutschen Familienunternehmen? Verhalten sich Familienunternehmer anders als Manager von Unternehmen, die nicht familiendominiert sind? Und wie verantwortungsbewusst handeln Unternehmen mit und ohne Familieneinfluss?

Die Beantwortung dieser Fragen ist dabei für mich nicht nur im Rahmen meiner hier vorliegenden Dissertation von Interesse. Familienunternehmen üben auf mich schon seit jeher einen besonderen Reiz aus. Da ich selbst aus einem Familienunternehmen in der sechzehnten Generation stamme, bin ich schon früh mit den Besonderheiten dieser Unternehmensart in Berührung gekommen. Dabei konnte ich Meinungsverschiedenheiten unter Gesellschaftern, die Führung unter externem und internem Management und die Arbeit des Beirats genauso miter-

5 Mann, 1969, S. 235
6 Vgl. Mann 1969, S. 233, S. 401
7 Samoilow 2009
8 Vgl. Samoilow 2009

leben wie die besondere Beziehung, die zwischen der Familie und den Mitarbeitern des Unternehmens besteht. Kurzum: Alles das, was ein Familienunternehmen ausmacht! Der Bezug zum Roman „Die Buddenbrooks – Verfall einer Familie“ war für mich auch deshalb besonders naheliegend, da mein Ururgroßvater, Carl-Philipp Gütschow, als Vorlage zum literarischen Porträt des Doktor Grabow in den Buddenbrooks diente.

Zu guter Letzt gehört es zum guten Ton, den Förderern und Unterstützern einer solchen Arbeit für die wertvollen Hilfestellungen zu danken. Ich möchte dies aber nicht nur aus reiner Höflichkeit tun, sondern bin den hier Erwähnten überaus zu Dank verpflichtet, da es ohne ihre Mithilfe nicht zum Entstehen dieser Arbeit gekommen wäre.
An erster Stelle möchte ich daher meiner Familie danken, ohne die ich nicht in den Genuss der Vorbildung gekommen wäre, die für das Verfassen einer Dissertation zwangsläufig vonnöten ist. Einen großen Anteil am Erfolg dieser Arbeit hat auch mein Doktorvater, Professor Dr. Michael Woywode, der mich jederzeit großartig unterstützt hat. Dafür möchte ich ihm herzlich danken. Außerdem danke ich den Mitgliedern des Forschungsbereichs Familienunternehmen am Institut für Mittelstandsforschung. Allen voran seien hier Forschungsgruppenleiter Dr. Detlef Keese sowie meine Kollegin Annegret Hauer genannt, die viel Zeit investiert haben und mich großartig unterstützt haben. Meinem Kollegen und Zimmernachbarn Niclas Rüffer, meinem Kollegen Robert Reck sowie meiner Kollegin Ute Becker danke ich für die inhaltliche und moralische Unterstützung, die während des Verfassens einer solchen Arbeit nicht zu unterschätzen ist. Meinem Zweitkorrektor Professor Dr. Bernd Helmig gilt ebenfalls mein herzlicher Dank.

Mannheim, den 1.9.2014 Jan Klaus Tänzler

Inhaltsverzeichnis

Abbildungsverzeichnis

Tabellenverzeichnis

Abkürzungsverzeichnis

Abb. ... Abbildung
Abstimm. ... Abstimmung
al. ... Alii
Allgem. ... Allgemein
BAG ... Bundesarbeitsgericht
BIBB ... Bundesinstitut für Berufsbildung
BDA ... Bundesvereinigung der deutschen Arbeitgeberverbände
BDI ... Bundesverband der deutschen Industrie e.V.
BMBF ... Bundesministerium für Bildung und Forschung
Bmfsfj ... Bundesministerium für Familie, Senioren, Frauen und Jugend
bspw. ... beispielsweise
bzw. ... beziehungsweise
ca. ... circa
CC ... Corporate Citizenship
Co. ... Compagnie
Contr. ... Controlling
CSR ... Corporate Social Responsibility
DAX ... Deutscher Aktienindex
d.h. ... das heißt
DIHK ... Deutscher Industrie- und Handelskammertag
Dr. ... Doktor
Entsch. ... Entscheidung
EU ... Europäische Union
evtl. ... Eventuell
Exp ... Exponent
F. ... Familie
f. ... folgende
FbU ... Familienbeeinflusste Unternehmen
ff. ... folgenden
F-PEC ... Family-Power Experience Culture
FU ... Familienunternehmen
Gesch. ... Geschäft
Gesellsch. ... Gesellschafter
GF ... Geschäftsführung

GS .... Gesellschafter
GmbH .... Gesellschaft mit beschränkter Haftung
H .... Hypothese
Hg. .... Herausgeber
Ifm .... Institut für Mittelstandsforschung
IHK .... Industrie- und Handelskammer
Interessenausgl. .... Interessenausgleich
Kap. .... Kapital
KG .... Kommanditgesellschaft
KMU .... Kleine und mittlere Unternehmen
Kontr. .... Kontrolle
Kult. .... Kultur
M-DAX .... Mid-Cap DAX
Mediat. .... Mediation
N-FU .... Nicht-Familienunternehmen
OECD .... Organization for Economic Co-Operation and Development
S. .... Seite
sog. .... so genannt
Strat. .... Strategie
U. .... Unternehmen
u.a. .... unter anderem
UN .... United Nations
Vergüt. .... Vergütung
Versamml. .... Versammlung
vgl. .... vergleiche
z.B. .... zum Beispiel
ZDH .... Zentralverband des deutschen Handwerks
ZfB .... Zeitschrift für Betriebswirtschaft

1 Einleitung

Familienunternehmen sind anders. Dieses Bild liefert uns nicht nur in Teilbereichen die Wissenschaft,[9] sondern dieses Image wird auch in der Öffentlichkeit gepflegt.[10] Gerade für Familienunternehmer zeigt sich diesbezüglich, dass sie sich ihrer oft über Generationen hinweg vorgelebten Werte bewusst zu sein scheinen, diese dementsprechend leben[11] und oftmals über Generationen weitervererben.

Darüber hinaus haben Familienunternehmen in der Öffentlichkeit ein besonders arbeitnehmerfreundliches Image. Eigentümerfamilien von Unternehmen sehen ihre Mitarbeiter oftmals als Teil ihrer eigenen Familie an.[12] Gleichzeitig zeigt sich, dass die Fluktuation in Familienunternehmen geringer ist[13] und dieser Unternehmenstypus in Krisenzeiten weniger Personal freisetzt.“[14]

Doch Unternehmen mit fühlbarem Familieneinfluss fühlen sich nicht nur ihren Mitarbeitern sondern auch der Gesellschaft in besonderer Art und Weise verbunden.[15] Die Bevölkerung hat Vertrauen, gerade in Familienunternehmen, „auf Grund ihres gesellschaftlichen Engagements - hier verhalten sich besonders Familienunternehmen vorbildlich.“[16] Getrieben werden die familiendominierten Unternehmen in diesem Punkt vor allem aus einem inneren Antrieb und Gestaltungswillen heraus, äußere Einflüsse scheinen kaum eine Rolle zu spielen.[17]

---

9 Vgl. Hack 2009, May 2012, S. 13 ff.

10 Vgl. Financial Times 2012, Handelsblatt 2012

11 So sagt der Familienunternehmer Friedrich von Metzler (2012): „Die Unternehmenswerte im Bankhaus Metzler haben sich im Laufe vieler Jahre ausgeprägt. Es sind Prinzipien, die sich als sinnvolles langfristiges Fundament für unser Haus herausgebildet und in den heftigen Finanzmarktkrisen der jüngsten Dekade bewährt haben: Unabhängigkeit, Unternehmergeist und Menschlichkeit. In diesen Unternehmenswerten klingen, so meine ich, die Werte der Vordenker unserer heutigen Bürgergesellschaft noch an. Wir haben die Grundgedanken natürlich umgemünzt auf die Belange eines modernen Unternehmens. Diese Unternehmenswerte, die im Laufe langer Jahre in unserem Hause gewachsen sind und sich bewährt haben, sind nach unserer Überzeugung ein solides Fundament auch für ein Bankhaus Metzler der Zukunft. Wir fühlen uns damit gut gewappnet für die Vielzahl hoher Anforderungen in der Finanzbranche.“ Zu den speziellen Werten von Familienunternehmen vgl. Deniz und Suarez 2005, S. 30ff.

12 So führt der Familienunternehmer Michael Prinz zu Salm-Salm zu diesem Thema aus: „Über 60 Jahre hat Herr (…) für meine Familie gearbeitet. (…) Seine erste Frau und Mutter seiner vier Kinder starb im Kindbett der Tochter Monika. Für meine Eltern war es selbstverständlich, dieses Kind mit in unsere Familie aufzunehmen und einige Jahre großzuziehen“ (Salm-Salm 2012). Ähnlich argumentiert auch der Familienunternehmer Ferdinand zu Castell-Castell, der über seinen Vater, den Ehrenvorsitzenden der Fürstlich Castell´schen Bank sagt: „Für meinen Vater sind Unternehmen und Familie eins“ (Süddeutsche Zeitung 2008).

13 Vgl. Keese et al. 2011, Berrone et al. 2010, S. 88

14 Vgl. Gottschalk et al. 2011

15 Vgl. Wegmann et al. 2009, S. 8ff.

16 Oetker 2006, S. 223

17 Vgl. Stiftung Familienunternehmen 2007

Dabei kommt Familienunternehmen ihre Nachhaltigkeit entgegen, da sie weniger von Quartalszahlen getrieben sind,[18] denn Unternehmen mit starkem Familieneinfluss denken in Generationen und nicht in Quartalen.[19] Hennerkes führt weiter aus, dass „die Interessenlage der Eigentümer im Familienunternehmen (…) durch Langfristigkeit und die »Familientradition« geprägt (ist). Dies äußert sich in einem besonderen Verantwortungsbewusstsein, das häufig zu einem Verzicht auf materielle Werte führt.“[20]

Betrachtet man die bis hierhin skizzierten Eigenschaften von Familienunternehmen, so liegt der Schluss nahe, dieser besondere Unternehmenstypus lege eine besonders verantwortungsbewusste Unternehmensführung an den Tag.

Doch Familienunternehmen machen auch mit Negativ-Schlagzeilen auf sich aufmerksam. Dabei sind vor allem Streitigkeiten unter Gesellschaftern eines der Hauptprobleme deutscher familiendominierter Unternehmen.[21] Konflikte in der Gesellschafterfamilie gelten als Hauptursache für das Scheitern von Familienunternehmen.[22] Daneben weisen Familienunternehmen nicht selten eine fehlende Nachfolgeregelung auf,[23] halten Geschäftsführer länger im Amt, als es für das Unternehmen sinnvoll erscheint, neigen zu Vetternwirtschaft[24] oder zeichnen sich durch (intergenerationalen) Altruismus aus.[25] Doch nicht nur eine fehlende oder schlecht gewählte Corporate (und Family) Governance ist ein Schwachpunkt einiger Familienunternehmen. Schlechte Strategieentscheidungen, die nicht selten durch mangelhaftes Managementwissen verursacht werden, das Festhalten an nicht mehr zeitgemäßen und unrentablen Produk-

18 So ist Dr. Nicola Leibinger-Kammüller, Geschäftsführende Gesellschafterin der Trumpf GmbH & Co. KG, überzeugt, dass „Familienunternehmen dieses nachhaltige Wirtschaften tendenziell stärker im Blick (haben) als andere Unternehmensformen. Bei gut geführten Familienbetrieben diktieren nicht Börse, Aktionäre und Quartalsberichte das Handeln. Nein, sie bauen auf langfristige Ziele. Auf Werte und Strategien, die eine stabile Führungsspitze mit langem Atem konsequent umsetzen kann. Wesentliche Merkmale von Familienbetrieben (jedenfalls von guten Familienbetrieben) sind das Wachstum aus eigener Kraft sowie die tiefe Verbundenheit der Familie mit dem Betrieb. Das sind entscheidende Faktoren einer auf Langfristigkeit hin orientierten Unternehmenskultur. Und gerade die ist ohne Zweifel die Stärke von Familienunternehmen. Dazu gehört auch, dass gut geführte Familienunternehmen ihre Mitarbeiter idealer Weise nicht allein durch Geld motivieren, sondern ihnen einen emotionalen Mehrwert bieten. Die Mitarbeiter spüren dann: Hier finde ich nicht nur interessante Aufgaben und einen sicheren Arbeitsplatz, hier werde ich auch ernst genommen und wertgeschätzt. Zudem wissen die Mitarbeiter eines Familienbetriebs, dass ihr Chef im Zweifel nicht nur ihre Arbeitsplätze, sondern sein eigenes Lebenswerk aufs Spiel setzt. Kurzum: Das Familienunternehmen ist im Grunde der Hort deutscher Tugenden“ (Leibinger-Kammüller 2010).

19 Vgl. Waldkirch et al. 2008, S. 76

20 Hennerkes 2004, S. 18

21 Vgl. Impulse 2012, Manager Magazin 2011, S. 37 ff.

22 Vgl. Rüsen 2012, Handler und Kram 1988

23 Zu den Problembereichen der Nachfolge vgl. Ballarini und Keese 2013, S. 494 ff.

24 Vgl. Pollack 1985, Ahrens et al. 2012, Collin und Ahlberg 2012

25 Vgl. Miller 1991, Sonnenfeld und Spence 1989, Manager Magazin 2011a, S. 37, Morck et al. 1988, Poza 2006, La Porta et al. 1999, Lubatkin et al. 2007, Stark 1995, Bruce und Waldmann 1990, Woywode et al. 2012

ten und Märkten, oftmals aus Nostalgie, sowie unzureichende Personalentwicklung[26] sind weitere Schwachpunkte, mit denen Familienunternehmen zu kämpfen haben.

Die aufgeworfenen vermeintlichen Eigenschaften von Familienunternehmen zeichnen somit ein konträres Bild in Bezug auf das verantwortungsbewusste Handeln im Unternehmen ab. Wie sieht es aber in der Realität wirklich aus? Heben sich Familienunternehmen von ihrem Pendant ohne Familieneinfluss in Bezug auf verantwortungsbewusstes Handeln ab? Dieser Frage geht die folgende Arbeit nach. Dabei konzentriert sich diese Ausarbeitung auf Unterschiede der Corporate Governance sowie Corporate Social Responsibility von mittelständischen Unternehmen mit und ohne Familieneinfluss.

Im Kern werden drei unterschiedliche empirische Studien vorgestellt und diskutiert, die auf zwei unterschiedlichen Datensätzen basieren. An der Konzeption, der Durchführung der Erhebungen und den Auswertungen der Daten war der Autor jeweils maßgeblich beteiligt. Die erste Studie, die Teil des Dissertationsvorhabens ist, hat zum Ziel, eine Antwort auf die Frage zu geben, ob es Unterschiede bei der Übernahme gesellschaftlicher Verantwortung zwischen Unternehmen mit starkem und schwachem Familieneinfluss gibt. Nun ist gesellschaftliche Verantwortung ein komplexes theoretisches Konstrukt, das schwer meßbar ist. Ein wichtiger Indikator für gesellschaftliche Verantwortung liegt jedoch vermutlich in der Ausbildungsbereitschaft.[27] Daher wurde die Ausbildungsbereitschaft von 510 Unternehmen in Mannheim untersucht. Es wird die Hypothese aufgestellt, dass Familienunternehmen aus Rücksicht auf ihren guten Ruf sowie auf ihre besondere Unternehmenskultur eher geneigt sind auszubilden als Nicht-Familienunternehmen und damit auch eher gesellschaftliche Verantwortung übernehmen. Im Ergebnis zeigt sich, dass, konträr zur ursprünglichen Vermutung, bei den kleineren Familienunternehmen die Ausbildungsneigung geringer als bei den Nicht-Familienunternehmen ist. Bei größeren Familienunternehmen hingegen ist die Ausbildungsneigung höher. Für die Ausgangsfragestellung bedeutet dies, dass die vorher aufgestellte Hypothese in ihrer Allgemeinheit nicht bestätigt werden kann.

In der zweiten Studie, die Teil dieses Dissertationsvorhaben ist, werden die Instrumente der Mitarbeiterbindung in Unternehmen zwischen 100 und 499 Mitarbeitern untersucht, die einen unterschiedlich starken Familieneinfluss aufweisen. Mitarbeiterbindungsmaßnahmen können als Ansatzpunkt für die Umsetzung von Corporate Social Responsibility-Konzepten bei Un-

26 Vgl. Rüsen 2012
27 Vgl. Stiftung Familienunternehmen 2007, S. 6, Gilde 2007, S. 7

ternehmen dieser Größenordnung angesehen werden.[28] Hierzu wurden Mitglieder der Geschäftsführung in 588 Unternehmen dieser Größenordnung in Deutschland telefonisch befragt. Ziel war es, den Zusammenhang zwischen dem Einfluss der Familie und dem Einsatz der unterschiedlichen Bindungsmaßnahmen zu untersuchen. Weiterhin wurden die Motivationen für die einzelnen Maßnahmen hinterfragt sowie geschaut, ob das Vorhandensein eines Betriebsrates einen Einfluss auf die Ergebnisse hat. Im Ergebnis kann festgehalten werden, dass der Familieneinfluss bei den betrachteten Maßnahmen zur Mitarbeiterbindung durchaus eine Rolle spielt, allerdings in geringerem Maße, als erwartet wurde. Zusätzlich spielt der Betriebsrat eine nicht unerheblich Rolle für die Etablierung einzelner Maßnahmen.

Die dritte Studie hatte zum Ziel herauszufinden, inwieweit der Familieneinfluss die Aufgabenschwerpunkte von Aufsichtsgremien beeinflusst. Diesbezüglich wurden die Aufgaben der Aufsichtsgremien von 195 Unternehmen untersucht. Dabei wurde angenommen, dass der Familieneinfluss einen direkten Effekt auf die Aufgabenschwerpunkte des Aufsichtsgremiums hat und weiterhin, dass die Vertrauenssituation im Unternehmen ebenfalls eine Bedeutung für dessen Funktion hat. Schließlich wurde auch von einem Einfluss der Familie auf die Vertrauenssituation im Unternehmen ausgegangen. Die Anfangsüberlegung bestand darin, dass die Vertrauenssituation zwischen Geschäftsführung und Gesellschaftern und die Funktionen des Aufsichtsgremiums auf eine Stewardship- oder Agency-Umgebung im Unternehmen hinweisen. Aus diesen Überlegungen folgte, dass sich die Vertrauenssituation auch aus dem Familieneinfluss erklären ließe. Im Ergebnis dieser Studie zeigte sich, dass der Einfluss der Familie im Unternehmen keine erkennbare Bedeutung für die Vertrauenssituation hat. Ferner werden die Funktionen des Aufsichtsgremiums auch nur teilweise davon geprägt. Demgegenüber wurde jedoch erkennbar, dass die Vertrauenssituation die Aufgabenübernahme des Aufsichtsgremiums in gleicher Weise stark beeinflusst. Da anfangs davon ausgegangen wurde, dass die Vertrauensumgebung die Funktionen des Aufsichtsgremiums in unterschiedlicher Weise beeinflusst, kann aufgrund der Ergebnisse kein Rückschluss von den Funktionen von Aufsichtsgremien auf die jeweilige Unternehmensumgebung gezogen werden. Da auch gesehen wurde, dass der Familieneinfluss keine Bedeutung für die Vertrauenssituation hat, kann zumindest bei Unternehmen dieser Größenordnung kein Zusammenhang zwischen der Höhe des Familieneinflusses und der Unternehmensumgebung abgeleitet werden.

[28] Vgl. Nielsen und Thomsen 2009, Jenkins 2009, einen Literaturüberblick zu CSR und SMEs bieten Avram und Kühne 2008

Diese drei, im Rahmen des Dissertationsvorhabens erstellten Studien, sollen dabei helfen, Licht ins Dunkel zu bringen, inwieweit der Familieneinfluss eine Rolle bei der Ausübung verantwortungsvoller Unternehmensführung spielt, sei es durch freiwilliges, verantwortliches Verhalten der Unternehmen ihren Stakeholdern gegenüber, oder bei der Etablierung eines geeigneten Ordnungsrahmens zwischen Eigentümern und Managern des Unternehmens.

Die vorliegende Arbeit ist in acht Kapitel unterteilt. Kapitel zwei beschäftigt sich mit den Begriffen Familienunternehmen und Mittelstand. In Kapitel drei wird ausgeführt, welche unterschiedlichen Ansichten in der Wissenschaft über gutes Unternehmertum vorherrschen. Kapitel vier widmet sich der Überlegung, welche Rolle der Familieneinfluss in Bezug auf verantwortungsbewusste Unternehmensführung spielen könnte. Kapitel fünf geht auf die Begriffe Corporate Social Responsibility und Corporate Citizenship ein. In Kapitel sechs werden die drei oben beschriebenen Studien vorgestellt, ehe die Arbeit mit einer Diskussion in Kapitel sieben sowie einem kurzen Ausblick in Kapitel acht endet.

2 Familienunternehmen und Mittelstand

Dieser Abschnitt widmet sich dem Begriff des Familienunternehmens aus theoretischer Sicht und zeigt auf, welche unterschiedlichen Definitionen in der Literatur zu diesem Begriff vorherrschen. Da die untersuchten Unternehmen der in Kapitel sechs vorgestellten Studien auch den kleinen und mittleren Unternehmen zuzuordnen sind, geht der erste Teil dieses Abschnitts auch auf die Begriffe KMU und Mittelstand ein und grenzt sie vom Begriff Familienunternehmen ab.

2.1 Der Mittelstand

„Der Begriff „Mittelstand“ stammt noch aus den historischen Vorstellungen früherer Feudalstrukturen und bezeichnet ursprünglich eine ständische Mitte des freien städtischen Bürgertums, welches sich im Ständestaat des Mittelalters als neuer Stand zwischen den beiden traditionellen Landständen – der unfreien Landbevölkerung einerseits und dem Adel andererseits – in den neuen Städten bildete und durch Handel, Gewerbe und Bildung eine zunehmende Bedeutung errang.“[29] In der heutigen Zeit, in der der Ständestaat bei uns untergegangen ist, wird zwischen dem sachlichen Mittelstand und dem persönlichen Mittelstand unterschieden.[30] Unter dem sachlichen Mittelstand versteht Hamer die mittelständischen Unternehmen,[31] während er die Träger von Führungs- und Verantwortungsfunktionen (gesellschaftlicher Mittelstand) zum persönlichen Mittelstand zählt, die er wiederum in die selbständigen Unternehmer (selbstständiger Mittelstand) sowie die angestellten Entscheidungs- und Verantwortungsträger (fremdverantwortlicher Mittelstand) unterteilt.[32]

Die Ausführungen deuten an, warum es so schwierig ist, den Begriff des Mittelstands zu definieren, da dieser sowohl ökonomische, gesellschaftliche und psychologische als auch quantitative und qualitative Merkmale enthält.[33]

Bisher gibt es weder eine vorherrschende noch eine gesetzlich festgeschriebene Definition des Begriffs Mittelstand.[34] Dies ist umso erstaunlicher, da der Mittelstand bezogen auf mittelständische Unternehmen als Rückgrat der deutschen Wirtschaft bezeichnet wird,[35] und die über-

---

29 Hamer 1987, S. 11
30 Vgl. Hamer 1987, S. 18
31 Vgl. Hamer 1987, S. 18
32 Vgl. Hamer 1987, S. 18
33 Vgl. Günterberg und Wolter 2002
34 Vgl. Günterberg und Wolter 2002
35 Vgl. Vogler 1990, S. 34 ff., Wössner 1998, S. 19 ff., Iliou 2004, S. 93

wiegende Anzahl der deutschen Unternehmen dem Mittelstand zugerechnet werden.[36] Aus diesem Grund gibt es in der Literatur auch eine Vielzahl unterschiedlicher Versuche, den Mittelstandsbegriff in Bezug auf Unternehmen zu definieren.[37] Oftmals wird Mittelstand mit kleinen und mittleren Unternehmen (KMU) oder Familienunternehmen gleichgesetzt.[38] Der Begriff kleine und mittlere Unternehmen bezieht sich allerdings auf die reinen Größenmerkmale der Unternehmen und lässt qualitative Aspekte außen vor. Den Begriff Familienunternehmen und Mittelstand gleichzusetzen ist auch nicht zweckmäßig, da der Begriff Familienunternehmen einer eigenständigen Definition bedarf, wie im Folgenden noch erkennbar wird.

In der Wissenschaft wurde weiterhin versucht, den Begriff des Mittelstands anhand qualitativer Kriterien zu definieren, bisher aber konnte sich auch hier keine einheitliche Definition manifestieren. Naujoks weist in diesem Zusammenhang auf die zwingende Verflechtung von Inhaber und Betrieb bei mittelständischen Unternehmen hin.[39] Wolter und Hauser präzisieren diese Eigenschaften, indem sie darauf hinweisen, dass diese Verflechtung gekennzeichnet sein muss durch eine Einheit von Risiko und Leitung sowie einer Einheit von Leitung des Betriebs. Gleichzeitig sollte die Verflechtung gekennzeichnet sein durch Selbstständigkeit der Entscheidung und Tragen von Verantwortung sowie der Einheit von wirtschaftlicher Existenz des Inhabers sowie Existenz des Betriebes.[40] Koch und Migalk heben als qualitative Merkmale des Mittelstands hervor:

- „die Eigentümer-Unternehmerschaft
- die finanzielle und rechtliche Unabhängigkeit
- ein geringer Formalisierungsgrad
- wenig Hierarchieebenen
- eine schwache Position auf dem Absatz- und Beschaffungsmarkt,
- ein begrenzter Zugang zum anonymen Kapitalmarkt sowie eine
- meist arbeitsintensive Produktion.“[41]

Dabei herrscht in der Wissenschaft Uneinigkeit, ob ein Unternehmen zwangsläufig alle qualitativen Merkmale erfüllen muss, um dem Mittelstand zugerechnet zu werden.[42]
In der heutigen Zeit hat es sich als praktikabel erwiesen, den Mittelstandsbegriff anhand quantitativer Merkmale zu definieren. So spricht das Institut für Mittelstandsforschung Bonn von

[36] Vgl. Mugler 1995, S. 17, Wolter & Hauser 2001, S. 29, Stephan 2002, S.6, Koch und Migalk 2007
[37] Vgl. Bornheim 2000, S. 13, Gantzel 1962
[38] Vgl. Pfohl 1997, S. 3
[39] Vgl. Naujoks 1975, S. 19
[40] Vgl. Wolter & Hauser 2001, S. 29
[41] Koch und Migalk 2007, S. 12
[42] Vgl. Koch und Migalk 2007, S. 12

einem mittelständischen Unternehmen, wenn das Unternehmen folgende Charakteristika aufweist:

- weniger als 500 Beschäftigte sowie
- einen Jahresumsatz von weniger als 50 Millionen €[43]

Diese Definition berücksichtigt somit nur quantitative Aspekte.

Die Definition der Europäische Kommission spricht von einem Mittelständischen Unternehmen, wenn ein Unternehmen,

- weniger als 250 Arbeitnehmer aufweist **und**
- entweder einen Jahresumsatz von höchstens 50 Millionen € erzielt oder
- deren Jahresbilanzsumme sich auf höchstens 43 Millionen € beläuft[44]

Die Unternehmen der in Kapitel sechs vorgestellten Studien haben allesamt zwischen 1 und 499 Mitarbeiter sowie einen Umsatz unter 50 Millionen €. Damit können sie noch weitest gehend dem Mittelstand zugerechnet werden.

Wie in diesem Abschnitt bereits aufgezeigt, ist der Begriff des mittelständischen Unternehmens von dem des Familienunternehmens abzugrenzen. Die Herausforderungen, die sich ergeben, den Begriff Familienunternehmen zu definieren, werden im folgenden Abschnitt erläutert.

2.2 Familienunternehmen: Hinführung an eine Definition

Hinter jedem Familienunternehmen, ob es sich hierbei um ein in Stämmen organisiertes Unternehmen oder ein Mehrfamilienunternehmen handelt, stehen stets eine oder mehrere Familien.[45] Der Begriff der Familienunternehmung besteht demnach aus zwei verschiedenen Einzelbegriffen, dem der Familie, und dem der Unternehmung. Bevor daher im Weiteren näher auf den Begriff des Familienunternehmens eingegangen wird, erscheint es zweckmäßig, zu beleuchten, was die Literatur genau unter einer Familie sowie unter einem Unternehmen versteht.

---

43 Vgl. Günterberg und Wolter 2002

44 Vgl. Europäische Kommission 2006

45 Zu den Unterschieden bei der Organisation von Familienunternehmen vgl. Simon et al. 2005, S. 39 ff. und Klein 2004, S. 151 ff.

2.2.1 Der Begriff der Familie im Wandel der Zeit

Im engeren Sinne wird in der Soziologie unter einer Familie die „Gemeinschaft der Eltern und ihrer unselbstständigen Kinder“[46] verstanden.[47] Werden zu dieser so genannten Kernfamilie[48] weitere Verwandte, wie Onkel oder Tante, Cousin oder Cousine, miteinbezogen, so spricht man von einer erweiterten Familie.[49] Die erweiterte Familie[50] unterscheidet wiederum zwischen der Dreigenerationenfamilie und der Großfamilie,[51] wobei die Dreigenerationenfamilie aus den Kindern, Eltern und Großeltern besteht. Die Großfamilie besteht wiederum aus den Kernfamilien der Geschwister (nach dem Tod des Vaters). Neben diesem klassischen Familienbild zeigt sich in der Gesellschaft in den vergangenen Jahrzehnten ein struktureller Wandel der Familie.[52] Unter den Stichworten Pluralisierung und Individualisierung von Lebensformen beschreibt die Literatur eine Änderung der Familienformen im Laufe der Zeit, weg von der Kernfamilie „der fünfziger und sechziger Jahre (Mutter, Vater, zwei Kinder) hin zu einer höheren Vielfalt der Lebensformen.“[53] Eine starke Zunahme alleinerziehender Elternteile,[54] so genannter Patchwork-Familien, Stieffamilien[55] oder gleichgeschlechtlicher Familien, einhergehend mit einem sozialen Wertewandel,[56] macht deutlich, dass sich das klassische Familienbild in letzter Zeit grundlegend geändert hat. Petzold definiert in diesem Zusammenhang sieben primäre Lebensformen, die zu einem besseren Verständnis der geänderten Lebensformen beitragen (siehe Tabelle 1).[57] Nave-Herz unterscheidet die Familienformen „aufgrund der unterschiedlichen Rollenzusammensetzungen (Eltern-/Mutter-/Vater-Familien) und Familienbildungsprozesse (durch Geburt, Adoption, Scheidung, Verwitwung, Wiederheirat, Pflegeschaft) und differenziert die Eltern-Familien nach formaler Eheschließung und nichtehelichen

---

46 Brockhaus Enzyklopädie Studienausgabe 2001

47 Setzen und Setzen unterscheiden hierbei zwischen der Abstammungs- oder Herkunftsfamilie und der mitbegründeten Zeugungsfamilie (Setzen und Setzen 1978, S. 14). Zu dem unterschiedlichen Verständnis des Familienbegriffes vgl. die Familienberichte der Bundesregierung, Bmfsf 2013

48 Hill und Kopp sprechen neben der Kernfamilie auch von Nuklearfamilie (Hill und Kopp 2006, S. 16), König spricht von Gattenfamilie (König 1974, S. 49), Böhnisch und Lenz von Normalfamilie (Böhnisch und Lenz 1997, S.28), Fuchs-Heinritz et al. von Basisfamilie (Fuchs-Heinritz et al. 1995, S. 333)

49 Vgl. Hill und Kopp 2006, S.16 und Hettlage 1992, S. 19

50 Zur erweiterten Familie vgl. Fuchs-Heinritz et al.,1995, S. 198

51 Vgl. Hill und Kopp 2006, S.16, zu Großfamilie vgl. Fuchs-Heinritz et al. 1995, S. 252 ff.

52 Vgl. Hill und Kopp 2006, S. 309 ff.

53 Brüderl 2004, zu Pluralisierung von Lebensformen vgl. Petzold 1999, S. 32 ff., Schneewind 1999, S. 52 ff., Nave-Herz 1997, S.3 ff., Bien und Marbach 2003, S. 141 ff., Peuckert 2005, S. 29 ff.

54 Vgl. Statistisches Bundesamt 2006 und Wingen 1989, S. 20

55 Vgl. Wingen 1989, S. 23, Schneewind 1999, S. 67 ff., Nave-Herz 1997, 108 ff., Böhnisch und Lenz 1997, S. 38, Peuckert 2005, S. 234 ff., zu den Unterschieden zwischen Kernfamilie und Stieffamilie vgl. Hettlage 1992, S. 187 ff.

56 Vgl. Wingen 1989, S. 121, Hettlage 1992, S. 230 ff., Beck und Beck-Gernsheim 1994, S. 3 ff., Böhnisch und Lenz 1997, S. 130 ff., Peuckert 2005, S. 259 ff., zu den theoretischen Erklärungsansätzen für den sozialen Wandel vgl. Peuckert 2005, S. 361 ff.

57 Vgl. Petzold 1999, S. 37, zu unterschiedlichen Lebensformen vgl. Macklin 1980, Böhnisch und Lenz 1997, S. 129 ff.

Lebensgemeinschaften."[58] Sie kommt so auf 14 verschiedene Familientypen, unter denen die klassische Kernfamilie nur eine Lebensform ausmacht (siehe Tabelle 2). Neben diesen vorgestellten Lebensformen prägt die Literatur darüber hinaus den Begriff der multilokalen Mehrgenerationenfamilie als zukünftige Lebensform.[59] Demnach wohnt und haushaltet jede Generation für sich allein, d.h. das Kind und das überlebende „Großelternteil leben als Alleinlebende im Einpersonenhaushalt, während das Elternpaar einen Zweipersonenhaushalt führt." [60]

Die Ausführungen dieses Abschnitts zeigen auf, dass es sich bei dem Begriff Familie nicht um eine klar zu definierende Gemeinschaft handelt, sondern dass gerade in der heutigen Zeit der Begriff Familie mit unterschiedlichen Lebenskonzepten einhergeht. Dies zeigt erste Schwierigkeiten auf, den Begriff des Familienunternehmens zu definieren, auf den im Folgenden eingegangen wird.

Tabelle 1: Sieben primäre Lebensformen nach Petzold

	Sieben primäre Lebensformen	
	Familienform	Beispiel
A	Normale Kernfamilie	Traditionelle Vater-Mutter-Kind-Beziehung
B	Familie als normatives Ideal	Alleinstehende mit Orientierung an einem normativen Familienideal
C	Kinderlose Paarbeziehung	Unfreiwillig oder auf Grund eigener Entscheidung kinderlose Paare
D	Nichteheliche Beziehung mit Kindern (aber normativem Familienideal)	Moderne Doppelverdiener-Familie mit Kind(ern)
E	Postmoderne Ehebeziehung ohne Kinder (aber mit Normorientierung)	Auf Berufskarriere und intime Partnerschaft bezogene Ehe ohne Kinder
F	Nichteheliche Elternschaft ohne Orientierung an einer Idealnorm	Wohngemeinschaften mit Kindern, Ein-Eltern-Familien
G	Verheiratete Paare mit Kindern (aber ohne normatives Ideal)	Alternativ orientierte Eltern, die dennoch verheiratet sind

Quelle: Petzold 1999, S. 37

58 Nave-Herz 1997, S. 6
59 Vgl. Bertram 2000, S. 33
60 Single Generation, zu der multilokalen Mehrgenerationenfamilie vgl. Wingen 1989, S. 46

Tabelle 2: Typologien von Lebensformen nach Nave-Herz

Familien-bildung durch	Eltern-Familien		Ein-Eltern-Familien	
	Mit formaler Ehe-schließung	Nichteheliche Lebens-gemeinschaften	Mutter-Familien	Vater-Familien
Geburt	X	X	X	
Adoption	X		X	X
Scheidung		X	X	X
Verwitwung		X	X	X
Wiederheirat	X			
Pflegeschafts-verhältnis	X			

Quelle: Nave-Herz 1997, S. 7

2.2.2 Eine Definition des Begriffs Unternehmen

Unternehmen sind bisher aus betriebswirtschaftlicher Sicht nicht eindeutig definiert.[61] Das Gabler Wirtschaftslexikon versteht unter einem Unternehmen „(ein) wirtschaftlich-rechtlich organisiertes Gebilde, in dem auf nachhaltig ertragsbringende Leistung gezielt wird, je nach der Art der Unternehmung, nach dem Prinzip der Gewinnmaximierung oder dem Angemessenheitsprinzip der Gewinnerzielung."[62] Im Arbeitsrecht wiederum versteht man unter einem Unternehmen eine organisatorische Einheit, die ein Unternehmer hinsichtlich wirtschaftlicher oder ideeller Zwecke gründet.[63] Nach Gutenberg lassen sich Unternehmen durch folgende Prinzipien charakterisieren: das erwerbswirtschaftliche Prinzip, das Autonomieprinzip sowie das Prinzip des Privateigentums.[64] Wöhe klassifiziert die Unternehmung als „Betrieb im marktwirtschaftlichen Wirtschaftssystem."[65] Als Betrieb bezeichnet er wiederum eine „planvoll organisierte Wirtschaftseinheit, in der Produktionsfaktoren kombiniert werden, um Güter und Dienstleistungen herzustellen und abzusetzen."[66]

---

61 Vgl. Handwörterbuch der Wirtschaftswissenschaft 1988
62 Gabler Wirtschaftslexikon 13. Auflage
63 Vgl. BAG 1986
64 Vgl. Domschke und Scholl 2008, S.5
65 Wöhe und Döring 2008, S. 37
66 Wöhe und Döring 2008, S. 35

2.2.3 Eine Definition des Begriffs Familienunternehmen

Obwohl der Begriff des Familienunternehmens oftmals sofort Assoziationen weckt, fällt es in der Regel schwer, den Begriff des Familienunternehmens zu definieren.[67] Wie die Überschrift dieses Absatzes daher verrät, kann es sich im Folgenden nur um eine Annäherung an den Begriff des Familienunternehmens handeln, eine einheitliche Definition existiert in der Literatur nicht.[68] Dabei sind durchaus unterschiedliche Ansätze erkennbar. So wird für Hengstmann die Familiengesellschaft bereits 1935 durch drei Merkmale bestimmt: Zum einen durch die Beteiligung der Familie am Unternehmen, gleichzeitig muss die Familie einen beherrschenden Einfluss auf das Unternehmen ausüben können und zusätzlich muss „der besondere Wille der Beteiligten zum Ausdruck kommen, die Gesellschaft als gemeinsames, den Zwecken der Familie dienendes Unternehmen zu behandeln und zu erhalten."[69] Astrachan und Shanker wiederum unterscheiden drei Arten von Definitionen. Bei der Definition im weitesten Sinne ist die Familie am Unternehmen beteiligt und gibt die strategische Stoßrichtung vor. Etwas weiter geht die mittlere Definition, bei der die Unternehmensleitung in der Hand der Familie liegen und ein Fortführungswille der Familie erkennbar sein muss. Soll ein Unternehmen laut Astrachan und Shanker ein Familienunternehmen im engsten Sinne sein, so müssen Familienmitglieder mehrerer Generationen im Unternehmen tätig sein.[70] Für Chua et al. dagegen hängt die Beantwortung der Frage, ob es sich um ein Familienunternehmen handelt oder nicht, maßgeblich vom Verhalten des Unternehmens ab.[71]

Wirft man neben diesen genannten Definitionen einen Blick auf den Großteil der vorhandenen Definitionen, so wird erkennbar, dass in der Wissenschaft oftmals Eigentum, Management und Kontrolle als die entscheidenden Faktoren zur Klassifikation von Familienunternehmen gelten.[72] Kurz gesagt: Wird die Eigentümerfunktion und die Managementfunktion oder gar noch die Kontrollfunktion von Familienmitgliedern im Unternehmen ausgeübt, so spricht man von einem Familienunternehmen. Nur durch diese Eigenschaften hat eine Familie

67 Neben unterschiedlichen Definitionen herrschen in der wissenschaftlichen Literatur zudem unterschiedliche Begriffe des Terminus „Familienunternehmen" vor. „Blickt man in die relevante deutschsprachige Literatur, so findet sich wie zu erwarten eine Vielzahl unterschiedlicher Begriffe, und je nach Erkenntnisinteresse und Disziplin wird mal von „Familienunternehmen", der „Familienfirma", dem „Familienbetrieb", dem „Eignerunternehmen" oder in der ersten Generation insbesondere vom „Gründerunternehmen" bzw. etwas sperrig vom „eigentümerdominierten Unternehmen" gesprochen,. Und auch in der angloamerikanischen Literatur ist man sich über eine klare Abgrenzung der Begriffe „Family Business" und „Family Firm" oder etwa „Family Owned Business" und „Family Controlled Firm" nicht einig" (Eisenmann-Mittenzwei, S. 18), vgl. Bork 1993, S. 23.

68 Vgl. Freund 2000, S. 11, Mittelsten-Scheid 2005, S. 9, Hennerkes 1998, S. 24, Habig und Berninghaus 1997, S. 7, Iliou 2004, S. 98, Vogler 1990, Donnelly 1964

69 Hengstmann1935, S. 17

70 Vgl. Astrachan und Shanker 2003, S. 211ff.

71 Vgl. Chua et al. 1999

72 Vgl. Handler 1989

die Möglichkeit, maßgeblichen Einfluss auf das Unternehmen auszuüben. Jedoch führt diese Klassifizierung nicht immer zu sinnvollen Ergebnissen, da der Ausprägungsgrad der Kriterien je nach Unternehmen mitunter stark variiert. Wenn überhaupt, so kann man Unternehmen danach unterscheiden, ob sie dem „Idealbild" des Familienunternehmens mehr oder weniger nahe kommen. Aber selbst wenn Eigentum, Management und Kontrolle zweifelsfrei in Familienhand liegen, gehen einige Definitionen erst dann von einem Familienunternehmen aus, wenn bereits mindestens einmal eine Nachfolge stattgefunden hat.[73] D. h. der Fortführungswille spielt eine gewisse Rolle. Neben den bereits genannten definitorischen Merkmalen von Familienunternehmen wurde in den letzten Jahren verstärkt auch auf andere Merkmale verwiesen, die ein Familienunternehmen ausmachen können. In diesem Zusammenhang wird oft die Unternehmenskultur als konstitutiv für Familienunternehmen genannt.[74] Dieses Merkmal steht im Einklang mit der in der öffentlichen und politischen Diskussion oft vertretenen Meinung, dass sich Familienunternehmen im Wirtschaftsalltag anders verhalten als Unternehmen ohne Familieneinfluss und unternehmensprägende Visionen verfolgen, die an potenzielle Nachfolger weitergegeben werden.

Einen neuen, umfassenden Klassifikationsansatz für Familienunternehmen, die sogenannte F-PEC-Skala, entwickelten in jüngerer Zeit Astrachan et al.[75] Der F-PEC ist eine Bewertungskennzahl für Familienunternehmen, die auf den drei Säulen Macht (Power), Erfahrung (Experience) und Kultur (Culture) beruht und den möglichen Einfluss einer Familie auf ein Unternehmen beschreibt. F-PEC steht für Family influence durch Power, Experience und Culture.[76] Diese drei Säulen werden mittels mehrerer Indikatoren konkretisiert:

- Der Familieneinfluss durch Macht wird durch die Einflussmöglichkeiten der Familie an der Geschäftsführung und dem Aufsichtsgremium im Unternehmen durch ihre Eigenkapitalanteile bewertet.
- Die Erfahrung bestimmt sich durch die Anzahl der Generationen, die ein Unternehmen bereits von einer Familie geführt und besessen wird. Dabei wird davon ausgegangen, dass sich in jeder Generation Erfahrungswissen aufbaut, das weitergegeben werden kann. Dies wird auch durch die Anzahl der Familienmitglieder bestimmt, die im Unternehmen arbeiten, bzw. Interesse zeigen.

---

73 Vgl. Churchill und Hatten 1987
74 Vgl. Chua et al. 1999
75 Vgl. Astrachan et al. 2006
76 Vgl. Klein 2004, S. 15

- Die Unternehmenskultur schließlich ist vor allem in den letzten Jahren verstärkt in den Mittelpunkt gerückt. Beim F-PEC wird diese anhand des Grades gemessen, in dem das Wertesystem eines Unternehmens von der Familie beeinflusst wird. Dies wird anhand unterschiedlicher Kriterien, wie Einfluss des Wertesystems der Familie auf das Unternehmen, der Loyalität der Familienmitglieder, deren Interesse am Unternehmen oder dem Stolz auf das Unternehmen gemessen.

Bei den in Kapitel sechs vorgestellten Studien wurde allesamt die F-PEC Skala zur Klassifizierung des Familienunternehmensgrades verwendet, da es mithilfe dieser Definition nunmehr nicht nur möglich ist, den Einfluss von Familien auf ihr Unternehmen anhand einer konsistenten Skala zu messen, sondern darüber hinaus auch, (Familien)-Unternehmen mit einem ähnlichen Familieneinfluss miteinander zu vergleichen.

3 Der verantwortungsbewusste Unternehmer: Wer ist das?

In dieser Arbeit soll der Frage nachgegangen werden, ob sich Familienunternehmen von ihrem Pendant ohne Familieneinfluss in Bezug auf verantwortungsbewusstes Handeln abheben. Was aber genau versteht man unter verantwortungsbewusstem Unternehmertum? Und welche Aufgaben und Ziele sollten Unternehmen verfolgen?[77] Sollte es das primäre Ziel von Unternehmen sein, möglichst hohe Gewinne zu erzielen, oder haben Unternehmen auch die Aufgabe, sich sozial zu verhalten? Und wenn dem so wäre, handeln Unternehmen dann eher ganzheitlich aus Überzeugung, oder handelt es sich beim gesellschaftlich verantwortlichen Verhalten eher um Geld- und Sachzuwendungen, oder um „Aktivitäten, die dem unternehmerischen Marketing- und Kommunikationsmix entstammen?“[78]

Grundsätzlich ist es nicht ganz unumstritten was genau unter verantwortungsbewusstem Unternehmertum verstanden wird.[79] Betrachtet man die Historie des Begriffs Verantwortung im Unternehmenskontext, so zeigt sich, dass es schon im Kaufmannsrecht zu Beginn des 11. und 12. Jahrhunderts den Grundsatz von Treu und Glauben gab, der bei Rechtsgeschäften unter Kaufleuten die Glaubwürdigkeit des Kaufmanns stärken sollte.[80] Bei den Zünften wiederum gab es eine Art Selbstkontrolle. Die Zünfte achteten auf Qualitätsstandards sowie die soziale Verantwortung ihrer Unternehmen und ahndeten Verstöße rigoros.[81] In diesen Zeiten entstand auch der Begriff des ehrbaren Kaufmanns.[82] Dieser handelte stets in Einklang mit seinem Gewissen und per Handschlag besiegelte Geschäfte galten auch ohne Vertrag.[83] Der ehrbare Kaufmann „denkt und handelt langfristig, nicht selten über Generationen hinweg. Er engagiert sich selbstverständlich für das Gemeinwesen, ohne dafür besondere Anerkennung zu beanspruchen. Und die Firma ist ihm im Zweifel wichtiger als die eigene Person.“[84] Weiterhin ist der ehrbare Kaufmann durch ein ausgeprägtes Mäzenatentum sowie einen wachen Blick für das Gemeinwohl gekennzeichnet.[85] Er stützt sein Verhalten auf Tugenden, die auf Langfristigkeit ausgerichtet sind: Er wirtschaftet somit nachhaltig.[86] Für Castell-Castell sind

---

77 Die folgende Arbeit thematisiert dabei deutsche Unternehmen. Im kulturellen Kontext zeigt sich, dass Unternehmen unterschiedlicher Kulturen andere Zielpräferenzen haben. So ist zum Beispiel japanischen Unternehmen die Kundenzufriedenheit wichtig, amerikanische Unternehmen neigen dazu, den Erfolg des Unternehmens an der Höhe des Gewinns auszumachen. Vgl. Blasius 2007, S. 115

78 Lin-Hi 2008, S. 52

79 Vgl. Lin-Hi 2008, S. 52

80 Vgl. Kaufer 1998

81 Vgl. Blasius 2007

82 Zum Begriff des ehrbaren Kaufmann vgl. Klink 2007

83 Vgl. Wegmann et al. 2009, S. 7

84 Wegmann et al. 2009, S. 45

85 Vgl. Wegmann et al. 2009, S. 31

86 zu den Tugenden vgl. Wegmann et al. 2009, S. 13 und S. 105

die Eigenschaften eines ehrenwerten Kaufmanns Ehrlichkeit, Verlässlichkeit und Glaubwürdigkeit.[87] Daneben ist der Kaufmann stets auf seinen guten Ruf bedacht, denn sein guter Name bestimmt maßgeblich die Kreditwürdigkeit. Es ist für ihn dadurch existenziell, möglichst integer zu handeln.[88]

Heute ist der Kaufmann als Unternehmer weniger im Blickpunkt der Öffentlichkeit. (Familien)unternehmen und Publikumsgesellschaften stehen im Fokus. Gelten die Begriffe der Ehre und die Eigenschaft des Kaufmanns, stets auf seinen guten Ruf zu achten, auch für diese Unternehmen? Was erwartet man in der heutigen Zeit bezogen auf ehrenhaftes Verhalten von Unternehmern und Managern? Oder, um es mit Ulrich zu formulieren: „Wie sind die Erfordernisse der unternehmerischen Erfolgserzielung und –sicherung mit den ethischen Anforderungen, derer sich Unternehmer und Führungskräfte bewusst sind oder bewusst werden sollten, in Einklang zu bringen?“[89]

Fetzer macht darauf aufmerksam, dass sich eine erste Verantwortung der Unternehmen auf die Einhaltung von Verträgen erstreckt.[90] „Pacta sunt servanda“ ist die erste und wegen ihrer theoretischen Unstrittigkeit viel zu selten betonte Form der Unternehmensverantwortung.“[91] Friedman sieht die einzige Verantwortung der Unternehmen in einer möglichst profitablen Unternehmensführung. Wohltätigkeiten sind seiner Meinung nach Aufgabe von Individuen und nicht Aufgabe der Unternehmen.[92] Ähnlich argumentiert Rappaport, der sich der Shareholder-Value Ideologie von Milton Friedman hingezogen fühlt[93], und sagt: „In einer Marktwirtschaft, die die Rechte des Privateigentums hochhält, besteht die einzige soziale Verantwortung des Wirtschaftens darin, Shareholder Value zu schaffen und dabei die Prinzipien der Gesetzeskonformität und der Integrität zu wahren.“[94] Angestellte Manager und Unternehmer haben in diesem Fall dafür zu sorgen, „...dass auf das in ihnen investierte Kapital (...) ein möglichst hoher Gewinn erzielt wird.“[95] In diesem Sinne sollte „alles, was kosten- oder aufwandssenkend bzw. leistungs- oder ertragssteigernd wirkt, (...) angestrebt (werden), während die gegenteiligen Wirkungen vermieden werden sollen.“[96] Frei nach dem Motto: „Macht ein Unternehmen Gewinn, dann ist es gut für alle. Machen Unternehmen keine Gewinne, dann ist

87 Vgl. Zeitschrift für das gesamte Kreditwesen 2010
88 Vgl. Burkhart 2006, S. 93, Klink 2007, S. 28
89 Ulrich 1994, S. 89
90 Vgl. Fetzer 2004, S. 166
91 Fetzer 2004, S. 166
92 Vgl. Wirz 2007, S. 94
93 Vgl. Friedman 1987 und 2002
94 Rappaport 1999, S. 6
95 Gutenberg 1975, S. 43
96 Koubek 1983, S. 434

es schlecht für alle."[97] So weist Henrici darauf hin: "Ein Unternehmen verletzt am stärksten die Ethik, wenn es Verluste macht."[98] In diese Richtung passt auch die Auffassung von Homann, der davon überzeugt ist: „Der systematische Ort der Moral in der Marktwirtschaft ist die Rahmenordnung."[99] Innerhalb der Rahmenordnung sollten die Unternehmer die Regeln der sozialen Marktwirtschaft befolgen.

Ein Großteil der Öffentlichkeit wiederum erwartet,[100] die Verantwortung der Unternehmen sollte neben der Steigerung des Unternehmenswertes auch zusätzlich ethische und gesellschaftliche Belange umfassen.[101] Diese Denkart ist dem Stakeholder-Ansatz zuzuordnen.[102] „Während sich das Shareholder-Konzept alleine auf einen konkreten Zahlenwert bezieht, d.h. auf die Steigerung des Unternehmenswertes, geht es beim Stakeholder-Konzept darum, ein Netzwerk von unterschiedlichen Interessengruppen zusammenzuhalten und bei Bedarf zu verändern."[103] Meran spricht auch von Verantwortungskreisen, in die Unternehmen eingebunden sind. Er zählt dazu die Gesellschaft, Eigentümer (Aktionäre), Mitarbeiter, Vorstand und den Kunden.[104]

In Bezug auf die beiden genannten Auffassungen von Unternehmensverantwortung spricht Wirz von den beiden Polen „Gewinnmaschine" und „Corporate Citizen", zwischen denen das Unternehmen steht. [105]

Andere Autoren wiederum argumentieren, Unternehmen würden der Volkswirtschaft am meisten helfen und diesbezüglich verantwortungsbewusst handeln, wenn sie neue Produkte und Innovationen fördern. „Die soziale (Aufgaben-)Verantwortung von Unternehmen besteht auch in einer Marktwirtschaft nicht darin, ihre Gewinne zu maximieren, sondern Güter- und Dienstleistungen zu entwickeln und anzubieten, dadurch anderen zu nützen, dies effizient zu tun, Produkt- und Prozessinnovationen zu tätigen, zu testen und zu verwerfen und die bei all dem entstehenden Risiken selber zu tragen."[106]

---

97 Kuhn 1990, S. 3
98 Waldkirch et al. 2008, S. 67
99 Blasche 1994, S.11, Vgl. Homann 2008, S. 14, Ulrich 1994, S. 78, Homann 1994, S.112, Nutzinger 1994, S. 198
100 Vgl. Waldkirch 2008, S. 26
101 Pechthold argumentiert in diesem Punkt, dass die Öffentlichkeit zwar erwartet, dass die Unternehmen gesellschaftlich nachhaltig agieren, die Kunden aber durch ihre Kaufentscheidungen oftmals selber dazu beitragen, dass Unternehmen gezwungen sind, möglichst preiswert zu produzieren, Vgl. Pechthold 1988, S. 11
102 Vgl. Wegmann et al. 2009, S. 92, Fetzer 2004, S.202
103 Wegmann et al. 2009, S. 93, Vgl. Freeman et al. 2004, Mitchell et al. 1997
104 Vgl. Meran 1994, S. 286
105 Vgl. Wirz 2007, S. 92
106 Fetzer 2004, S.199

Doch egal, welcher Argumentation man in Bezug auf verantwortungsbewusstes Unternehmertum folgt, letztendlich sind den sozialen Aktivitäten Grenzen gesetzt, denn es muss letztendlich wettbewerbsfähig bleiben. So macht auch Waldkirch darauf aufmerksam, dass es bei der Unternehmensverantwortung nicht darauf ankommt, dass Unternehmen möglichst selbstlos Verantwortung übernehmen, sondern dass dieses Verhalten Vorteile auf beiden Seiten mit sich bringen sollte. „Die Demarkationsline zwischen unsittlichem und sittlichem Handeln ist nicht entlang der Unterscheidung Egoismus-Altruismus zu ziehen, sondern vielmehr zwischen einem Vorteilsstreben auf Kosten anderer und einem Vorteilstreben, das auch den anderen Vorteile bringt.“[107] Lin-Hi sieht es darüber hinaus als wichtig an, die gesellschaftliche Verantwortung strategisch anzugehen. Denn Unternehmensverantwortung sollte nichts Uneigennütziges sein und daher strategische Überlegungen mit einbeziehen.[108] Der Autor weist darauf hin, dass Verantwortungsübernahmen und Gewinnerzielung Hand in Hand gehen müssen.[109] Dies kann im Zweifel auch zur Akzeptanz von bspw. Korruption führen.[110]

Heute ist das Konzept der Unternehmensverantwortung eng mit den Konzepten Corporate Social Responsibility (CSR) und Corporate Governance verknüpft.[111]

Diese beiden Konzepte dienen auch der Beantwortung der Frage dieser Arbeit, ob sich Familienunternehmen von ihrem Pendant ohne Familieneinfluss in Bezug auf verantwortungsbewusstes Handeln abheben. Dabei geht das Konzept der CSR auf das verantwortungsbewusste Verhalten der Unternehmen ihren Stakeholdern gegenüber ein, das Konzept der Corporate Governance überprüft die Art der Etablierung eines geeigneten Ordnungsrahmens zwischen Eigentümern und Managern des Unternehmens. Somit kann mithilfe dieser beiden Konzepte auch das verantwortungsbewusste Verhalten der Unternehmen herausgearbeitet werden.

---

107 Homann 2008, S. 16, Vgl. Meran 1994, S. 288

108 Vgl. Lin-Hi 2008, S. 50

109 Vgl. Lin-Hi 2008, S. 53, vgl. auch Homann und Blome-Drees 1992, Suchanek 2004 und 2007

110 Vgl. Lin-Hi 2008, S. 56

111 Vgl. Fetzer 2004, S. 395

4 Familienunternehmen und verantwortungsbewusstes Handeln

Im vorherigen Kapitel wurde dargelegt, welche unterschiedlichen Sichtweisen in der Literatur zu verantwortungsbewussten Unternehmertum vorherrschen. Welche Rolle könnte der Familieneinfluss in Punkto gesellschaftliche Verantwortung spielen? Allgemein gibt es in der Wissenschaft unterschiedliche Sichtweisen zu diesem Thema. Dabei reicht die Spannbreite der Ansichten von der Auffassung, Familienunternehmen würden weniger gesellschaftliche Verantwortung übernehmen,[112] über die Meinung, gerade Familienunternehmen seien geneigt, gesellschaftliche Verantwortung zu übernehmen,[113] bis hin zu der These, es würde keine Unterschiede zwischen Unternehmen mit und ohne Familieneinfluss in Bezug auf verantwortungsbewusstes Unternehmertum geben.[114] Was könnten mögliche Ursachen für diese unterschiedlichen Ansichten sein?

Morck und Yeung argumentieren, der Familieneinfluss hemme das gesellschaftlich verantwortliche Verhalten von Unternehmen.[115] Die Autoren sehen den Grund für diese Annahme in der Einstellung der Familie bedingt. Familien sind in erster Linie an ihrem eigenen Nutzen interessiert. Dieses Verhalten kann Ausmaße annehmen, bspw. durch Nepotismus oder Korruption, welche der Gesellschaft schaden.

Whetten und Mackey erklären, dass Familienunternehmen in besonderem Maße an der Aufrechterhaltung ihrer guten Reputation interessiert sind und sich daher traditionell gesellschaftlich sozial engagieren.[116] Die Familiengesellschafter und Manager des Unternehmens fürchten, dass ein schlechtes Unternehmensimage auf die Familie und damit auch auf sie selbst zurückfällt. Godfrey legt dar, dass die Reputation der Familie selbst einen großen Einfluss auf das Vermögen und die wirtschaftliche Lage des Unternehmens hat.[117] Dementsprechend kann ein Reputationsverlust mit einem erheblichen Vermögensverlust einhergehen. Durch vorbildliches gesellschaftliches Engagement ist die Familie in der Lage, „positives moralisches Kapital“ aufzubauen, welches hilft, den Reputationsverlust und damit den Vermögensverlust in Grenzen zu halten, wenn der Ruf des Unternehmens in der Öffentlichkeit leidet. Ähnlich argumentieren Anderson et al., wenn sie davon ausgehen, dass eine schlechter werdende Repu-

---

112 Vgl. Morck und Yeung 2004

113 Vgl. Astrachan 1988, Martos und Torraleja 2007

114 Vgl. Fetzer 2004, S. 207, Handelsblatt 2010

115 Vgl. Morck und Yeung 2004

116 Vgl. Whetten und Mackey 2005, zu Reputation als Auslöser für gesellschaftlich verantwortliches Verhalten vgl. Nielsen und Thomsen 2009, Lynch-Wood et al. 2009, Gunningham et al. 2004, Wimmer 2007, S. 36 ff.

117 Vgl. Godfrey 2005

tation der Familie mit erheblichen ökonomischen Nachteilen einhergeht, die zumindest kurz- bis mittelfristig schwer zu beheben sind.[118]

Eng verknüpft mit der Frage, ob sich gerade Familienunternehmen durch vorbildliches Verhalten von Unternehmen ohne Familieneinfluss unterscheiden, ist nicht nur die Tatsache, wer der Eigentümer des Unternehmens ist, sondern auch, wer letztendlich im Unternehmen Verantwortung trägt. Ulrich ist der Meinung, dass Individuen im Unternehmen nur bedingt eigenverantwortlich handeln können, da sie „nicht für sich selbst, sondern im Namen und Auftrag einer umfassenden Institution" handeln.[119] In diesem Punkt spricht einiges dafür, dass sich Familienunternehmer, denen das Unternehmen gehört, anders verhalten (können) als angestellte Manager.[120] Denn fraglich ist, ob ein angestellter Manager überhaupt genauso handeln kann wie ein Unternehmer, dem das Unternehmen gehört und der sich letztlich im extremen Fall nur vor sich selbst verantworten muss.[121] Wegmann geht hier noch einen Schritt weiter. Er geht davon aus, dass externe Manager von Unternehmen weniger ehrenhaft handeln als die geschäftsführenden Gesellschafter des eigenen Unternehmens.[122] Gerade aufgrund der Einheit von Eigentum und Haftung gilt die Kaufmannseigenschaft Verantwortung als Handlungsmaxime für dessen unternehmerisches Handeln.[123] Würden Manager mehr in die Haftung genommen, würden sie auch gewissenhafter handeln. Manager verhalten sich aber nicht wie Kaufleute, und da sie im Schnitt einen fünfjährigen Vorstandsvertrag besitzen,[124] bleibt wenig Spielraum für nachhaltiges Verhalten. So ist Wegmann überzeugt: „Wir haben es mit einem heimatlosen Söldner zu tun, dem soziale Verantwortung für Mitarbeiter und regionale Verwurzelung Fremdwörter sind."[125] Gleichzeitig kommt bei Familienunternehmen die Tatsache zum Tragen, dass Unternehmensnachfolger, die die Nachfolge von einem Elternteil angetreten haben, oftmals Werte und Tugenden weiterführen, die bereits von der vorherigen Generation vorgelebt wurden.[126] Dadurch sind sie von vorneherein sensibilisiert für einen verantwortungsbewussten Umgang mit ihren Stakeholdern.

Verantwortungsvolles Handeln erstreckt sich allerdings nicht nur auf das gesellschaftlich verantwortungsbewusste Verhalten der Unternehmen. Verantwortungsvolles Handeln bezieht sich auch auf die frühzeitige Planung der Nachfolge, die richtige Besetzung des Aufsichtsrats

118 Vgl. Andersen et al. 2003, Miller et al. 2008, Barney 1991, Eddleston et al. 2008
119 Ulrich 1987, S. 648
120 Vgl. Meran 1994, S. 274
121 Größere Familienunternehmen haben auch einen Gesellschafterkreis, vor dem sie sich verantworten müssen
122 Vgl. Wegmann et al. 2009, S. 11
123 Vgl. Wegmann et al. 2009, S. 65
124 Vgl. Wegmann et al. 2009, S. 94, für die Verweildauer von Führungskräften vgl. Keese et al. 2011
125 Wegmann et al. 2009, S. 74
126 Vgl. Campopiano et al. 2012

oder die Etablierung geeigneter Regelungen im Falle eines Streits unter Gesellschaftern. Gerade in diesen Punkten zeigen sich in Familienunternehmen häufig Schwachstellen.[127]

Somit kann zusammengefasst festgestellt werden, dass in einigen Punkten die Vermutung geäußert werden kann, dass der Familieneinfluss dafür Sorge trägt, dass sich gerade Familienunternehmen verantwortungsbewusst verhalten. Gleichzeitig gibt es aber gute Gründe anzunehmen, dass sich Familienunternehmen und Nicht-Familienunternehmen in Bezug auf das verantwortungsbewusste Handeln kaum unterscheiden.

[127] Vgl. Rüsen 2012

5 Corporate Governance und Corporate Social Responsibility

Der folgende Abschnitt gibt eine Einführung in die Themengebiete Corporate Governance und Corporate Social Responsibility, die in den Papieren des nächsten Kapitels ausführlich behandelt werden.

5.1 Corporate Governance

„Corporate Governance bezeichnet den rechtlichen und faktischen Ordnungsrahmen für die Leitung und Überwachung von Unternehmen."[128] Hintergrund der Corporate Governance Diskussion ist das Prinzipal-Agenten-Problem.[129] Agentur-Probleme treten in Unternehmen immer dann gehäuft auf, wenn Eigentum und Führung in getrennten Händen liegen. Eine gute Corporate Governance versucht sicherzustellen, dass sich das Management im Sinne der Anteilseigner verhält und dient somit dem langfristigen Überleben des Unternehmens.
Erstmals fand sich der Begriff Corporate Governance in der angelsächsischen Literatur.[130] Dabei gilt der Aufsatz „The Modern Corporation and Private Property" von Berle und Means aus dem Jahre 1932 als Startschuss und Ausgangsbasis zur Corporate Governance Diskussion.[131] Die Autoren wiesen darin auf die Problematik der Trennung von Eigentum und Management in Unternehmen hin. Es geht letztendlich um zwei entscheidende Fragen: „Wer soll die Entscheidungen im Unternehmen treffen und sie beeinflussen? Und wie können Manager so kontrolliert werden, dass sie mit ihren Handlungen tatsächlich den wie auch immer definierten Unternehmenszweck verfolgen?"[132] Im deutschen Sprachgebrauch wird der Begriff Corporate Governance mit Unternehmensverfassung, Unternehmensorganisation, Unternehmensregierung oder Unternehmensaufsicht übersetzt.[133] Eine allgemeingültige Definition von Corporate Governance hat sich noch nicht herausgebildet.[134] Je nachdem, wie weitreichend man den Begriff Corporate Governance sieht, unterscheidet die Literatur dabei zwischen einer engen und einer weiten Sichtweise von Corporate Governance.[135] Die enge Definition bezieht sich dabei auf die Trennung von Eigentum und Management und versucht, Regelungen auf-

128 Gabler Wirtschaftslexikon Online
129 Siehe Kapitel 6.3.2
130 Vgl. Witt 2003, S. 1
131 Vgl. Berle und Means 1932
132 Schwerk 2007, S. 3, vgl. Schmidt 2001, S. 65
133 Vgl. Iliou 2004, S. 4, Kirchdörfer und Kögel 2000, S. 221 ff., Bundesministerium der Justiz, Werder 2009, S. 4, Manager Magazin 2000
134 Vgl. Breinlinger 2006, S. 12, Kreitmeier 2001, S. 1, Berrar 2001, S. 26ff., Eisenmann-Mittenzwei 2006, S. 27, Vetter 2003, S. 748, Für eine Aufzählung unterschiedlicher Definition zu Corporate Governance vgl. Chambers 2012, S. 359
135 Vgl. Schwerk 2007, S. 4, Keasy et al. 1997, S. 2, Zur engen Definition vgl. Bühner 1999, eine Gegenüberstellung gängiger Definitionen bietet Hausch 2004, S. 39

zuzeigen, die es ermöglichen, dass sich die Manager im Sinne der Eigentümer verhalten. So definieren Shleifer und Vishny: „Corporate Governance deals with the ways in which suppliers of finance to corporations assure themselves of getting a return on their investment.“[136] Die weite Definition bezieht zusätzlich die Interessen weiterer Stakeholder mit ein.[137] Tirole zeigt daher auf: „I will, perhaps unconventionally for an economist, define corporate governance as the design of institutions that induce or force management to internalize the welfare of stakeholders.”[138] Ähnlich weit fasst auch die OECD den Corporate Governance Begriff auf: “Corporate Governance (...) involves a set of relationships between a company´s management, its board, its shareholders and other stakeholders. Corporate Governance also provides the structure through which the objectives of the company are set and the means of attaining those objectives and monitoring performance are determined. Good corporate governance should provide proper incentives for the board and management to pursue objectives that are in the interest of the company and the shareholders and should facilitate effective monitoring.”[139]

Damit enthalten die Umschreibungen der Corporate Governance zwei Bestandteile: Einerseits ein Element welches sich auf das Innenverhältnis bezieht und andererseits ein Element welches sich auf das Außenverhältnis bezieht.[140] In der Praxis widmet sich der 2002 von einer Regierungskommission erarbeitete Corporate Governance Kodex der Corporate Governance Problematik.[141] Es handelt sich dabei um „Standards guter und verantwortungsvoller Unternehmensführung“, die von den Unternehmen auf freiwilliger Basis implementiert werden können.[142] Daneben gibt es noch Empfehlungen von internationalen Organisationen, bspw. die OECD-Grundsätze der Corporate Governance.

In der bisherigen praktischen und wissenschaftlichen Betrachtung zur Corporate Governance lag das Augenmerk naturgemäß zunächst einmal auf den großen Publikumsgesellschaften.[143] Erst allmählich setzt sich, sowohl was die Praxis der Betriebsführung als auch die wissenschaftliche Orientierung angeht, die Ausweitung des Fokus auf die kleinen und mittleren Un-

---

136 Shleifer und Vishny 1997

137 Vgl. Schwerk 2007, Werder spricht in diesem Zusammenhang auch von einer internen und externen Governanceperspektive, Werder 2009, S. 4

138 Tirole 2001, S.4

139 OECD

140 Vgl. Breinlinger 2006, S. 13

141 Vgl. Lutter 2009

142 In den USA wurde der „Sarbanes-Oxley Act“ erlassen. In Frankreich gibt es die Loi de Sécurité Financiere, in Großbritannien den Cadbury Reporte, den Greenbury Report sowie den Hampel Report, in Österreich gibt es den „Arbeitskreis für Corporate Governance“ und in Kanada gibt es beispielsweise das CoCo-Kontrollmodell.

143 Vgl. Werder 2009, S. 5, Weissenberger-Eibl und Spieth 2006, Uhlaner et al. 2007

ternehmen, bzw. auch auf die Familienunternehmen in ihrem breiten Spektrum durch.[144] Einen Ausdruck fand diese Entwicklung im 2004 aufgestellten Corporate Governance Kodex für Familienunternehmen.[145] Eine moderne Corporate- und Family-Governance im Familienunternehmen soll als Sicherheitsvorkehrung für das Familienunternehmen gegen das verantwortungslose Handeln seiner Gesellschafter und Geschäftsführer, beispielsweise in Bezug auf die Höhe der Ausschüttung oder die Planung der Nachfolge, dienen. Insbesondere die Themenfelder Transparenz, Beirat, Planungs- und Risikomanagement, Unternehmensnachfolge, Humanressourcen und die Finanzierung werden auf breiter Front im Kontext der Corporate Governance von Familienunternehmen diskutiert.[146] Von zentraler praktischer Bedeutung sind hierbei auch die Zusammensetzung und die Aufgabenfelder der etablierten Führungs- und Kontrollorgane in Familienunternehmen.

5.2 Corporate Social Responsibility

Unter Corporate Social Responsibility (CSR) versteht man das freiwillige, verantwortliche Verhalten der Unternehmen ihren Stakeholdern gegenüber. Somit beschreibt CSR „den spezifischen Beitrag der Wirtschaft bzw. des Unternehmens für das gesellschaftliche Gemeinwohl."[147] Obwohl der Begriff CSR mittlerweile von vielen Institutionen verwendet wird, beispielsweise im Rahmen des Global Impact von der UN, hat sich eine einheitliche Definition von CSR bisher nicht herausgebildet.[148] Doch weist Schranz darauf hin: „Allen Definitionsversuchen ist eigen, dass sie eine Antwort auf die Frage geben wollen, welche Funktionen einem Unternehmen in der Gesellschaft zukommt. Die Antworten darauf fallen aber sehr unterschiedlich aus."[149] Die Encyclopedia of Corporate Social Responsibility definiert: „Corporate social responsibility (CSR) denotes a philosophy – and a corresponding set of tools – according to which a company acknowledges and manages responsibilities to a wider group of stakeholders than just the providers of capital."[150] Carroll et al. sowie Dyllick unterscheiden bei CSR unterschiedliche Verantwortungsbereiche: „Die gesellschaftliche Verantwortung der Unternehmung ist in der Berücksichtigung von vier unterschiedlichen Teil-Verantwortungen zu sehen. Diese umfassen neben einer wirtschaftlichen und gesetzlichen

[144] Vgl. Bettermann und Heneric 2009, Iliou 2004, Lange und Leible 2010, Chambers 2012, S. 195 ff., Eisenmann-Mittenzwei 2006, Hausch 2004, Neubauer und Lank 2001

[145] Der Kodex liegt momentan in der Fassung vom 19.6. 2010 vor

[146] Vgl. Steger 2006

[147] Schranz 2007, S. 39

[148] Vgl. Schranz 2007. S. 20ff., Loew et al. 2004, S. 18, einen guten Überblick über die gängigen Definitionen bieten Dahlsrud 2006, Aras und Crowther 2012, S. 22ff.

[149] Schranz 2007, S. 22

[150] Idowu et al. 2013, S. 579

Verantwortung eine moralische Verantwortung sowie eine darüber hinausgehende freiwillige Verantwortung."[151] Die EU-Kommission hat sich im sogenannten Grünbuch dem Thema CSR gewidmet und definiert CSR als „Konzept, das den Unternehmen als Grundlage dient, auf freiwilliger Basis soziale Belange und Umweltbelange in ihre Unternehmenstätigkeit und in die Wechselbeziehungen mit den Stakeholdern zu integrieren."[152] Hierbei wird unterschieden zwischen einer internen und einer externen Dimension von CSR. Die interne Dimension bezieht sich auf alle Bestandteile innerhalb des Unternehmens, wie bspw. Arbeitsschutz oder das Humanressourcenmanagement. Die externe Dimension bezieht sich auf Aufgabengebiete außerhalb des Unternehmens. Hierunter fallen bspw. die Beachtung von Menschenrechten oder der globale Umweltschutz. Loew et. al. weisen auf die Elemente hin, die für die EU von besonderer Bedeutung sind:

- CSR umfasst die soziale und ökologische Dimension von Nachhaltigkeit
- CSR soll einen Beitrag zu nachhaltiger Entwicklung leisten
- CSR fokussiert auf unternehmerisches Engagement über Compliance hinaus
- CSR schließt die Einhaltung der Rechtsvorschriften mit ein (Compliance)
- CSR ist weder Ersatz für bestehende Rechtsvorschriften noch Ersatz für die Entwicklung neuer Rechtsvorschriften.[153]

Hansen und Schrader wiederum unterscheiden verschiedene Ebenen der CSR-Aktivitäten. CSR im engeren Sinne umfasst für die Autoren das verantwortliche Verhalten im Kerngeschäft. Hierunter fällt beispielsweise der Verzicht auf Korruption oder die Beachtung von Arbeitsnormen. Einen Schritt weiter geht das verantwortliche Verhalten in der Zivilgesellschaft. Zentrale Elemente hier sind Corporate Giving und Corporate Volunteering. Unter Corporate Giving fallen Unternehmensspenden in Form von Geld- oder Sachspenden für gemeinnützige Projekte.[154] Corporate Volunteering bezieht sich auf den Einsatz oder das Freistellen der Mitarbeiter für gemeinnützige Projekte. CSR im weitesten Sinne stellt für die Autoren eine positive Veränderung der Rahmenordnung dar, beispielsweise durch gesellschaftsorientiertes Lobbying oder die Mitarbeit an freiwilligen Regulierungen. Neben der Bezeichnung CSR wird in der Literatur auch häufig das verantwortliche Verhalten der Unternehmen mit den Begriffen Sustainable Management sowie Corporate Citizenship erklärt.[155] Loew et al. weisen auf die Unterschiede zwischen CSR und Corporate Citizenship (CC) hin und beto-

---

151 Dyllick 1992, S. 95, vgl. Carroll et al. 2003
152 EU-Kommission 2001, S.7
153 Vgl. Loew et al. 2004, S. 48
154 Vgl. Idowu et al. 2013, S. 490
155 Vgl. Hansen und Schrader 2005, S. 375, Schranz 2007, S. 20, Althaus et al. 2005, S. 240ff.

nen: „ob CC als Element des Gesamtkonzepts von CSR zu verstehen ist oder CC die übergreifende Idee darstellt, wird von den verschiedenen Theoretikern wie auch in der praktischen Umsetzung unterschiedlich gesehen.[156] Die Autoren sprechen sich dafür aus, CC als einen Teilaspekt von CSR zu betrachten und definieren CC „als das über die eigentliche Geschäftstätigkeit hinausgehende Engagement des Unternehmens zur Lösung sozialer Probleme im lokalen Umfeld des Unternehmens und seiner Standorte. Corporate Citizenship umfasst Spenden und Sponsoring (Corporate Giving), die Gründung von gemeinnützigen Unternehmensstiftungen (Corporate Foundations) und ein Engagement für soziale Zwecke unter direktem Einbezug der Mitarbeiter (Corporate Volunteering). Zu Corporate Citizenship zählen sowohl uneigennützige Aktivitäten sowie Aktivitäten mit einem wirtschaftlichen Eigennutz."[157] Letztendlich stellen CSR und CC auf einzelwirtschaftlicher Ebene einen Beitrag des Unternehmens zur nachhaltigen Entwicklung auf gesamtwirtschaftlicher Ebene dar.[158]

---

[156] Loew et al. 2004, S. 50, vgl. Logan und Tuffrey 1999, Waddock 2003, Mutz und Korfmacher 2003, Wood und Logsdon 2001

[157] Loew et al. 2004, S. 55

[158] Vgl. Loew et al. 2004, S. 72

6 Darstellung von drei wissenschaftlichen Studien

Nachdem im ersten Teil dieser Arbeit die theoretischen Grundlagen gelegt wurden, soll in diesem Teil anhand von drei empirischen Arbeiten untersucht werden, inwieweit sich im Falle von mittelgroßen Unternehmen mit unterschiedlich stark ausgeprägtem Familieneinfluß das Engagement im Bereich von CSR und Corporate Governance unterscheidet. Wie bereits im dritten Abschnitt gezeigt, kann mithilfe dieser beiden Konzepte das verantwortungsbewusste Verhalten von Unternehmen herausgearbeitet werden.

In der ersten Studie wird das Ausildungsverhalten von 510 Mannheimer Unternehmen untersucht. Obwohl Unternehmen aus unterschiedlichen Gründen ausbilden und nicht nur aus der gesellschaftlichen Verantwortung heraus,[159] bietet sich Ausbildung als Teil der Übernahme gesellschaftlicher Verantwortung für die Untersuchung an, da die Aus- und Weiterbildung von den Unternehmen selbst als ein bedeutendes Betätigungsfeld des gesellschaftlichen Engagements genannt wird.[160]

Die zweite Studie beleuchtet die Mitarbeiterbindungsmaßnahmen von 587 mittelständischen Unternehmen in Deutschland mit unterschiedlich hohem Familieneinfluss. Daneben wird geschaut, welche Rolle der Betriebsrat für die Bereitstellung der Maßnahmen spielt. Zwar werden Mitarbeiterbindungsmaßnahmen von den Unternehmen nicht zwangsläufig uneigennützig angeboten, trotzdem können sie als Indiz für verantwortungsbewusstes Unternehmertum angesehen werden, da die Mitarbeiter als wichtiger Adressat von Corporate Social Responsibility Maßnahmen genannt werden.[161]

Die dritte Studie, die ebenfalls auf dem Datensatz der 587 Unternehmen in Deutschland fußt, beleuchtet, welche Rolle der Familieneinfluss sowie die Vertrauenssituation im Unternehmen in Bezug auf die Aufgabenschwerpunkte des Aufsichtsgremiums spielen und bietet somit eine Möglichkeit, Unterschiede in der Corporate Governance von Unternehmen mit starkem und schwachem Familieneinfluss sichtbar zu machen.

---

159 Das Bundesinstitut für Berufsbildung Nürnberg nennt als wichtigste Motive für Ausbildung die Qualifikation von Nachwuchskräften für betriebliche Anforderungen, die Auswahl der „Besten“ sowie die Vermeidung von Fehleinstellungen (Wenzelmann et al. 2009). Zu den Kosten und Nutzen der Ausbildungsübernahme vgl. Wolter 2008, Pfeifer et al. 2009

160 Vgl. Stiftung Familienunternehmen 2007, S. 6, Gilde 2007, S. 7, Manager Magazin 2005, S. 91

161 Vgl. Beutner 2001, BIBB 2009, Wenzelmann et al. 2009, Waldkirch et al. 2008, S. 83

6.1 Die Wahrnehmung gesellschaftlicher Verantwortung in Familien- und Nicht-Familienunternehmen in Bezug auf die Ausbildungsübernahme[162]

6.1.1 Einführung

Die Übernahme gesellschaftlicher Verantwortung wird heute von vielen Unternehmen als wichtige Aufgabe wahrgenommen. Bislang jedoch scheint es, als würden eher die großen Publikumsgesellschaften dieser Aufgabe tatsächlich auch nachkommen. Nahezu alle DAX und MDAX Unternehmen veröffentlichen Informationen zu ihrem gesellschaftlichen Engagement unter dem Stichwort Corporate Social Responsibility. Bei mittelständischen Unternehmen und speziell Familienunternehmen, die meist öffentlichkeitsscheu agieren, findet man hingegen eher weniger Meldungen über ihre gesellschaftlichen Aktivitäten.[163] Das soll allerdings nicht heißen, dass sich Familienunternehmen nicht gesellschaftlich verantwortlich verhalten. In der Öffentlichkeit herrscht sogar überwiegend das Bild vor, dass Familienunternehmen mehr gesellschaftliche Verantwortung übernehmen als Nicht-Familienunternehmen und zudem eine besondere Standorttreue aufweisen, was den Eindruck eines nachhaltigen Engagements, für die Region, in der sie angesiedelt sind, noch verstärkt.[164] Darüber hinaus wird in der Öffentlichkeit berichtet, Familienunternehmen würden gesellschaftliches Engagement im Gegensatz zu Unternehmen ohne Familieneinfluss nicht nur als Verpflichtung, sondern auch als Teil ihres Selbstverständnisses ansehen. Doch trifft dies wirklich zu? Bisher fand eine empirische Überprüfung dieses Themas in der wissenschaftlichen Literatur kaum statt. Vor diesem Hintergrund versucht der vorliegende Beitrag eine erste Antwort auf die Frage zu geben, ob es Unterschiede bei der Übernahme von gesellschaftlicher Verantwortung zwischen Familienunternehmen und Nicht-Familienunternehmen gibt.

Als ein erster Prüfstein für das gesellschaftliche Engagement von Unternehmen könnte in Deutschland das Ausbildungsverhalten herangezogen werden. Die Daten für die hier dargestellte Untersuchung entstammen einer empirischen Studie des ifm Mannheim, in der die Wahrnehmung der Ausbildungsaufgabe in 510 Mannheimer Unternehmen analysiert wurde.[165] Der Familieneinfluss auf die jeweiligen Unternehmen wurde in Anlehnung an die F-

---

162 Erschienen als Keese, D., Tänzler, J.-K., Hauer, A. (2010): Die Wahrnehmung gesellschaftlicher Verantwortung in Familien- und Nicht-Familienunternehmen. Zeitschrift für KMU und Entrepreneurship, 58: 197-225

163 Vgl. Stiftung Familienunternehmen 2007, S. 5

164 Vgl. Frasl und Rieger 2006, S. 13f., Wimmer et al. 2005, S. 121, von Schlippe et al. 2011

165 Vgl. Leicht et al. 2009, Bei der zugrundeliegenden Erhebung wurde eine repräsentative Stichprobe Mannheimer Unternehmen befragt

PEC Skala von Astrachan et al. bestimmt.[166] Mithilfe dieser Einteilung ist es möglich, Unternehmen eher als Familien- oder Nicht-Familienunternehmen zu klassifizieren und miteinander zu vergleichen. Die Ergebnisse der Studie sollen einerseits erste Anhaltspunkte über Unterschiede der Übernahme gesellschaftlicher Verantwortung von Unternehmen mit und ohne Familieneinfluss liefern sowie zum anderen eine Basis für weitere Forschungsaktivitäten auf diesem Gebiet schaffen.[167]

6.1.2 Theoretisch-konzeptionelle Grundlagen

6.1.2.1 Zum gesellschaftlichen Engagement mittelständischer Unternehmen

Die Gruppe der mittelständischen Unternehmen zeichnet sich, wie in vielen anderen Gebieten auch, bei der Übernahme gesellschaftlicher Verantwortung weitgehend durch Heterogenität aus.[168] Einflussfaktoren der Übernahme gesellschaftlicher Verantwortung sind neben der Unternehmensgröße vor allem die wirtschaftliche Lage sowie die Stakeholder mittelständischer Unternehmen.[169] Die Literatur unterscheidet bei diesen zwischen internen und externen Stakeholdern. Zu den internen Stakeholdern gehören das Management, die Familie des Unternehmers sowie die Mitarbeiter.[170] Zu den externen Stakeholdern zählen unter anderem die Lieferanten, die Kunden sowie die Banken.[171] Einen maßgeblichen Bestandteil des gesellschaftlichen Engagements speziell deutscher mittelständischer Unternehmen stellen Bildungsangebote dar. Laut einer Studie der Europäischen Kommission aus dem Jahr 2007 sind Aus- und Weiterbildungsangebote die am häufigsten genannten Maßnahmen der Übernahme gesellschaftlichen Engagements für Mitarbeiter in kleinen und mittelständischen Unternehmen in Deutschland.[172]

Gerade in Deutschland ist durch die starke Stellung der dualen Ausbildung für den beruflichen Werdegang eine eigene Betrachtung dieser Frage geboten.[173] So beteiligen sich die Unternehmen in Deutschland besonders intensiv an der Ausbildung junger Menschen. Im dualen System stellen die Unternehmen mehr Lehrstellen zur Verfügung als es Nicht-Abiturienten in

166 Vgl. Astrachan et al. 2006, S. 167f.

167 In der Ausgangsstudie nannten alle Unternehmen die „soziale und gesellschaftliche Verantwortung" als drittwichtigstes Motiv für die Übernahme von Ausbildungsverantwortung

168 Vgl. Deniz und Suarez 2005, S. 38, Europäische Kommission 2002, S. 7f.

169 Vgl. Europäische Kommission 2002, S. 7f.

170 Vgl. Holzborn 2006, S. 49f.

171 Vgl. Holzborn 2006, S.65ff., Europäische Kommission 2002a, S. 15

172 Vgl. Gilde 2007, S. 7ff.

173 Vgl. Grollmann und Rauner 2007, S. 432

einem Jahrgang gibt. Dies ist in keinem anderen europäischen Land der Fall.[174] Politische Repräsentanten in Deutschland erklären eindeutig: „.....Die Ausbildung junger Leute ist die wichtigste Dimension verantwortlicher Unternehmensführung. Es geht um die Verantwortung für das Ganze...".[175] Dass dies tatsächlich auch zu den entscheidenden Ausbildungsmotiven für die Unternehmen zählt, zeigt ebenfalls eine aktuelle Studie des Bundesinstituts für Berufsbildung unter 2986 Ausbildungsbetrieben in Deutschland. 59 % der befragten Betriebe bildeten aus, „.... da Ausbildung eine Gemeinschaftsaufgabe der Wirtschaft ist", 48 % sahen sich bei der Ausbildung Jugendlicher in der Firmentradition verwurzelt.[176] Damit stellt die eigene Ausbildung der Unternehmen nicht nur eine Investition in die Zukunft dar, sondern erfolgt auch aus einer Verantwortungsübernahme gegenüber der Gesellschaft.[177]

6.1.2.2 Die Ausbildungsübernahme kleiner und mittlerer Unternehmen

Grundsätzlich ist davon auszugehen, dass Unternehmen nicht aus altruistischen Motiven heraus ausbilden, sondern nur dann, wenn sie sich auch einen Nutzen davon versprechen. Pfeifer et al. nennen als Nutzen die Einsparung von Personalgewinnungskosten, ein geringeres Fehlbesetzungsrisiko und eine geringere Fluktuation im Gegensatz zur Einstellung über den Arbeitsmarkt, den potentiellen Imagegewinn sowie eine gesteigerte Attraktivität des Betriebes für leistungsfähige Mitarbeiter.[178] Diesen Nutzen stehen auch Kosten entgegen; bspw. die Personalkosten der Auszubildenden, die Kosten für das Ausbildungspersonal sowie Anlage- und Sachkosten.[179] Das Bundesinstitut für Berufsbildung hat in der BIBB-Kosten- und Nutzenerhebung 2007 die Brutto- und Nettokosten der Betriebe gegenüber gestellt und errechnet, dass zwei Drittel der ausbildenden Unternehmen insgesamt pro Jahr und pro Auszubildenden Nettokosten aufbringen.[180] Ein Drittel der Auszubildenden konnten für ihren Betrieb bereits während der Ausbildung Nettoerträge erzielen.[181] Dabei sind bei der Höhe der Kosten teilweise erhebliche Unterschiede nach Regionen, Betriebsgrößen, den Ausbildungsbereichen sowie der gesetzlich vorgeschriebenen Dauer des Lehrverhältnisses festzustellen. Für die Unternehmen, die während der Ausbildung Nettokosten verbuchen, besteht die Möglichkeit, durch die

174 An dieser Stelle ist anzumerken, dass die duale Berufsausbildung nur noch in der Schweiz und Österreich einen starken Stellenwert in der beruflichen Ausbildung besitzt. In den anderen Ländern Europas hat sie entweder nur eine geringe Bedeutung oder es existiert kein vergleichbares System. Vgl. Plünnecke et al. 2009, S. 42.

175 Scholz 2007

176 Vgl. Wenzelmann et al. 2009, S. 10

177 Vgl. Beutner 2001

178 Vgl. Pfeifer et al. 2009

179 Vgl. Pfeifer et al. 2009

180 Die Nettokosten ergeben sich durch den Abzug der Erträge von den Bruttokosten, vgl. Pfeifer et al. 2009, S. 10

181 Vgl. BIBB 2009

Übernahme der Auszubildenden nach Ende der Ausbildung weiteren Nutzen zu erzielen.[182] Nach Wolter ist somit eine positive Ausbildungsentscheidung seitens der Unternehmen, denen Nettokosten entstehen, davon abhängig, ob der Betrieb nach Ende der Ausbildung für den Lehrling einen Arbeitsplatz anbieten kann, der für das Unternehmen eine positive Wertschöpfung generiert.[183] Ob dies allerdings immer der Fall ist, lässt sich in der Realität schwer überprüfen, da auch der Reputationsgewinn zu den Erträgen gezählt werden kann, der in der Realität schwer zu messen ist. Daneben bilden Unternehmen auch aus, um sich gesellschaftlich zu engagieren, unabhängig von etwaigen Nettokosten.

Schaut man auf die Motive der Unternehmen, weshalb diese ausbilden, so werden in aktuellen Umfragen von den Unternehmen als häufigste Gründe für die Ausbildung junger Menschen der Mangel an Fachkräften und die Sicherung der Wettbewerbsfähigkeit genannt.[184] Walden und Herget nennen als dritten Faktor auch die sog. „Ausbildungsphilosophie". Hier wird die Ausbildungsleistung auch „…als Teil eines längerfristig angelegten Leitbildes oder einer Unternehmenskultur angesehen".[185] Die Ausbildungsübernahme erfolgt daher auch um sich gesellschaftlich zu engagieren.[186] Daneben sind sich – wie im vorherigen Abschnitt gezeigt - die Unternehmen überwiegend einig, dass die Übernahme der Ausbildungsverantwortung eine positive Außenwirkung mit sich bringt.[187]

6.1.3 Hypothesenbildung

Für die Beantwortung der Frage, ob es Unterschiede bei der Übernahme gesellschaftlicher Verantwortung zwischen Familienunternehmen und Nicht-Familienunternehmen gibt, erscheint es zweckmäßig, sich über die generellen Unterschiede beider Unternehmensformen klar zu werden. Die Schwierigkeit, die diese Unterscheidung mit sich bringt, wurde im vorherigen Abschnitt hinlänglich erläutert. Allgemein festhalten kann man, dass bei einem Familienunternehmen stets eine oder mehrere Familien in vielfältiger Hinsicht Einfluss auf das Unternehmen ausüben. Was könnte diese Tatsache für unsere Fragestellung bedeuten?

Im vierten Kapitel wurde bereits dargelegt, dass Familienunternehmen in besonderem Maße an der Aufrechterhaltung einer guten Reputation interessiert sind und sich daher traditionell

---

182 Nicht alle Kosten und Nutzen der Ausbildung lassen sich monetär messen. Vgl. Wolter 2008, Pfeifer et al. 2009
183 Vgl. Wolter 2008
184 Vgl. DIHK Ausbildungsumfrage 2009
185 Walden und Herget 2002, S. 36
186 Vgl. Wenzelmann et al. 2009, S. 10
187 Vgl. BIBB 2009

gesellschaftlich sozial engagieren, da ein Reputationsverlust bei der Familie mit einem erheblichen Vermögensverlust einhergehen kann. Durch gesellschaftliches Engagement ist die Familie in der Lage „positives moralisches Kapital" aufzubauen, welches in Zeiten einer schlechten öffentlichen Wahrnehmung des Unternehmens hilft, den Reputationsverlust und damit den Vermögensverlust in Grenzen zu halten.

Da sich Familienunternehmen neben diesen genannten Gründen zusätzlich durch spezielle Charakteristika wie Standorttreue oder eine durch die Familie geprägte besondere Unternehmenskultur auszeichnen[188] und sie darüber hinaus den gleichen betriebswirtschaftlichen Restriktionen unterworfen sind wie alle anderen Unternehmen auch, liegt die Vermutung nahe, dass Unternehmen mit starkem Familieneinfluss eher geneigt sein könnten, gesellschaftliche Verantwortung zu übernehmen als Unternehmen mit weniger ausgeprägtem Familieneinfluss. Folgt man dieser Vermutung, ist davon auszugehen, dass Familienunternehmen, bei Zurechnung der Ausbildung zur gesellschaftlichen Verantwortung, auch dieser eher nachkommen könnten als Nicht-Familienunternehmen. Dies gilt insbesondere deshalb, da eine Ausbildungstätigkeit im Unternehmen, abgesehen von den betriebswirtschaftlichen Gründen, auch mit Nachhaltigkeit, Unternehmenskultur, Tradition und Imagepflege zu tun hat, so dass der Familieneinfluss einen besonderen Faktor für die Ausbildungsbereitschaft darstellen könnte. Gestützt wird diese These auch von dem Reputationsansatz, der zur ökonomischen Theorie zählt und eine Erklärung für betriebliche Lehrstellenangebote bietet. Dieser propagiert, dass gesellschaftliche Verantwortung das Ausbildungsverhalten beeinflusst. In diesem Zusammenhang argumentiert Sadowski, dass Unternehmen ausbilden, um ihre Reputation zu verbessern.[189] Franz und Soskice sowie Geißler und Schmidt zeigen, dass für Unternehmen, die nicht ausbilden, Imageverluste auftreten können.[190] Niederalt wiederum begründet über die social custom-Theorie von Akerlof, dass Unternehmen genau dann Lehrstellen anbieten, wenn sie mit Reputationsvorteilen rechnen und die durch die Ausbildungsübernahme entstehenden Vorteile die Nettokosten der Ausbildung übersteigen.[191]

Es kann daher angenommen werden, dass Familienunternehmen in besonderem Maße an einer guten Reputation interessiert sind, daher eher bereit sind auszubilden und gesellschaftliche Verantwortung zu übernehmen. Dieser Hintergrund führt zu der zentralen Hypothese:

---

[188] Vgl. Weissman und Artmann 2007, S. 20 ff.
[189] Vgl. Sadowski 1980
[190] Vgl. Franz und Soskice 1995, Geißler und Schmidt 1996
[191] Vgl. Niederalt 2004

H1: Familienunternehmen bilden eher aus als Nicht-Familienunternehmen und übernehmen daher eher gesellschaftliche Verantwortung.

Dabei soll zunächst auf der Grundlage eines F-PEC-Wertes eine Gegenüberstellung von Familienunternehmen, die auf jeden Fall als solche angesehen werden sollten, und Nicht-Familienunternehmen, die wohl auf keinen Fall von einer Familie beeinflusst werden, vorgenommen werden.

Da es aber auch in der Realität fließende Übergänge bei den Gruppen der Familienunternehmen und der Nicht-Familienunternehmen gibt,[192] bietet es sich an, für die Klassifizierung der Unternehmen die F-PEC Skala auch direkt zu verwenden, da der F-PEC-Wert ebenfalls nicht einfach in Familienunternehmen und Nicht-Familienunternehmen trennt, sondern eine gleitende Skala des Familieneinflusses bietet und damit die Realität der Unternehmenswelt wohl eher abbildet. Somit wird die Hypothese 1 wie folgt modifiziert:

H1a: Mit steigendem Familieneinfluss, gemessen am F-PEC-Wert, steigt die Ausbildungsbereitschaft der Unternehmen und damit ihr gesellschaftliches Engagement.

Weiter kann man annehmen, dass es einen positiven Zusammenhang zwischen der Unternehmensgröße und der Ausbildungsbeteiligung gibt. Kempf sieht diese Annahme bestätigt, da Unternehmen mit steigender Größe Schwierigkeiten haben, ihren Fachkräftebedarf über den Arbeitsmarkt zu decken.[193] Niederalt begründet eine steigende Ausbildungsbeteiligung von Unternehmen mit wachsender Größe durch die komplexen Strukturen und Abläufe von Großunternehmen, die eine eigene Ausbildung als vorteilhaft erscheinen lassen.[194] Daneben spricht auch die Fixkostendegression der Ausbildungskosten eher für eine Ausbildungsbeteiligung größerer Unternehmen. Gleichzeitig zeigt sich in der Praxis, dass viele Unternehmen über Plan ausbilden, um sich die für das Unternehmen am besten geeigneten Auszubildenden auszuwählen. Das müsste je eher der Fall sein, je größer das Unternehmen ist.[195] Dieser Zusammenhang müsste erst recht für Familienunternehmen gelten. Da bereits argumentiert wurde, Familienunternehmen seien in besonderem Maße an einer guten Reputation interessiert, und gleichzeitig angenommen wurde, dass die Übernahme gesellschaftlicher Verantwortung das Ausbildungsverhalten beeinflusst, müssten familienbeeinflusste Unternehmen mit steigender Betriebsgröße umso eher ausbilden, da ein möglicher Reputationsverlust umso größer ausfal-

[192] Siehe Kapitel 2
[193] Vgl. Kempf 1985
[194] Vgl. Niederalt 2005
[195] Vgl. DIHK 2009, Niederalt 2005, BMBF 2004

len könnte. Dies gilt nicht nur vor dem Hintergrund, dass bei großen Unternehmen durch den Reputationsverlust auch der Vermögensverlust umso größer ausfallen kann, sondern ist auch der Tatsache geschuldet, dass größere Unternehmen verstärkt im Blickpunkt der Öffentlichkeit stehen und daher ihr Verhalten eher sanktioniert wird. Vor diesem Hintergrund folgt unsere zweite Hypothese:

H2: Je größer ein Familienunternehmen ist, desto größer ist seine Ausbildungsbereitschaft und damit sein gesellschaftliches Engagement.

6.1.4 Empirische Befunde

6.1.4.1 Methodik und Stichprobe

Die Ausgangsdaten der vorliegenden Untersuchung stammen aus einer Erhebung des ifm Mannheim zur Ausbildungsbereitschaft und zu den Ausbildungsstrukturen in Mannheimer Unternehmen.[196] Im Mittelpunkt der Studie standen die teils unausgeschöpften Ausbildungspotenziale in kleinen und mittleren Unternehmen. Das zentrale empirische Instrumentarium der Untersuchung bildete eine telefonische Befragung von weit über 1.300 Unternehmen in Mannheim, die in einer Zufallsstichprobe ausgewählt wurden und einen repräsentativen Ausschnitt der Mannheimer Grundgesamtheit abbilden. Hiervon wurden jeweils 255 ausbildende und 255 nicht ausbildende Betriebe in intensiverer Form nach den Begleitumständen ihres Ausbildungsverhaltens, so z.B. nach den wirtschaftlichen und organisatorischen Rahmenbedingungen oder den Ausbildungshemmnissen, aber auch nach etwaigen Unterstützungsmöglichkeiten befragt. Lediglich 2,8% der befragten Unternehmen hatten 250 oder mehr Beschäftigte.

Innerhalb der detaillierten telefonischen Befragung von 510 Unternehmen konnten einige Fragen gestellt werden, die es ermöglichten, für jedes Unternehmen einen F-PEC-Wert zu ermitteln und damit die Unternehmen im Hinblick auf den Grad des Familieneinflusses zu unterscheiden. Die sehr detaillierten Fragen, mit denen Klein et al. die Ausprägungen von Macht, Einfluss und Kultur ermittelten, konnten in dieser Umfrage, die innerhalb der oben genannten Befragung integriert war, allerdings nicht vollständig gestellt werden.[197] So liegt das Augenmerk auf einigen zentralen Grundfragen, die typischerweise verwendet werden, um den jeweiligen F-PEC Wert zu ermitteln.

[196] Vgl. Leicht et. al. 2009. Durch die Beschränkung unseres Samples auf eine Großstadt – in unserem Fall Mannheim ist es nicht möglich, die Ergebnisse der Studie auf die Grundgesamtheit der Unternehmen in Deutschland zu übertragen

[197] Vgl. Klein et al. 2005

- Die Kategorie Macht „der Familie“ wurde in dieser Studie aus dem Anteil von Familienmitgliedern an den Unternehmensgesellschaftern und dem aktiven Einfluss der Familienmitglieder auf die Geschäftsführung ermittelt. Zudem musste die Unternehmerfamilie mindestens 25% des Kapitals besitzen, um als Familienunternehmen eingestuft zu werden.

- Die Erfahrung eines Unternehmens als Familienunternehmen steigt mit der Anzahl der Generationen, in denen das Unternehmen bereits in der Hand einer Familie ist. Zudem kann auch Expertenwissen von außerhalb den Erfahrungswert positiv beeinflussen. Die Existenz eines Beirats und das Ausmaß des Familieneinflusses im Beirat kann dafür ein Indiz sein. Der F-PEC-Wert der Unternehmen stieg demnach mit der Anzahl der Generationen, die das Unternehmen bereits im Familienbesitz ist und mit dem Vorhandensein eines entsprechenden Beratungsgremiums sowie mit dem Familieneinfluss im Beirat.

- In der Unternehmenskultur spiegeln sich typischerweise die Werte, Normen und die Überzeugungen des oder der Unternehmer wider. Eine Besonderheit von Familienunternehmen liegt darin, dass nicht nur das Auskommen eines einzelnen Unternehmers gesichert werden soll, sondern dass typischerweise auch in langfristiger, generationsübergreifender Perspektive gedacht wird. In dieser Umfrage wurden deshalb sowohl der Einfluss der Inhaberfamilie auf die Wertvorstellungen des Unternehmens als auch die geplante Fortführung des Unternehmens in der nächsten Generation als positive Einflüsse auf den F-PEC-Wert berücksichtigt.

Aufbauend auf diesen Überlegungen und den entsprechenden Fragen in den Telefoninterviews konnte für jedes Unternehmen ein bestimmter F-PEC-Wert ermittelt werden. Der maximal zu erreichende F-PEC Wert betrug 6,75 Punkte. Dabei wurde in den Kategorien Macht, Erfahrung und Kultur, mit jeweils 2,25 Punkten, die gleiche Anzahl von Punkten vergeben. Aus den möglichen Anteilen der Familie an den Gesellschaftern und den Geschäftsführern, was jeweils maximal 100% bzw. 1,0 Punkte ergeben kann, und der Voraussetzung mindestens 25% des Kapitals des Unternehmens in der Familie zu halten, ergibt sich somit ein Höchstwert von 2,25 Punkten für die Machtkategorie. Die anderen beiden Kategorien wurden dann entsprechend dieser Maximalpunktzahl (2,25) wie oben beschrieben konstruiert.[198]

---

198 So wurde in der Kategorie Erfahrung bis 1,25 Punkte vergeben, wenn das Unternehmen über mehrere Generationen in der Hand der Familie gewesen ist und zusätzlich ein Punkt, wenn ein Beirat existiert, in dem die Familie verstärkt mitwirkt. In der Kategorie Kultur wurden 1,25 Punkte verteilt, wenn auf direkter Nachfrage der Einfluss der Familie von den Unternehmern als groß angesehen wurde. Hier wurde noch ein Punkt hinzu gerechnet, falls die Absicht in der Familie bestand, dass Unternehmen auch weiterhin im Fami-

Es zeigte sich eine deutliche dreistufige Verteilung bei vielen betrachteten Merkmalen in Bezug auf den F-PEC-Wert der Unternehmen. So wurden zunächst je nach Stärke des Familieneinflusses für die Untersuchung drei Kategorien von Unternehmen gebildet:

- Nicht-Familienunternehmen (N-FU)
  Bei den N-FU übersteigt der Faktor Macht nicht eine Mindeststärke, ab der von der Durchsetzungsfähigkeit einer Familie im Unternehmen ausgegangen werden kann (F-PEC < 1).
- Unternehmen mit (schwächerem) Familieneinfluss (familienbeeinflusste Unternehmen: FbU) (F-PEC 1 bis 3,5)
  Von familienbeeinflussten Unternehmen wird ausgegangen, wenn diese Durchsetzungsfähigkeit gegeben ist.
- Reine Familienunternehmen (FU)
  Reine Familienunternehmen sind in dieser Studie dadurch charakterisiert, dass sowohl im Hinsicht auf die Durchsetzungsfähigkeit ein erheblicher Beitrag geleistet werden muss als auch ein Input entweder von den beiden anderen Faktoren Kultur und Erfahrung zum Familieneinfluss gegeben sein muss oder einer der letztgenannten Faktoren einen erheblichen Beitrag leistet (F-PEC > 3,5).

Die folgenden Auswertungen wurden jeweils für diese drei Unternehmenstypen vorgenommen. Neben den Fragen zum F-PEC wurden die Unternehmen auch gefragt, inwieweit sie sich selbst als Familienunternehmen oder als Nicht-Familienunternehmen sehen. Diese Selbsteinschätzung sollte helfen abzuklären, ob die F-PEC-Kategorien Familienunternehmen auch nach deren eigenem Selbstverständnis deckungsgleich abbilden, oder ob es gravierende Unterschiede gibt. Zudem konnte anhand dieser Frage eruiert werden, ob sich Unternehmen, die sich selbst als Familienunternehmen „fühlen", andere Einstellungen haben als solche, die sich selbst nicht als Familienunternehmen sehen.[199] Es konnten in dieser Studie keine signifikanten Unterschiede hinsichtlich der ursprünglichen Fragestellung zur Ausbildungsbereitschaft zwischen denjenigen Unternehmen, die sich als Familienunternehmen sehen, und denjenigen, die laut F-PEC als Familienunternehmen angesehen werden, festgestellt werden. Dennoch war es bemerkenswert, dass sich viele Unternehmen, die nach „objektiver" Beurteilung mittels der F-PEC-Werte als Familienunternehmen einzustufen waren, sich selbst nicht als Familienunternehmen sahen. Dies betraf hauptsächlich die Gruppe der Unternehmen mit schwächerem Familieneinfluss (FbU). Hier sahen sich über 60% der Unternehmen selbst nicht als Familienun-

lienbesitz zu halten, da dann davon auszugehen ist, dass bestimmte Wertvorstellungen im Unternehmen vorherrschen. Zu der Berechnung des F-PEC vgl. Rutherford et al. 2008

199 Zu den methodischen Problemen bei der Erfassung des Self-Assessment vgl. Klein 2004, S. 14

ternehmen. Da sich in dieser Gruppe in großem Umfang Angehörige von den Freien Berufen befinden, ist davon auszugehen, dass sich diese stark professionalisierten Berufsgruppen eher nicht als Familienunternehmen sehen, da ihr Bestehen vor allem an einer einzigen Person mit hohem Ausbildungsgrad hängt. Es bleibt die Frage, wie man diese Diskrepanz bei künftigen Forschungen berücksichtigen und evtl. verringern kann.

Ausgehend von den hier gebildeten F-PEC-Kategorien konnten von den 510 intensiv befragten Unternehmen 194 den reinen Familienunternehmen, 217 den familienbeeinflussten Unternehmen und 99 den Nicht-Familienunternehmen zugerechnet werden. Weiterhin konnten die Unternehmen sowohl nach Branchen als auch nach Beschäftigtengrößenklassen und Bestehensdauer klassifiziert werden (s. Abb. 1).

Familienunternehmen sind nach Ansicht der Literatur tendenziell eher kleinere Unternehmen. Auch die Stichprobe dieser Studie bestätigte diese Vermutung. Grundsätzlich waren die Nicht-Familienunternehmen größer und älter als familienbeeinflusste oder reine Familienunternehmen.

Die Verteilung auf die Wirtschaftszweige und die einzelnen Kammern zeigte grundlegende Unterschiede zwischen den reinen Familienunternehmen, den Unternehmen mit schwächerem Familieneinfluss und den Nicht-Familienunternehmen. Hier offenbarte sich die Dominanz der reinen Familienunternehmen in Handel, Bau und Gastgewerbe. Unternehmen mit schwächerem Familieneinfluss waren dagegen eher in den Dienstleistungsbranchen tätig und Nicht-Familienunternehmen im Verarbeitenden Gewerbe. Die Durchsicht der einzelnen Angaben zum Gewerbe wies die Unternehmen mit schwächerem Familieneinfluss zu einem großen Teil den Freien Berufen zu, die reinen Familienunternehmen dagegen eher den Handwerksbereichen, wobei eine zweifelsfreie Trennung aufgrund der Angaben aus den Interviews nicht immer möglich war. Das „typische“ reine Familienunternehmen dieser Stichprobe ist demnach ein mittelgroßer Handwerksbetrieb mit ca. 23 Beschäftigten, der seit ca. 38 Jahren am Markt tätig ist. Das familienbeeinflusste Unternehmen hat tendenziell eine Praxis in der Gesundheitsbranche mit ca. 11 Angestellten und ist jünger als 20 Jahre. Das „normale“ Nicht-Familienunternehmen ist seit ca. 50 Jahren mit knapp 50 Beschäftigten im Verarbeitenden Gewerbe tätig.

Abbildung 1: Merkmale der Unternehmensstichprobe

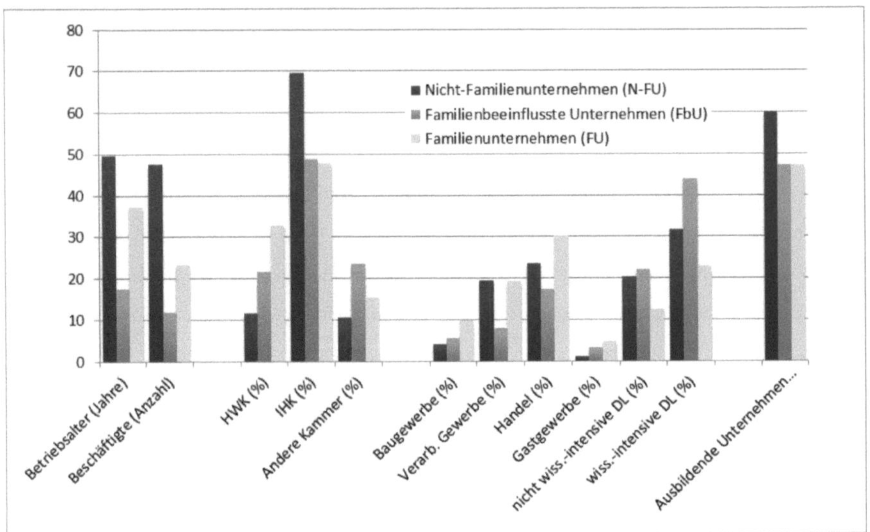

Quelle: Primärerhebung „Ausbildungsplatzpotenziale" 2008, ifm Universität Mannheim. Eigene Berechnungen.

6.1.4.2 Ausbildung in Familienunternehmen

Die Ausgangsstudie ermittelte die Ausbildungsbereitschaft von Unternehmen, bzw. die Gründe, weshalb Unternehmen nicht ausbilden. Hier zeigten sich schon unter Verwendung einfacher statistischer Verfahren einige grundsätzliche Faktoren, die diese Bereitschaft beeinflussen. Tabelle 3 gibt die bivariaten Zusammenhänge zwischen der Ausbildungsbereitschaft, also ob zumindest ein Ausbildungsplatz besetzt ist, und den betrieblichen Merkmalen an. Jedes betriebliche Merkmal weist jeweils einen signifikanten Zusammenhang mit der Ausbildungsbereitschaft auf. Es zeigt sich zum Beispiel, dass ein Ausbildungsbetrieb im Durchschnitt ca. 36 Beschäftigte aufweist, während ein Betrieb, der nicht ausbildet, im Durchschnitt gut 10 Beschäftigte hat, was darauf hindeutet, dass größere Betriebe vermutlich eher ausbilden. Wie bereits in einigen früheren Auswertungen, z.B. des IAB-Betriebspanels, gezeigt, steigt die Ausbildungsbereitschaft natürlicherweise mit steigender Betriebsgröße und unterscheidet sich auch zwischen einzelnen Branchen.[200] Interessant in diesem Kontext ist aber der Zusammenhang von Gruppe Familienunternehmen und Ausbildungsbereitschaft. Aus dem vorher Gesagten bzw. nach der Literatur sollte man erwarten, dass die reinen Familienunternehmen (FU)

200 Vgl. Niederalt 2005

aufgrund ihrer ausgeprägten gesellschaftlichen Orientierung, insbesondere im Kontext der Aus- und Weiterbildung, eher ausbilden als die Nicht-Familienunternehmen (N-FU).

Tabelle 3: Bivariater Zusammenhang zwischen Ausbildungsbereitschaft und betrieblichen Merkmalen

Betriebliches Merkmal		**Ausbildung**		**Odds**	**unadjusted Odds-Ratio**	**N**
		Ja	Nein			
Beschäftigte *** (Durchschnitt)		35,8	10,4			**506**
Betriebsalter in Jahren** (Durchschnitt)		35,0	27,5			**497**
Kammerzugehörigkeit ***						**497**
	Handwerk	62,2%	37,8%	1,644	6,299	119
	IHK	50,8%	49,2%	1,031	3,950	260
	Kammer Freie Berufe	43,8%	56,2%	0,780	2,989	89
	keine Kammer	20,7%	79,3%	0,261	Referenz	29
Wirtschaftszweig **						**505**
	Baugewerbe	62,9%	37,1%	1,692	1,940	35
	Handel	60,2%	39,8%	1,511	1,733	118
	Gastgewerbe	29,4%	70,6%	0,417	0,478	17
	wissensintensive DL	43,8%	56,2%	0,779	0,893	169
	sonstige DL	48,4%	51,6%	0,938	1,076	93
	Verarb. Gewerbe	46,6%	53,4%	0,872	Referenz	73
Gruppe Familienunternehmen *						**510**
	Nicht-FU	60,6%	39,4%	1,538	Referenz	99
	FbU	47,5%	52,5%	0,904	0,588	217
	FU	47,4%	52,6%	0,902	0,586	194
F-PEC-Wert +		2,92	3,16			**510**

Quelle: Primärerhebung „Ausbildungsplatzpotenziale" 2008, ifm Universität Mannheim. Eigene Berechnungen.

Zusammenhang zwischen Merkmal und Ausbildungsbereitschaft signifikant zum: *** Signifikanzniveau 99%, ** Signifikanzniveau 95%, * Signifikanzniveau 90%. + Der Maximal-Wert des F-PEC beträgt 6,75.

Wie aus Tabelle 3 hervorgeht, liegt die Ausbildungsneigung der FU nach dem unbereinigten Odds-Verhältnis (0,586) aber nur gut halb so hoch wie bei den N-FU. Darüber hinaus zeigt Tabelle 3, dass es auch zwischen den anderen betrieblichen Merkmalen und der Ausbildungsbereitschaft signifikante Zusammenhänge gibt. So zeigt sich das das Handwerk die höchste Ausbildungswahrnehmung hat. Bei den Wirtschaftszweigen stechen das Baugewerbe und der Handel mit einer erhöhten Ausbildungswahrnehmung hervor.

Um nun zu klären, inwieweit das Merkmal der Familienunternehmensgruppe eine Bedeutung für die Ausbildungseigenschaft des Unternehmens besitzt, werden die betrieblichen Merkmale im Folgenden gemeinsam betrachtet. Dafür werden eine Reihe von Logit-Modellen spezifiziert, von denen hier vier dargestellt werden sollen.

In Tabelle 4 sind die vier Modelle detailliert dargestellt. Betrachtet man zunächst die Modelle 1 und 2, in die nur die Haupteffekte ohne und mit der Familienunternehmensgruppe einbezogen wurden, so erkennt man, dass die Neigung, zumindest eine Person auszubilden, mit steigender Beschäftigtenzahl in beiden Modellen ansteigt. Das Betriebsalter ist hingegen als Effekt statistisch nicht mehr bedeutsam. Signifikante Unterschiede konnten bei den Unternehmen festgestellt werden, die unterschiedlichen Kammern und Wirtschaftszweigen zuzurechnen sind. So weist beispielsweise der exponierte Koeffizient, also das bereinigte Odds-Verhältnis, für die Handwerkskammerbetriebe der Stichprobe einen rund 10-mal höheren Wert aus als für Unternehmen, die keiner Kammer angehören, Unternehmen der IHK oder anderer Kammern haben dagegen einen lediglich ca. fünfmal größeren vergleichbaren Wert.[201] Bezogen auf das Modell 2 bedeutet das für ein Unternehmen, das beispielsweise 31 Jahre besteht, 23 Beschäftigte hat, im Baugewerbe tätig ist und den familienbeeinflussten Unternehmen zuzuordnen wäre, dass es eine Ausbildungswahrscheinlichkeit von 0,726 besäße, wenn es zum Handwerk gehörte, und nur eine entsprechende Wahrscheinlichkeit von 0,197 aufzuweisen hätte, wenn es keiner Kammer angehörte. Für den Fall, dass dieses Unternehmen in der Industrie- und Handelskammer wäre, würde die Ausbildungswahrscheinlichkeit 0,548 betragen. Demnach erhöht sich die Wahrscheinlichkeit auszubilden mit der Zugehörigkeit zur Handwerkskammer um den Faktor 3,7 (IHK: 2,8) gegenüber der Gruppe Unternehmen, die keiner Kammer angehören.

Weiterhin unterscheiden sich die Ausbildungsleistungen in den einzelnen Wirtschaftszweigen. Im Branchenvergleich ist der Handel besonders ausbildungsfreudig. Gegenüber dem Verarbeitenden Gewerbe ergibt sich für den Handel ein dreimal höherer Wert für den exponierten Koeffizienten und damit für das bereinigte Odds-Verhältnis. Wissensintensive und nicht-wissensintensive Dienstleistungen liegen in etwa bei einem Faktor von 2 für das bereinigte Odds-Verhältnis gegenüber dem Verarbeitenden Gewerbe. Würde wieder ein beispielhaftes Familienunternehmen (FU) mit 31 Jahren Bestand, 23 Beschäftigten in der IHK angenommen, so besäße es eine Ausbildungswahrscheinlichkeit von 0,573, wenn es im Handel tätig wäre. Für die Zugehörigkeit zu den Branchen Verarbeitendes Gewerbe, wissensintensive und nicht-wissensintensive Dienstleistungen wären dann 0,311, 0,474 bzw. 0,458 als Ausbildungswahrscheinlichkeit auszuweisen. Als Handelsunternehmen hätte das angenommene Un-

---

[201] Keinen Kammern gehören beispielsweise die Freien Berufen an

ternehmen dann eine 1,8-fach höhere Wahrscheinlichkeit auszubilden als ein Unternehmen im Verarbeitenden Gewerbe.

Aus dem Modell 2 wird aber auch ersichtlich, dass sich, wie auch bei der bivariaten Analyse, ein negativer Koeffizient beim Merkmal echtes Familienunternehmen (FU) zeigt. Das bereinigte Odds-Verhältnis beträgt 0,6454 und hat sich somit gegenüber dem bivariaten Fall etwas erhöht. Die eigentliche „Verbesserung" für die FU hinsichtlich ihrer Ausbildungseigenschaft besteht aber darin, dass unter Kontrolle der anderen betrieblichen Merkmale die Familienunternehmensgruppe in ihren Ausprägungen nicht mehr signifikant ist, d.h. die FU bilden also nach diesem Modell nicht mehr geringer aus. In Bezug auf die ursprüngliche Fragestellung nach der Wahrnehmung sozialer Verantwortung im Bereich Ausbildung von Familienunternehmen ist dieser Befund allerdings unbefriedigend.

Interessant wird es jedoch bei Modell 3, in dem die Interaktion zwischen Beschäftigtenzahl als Indikator für die Betriebsgröße und dem Ausmaß des Familieneinflusses im Unternehmen hinzukommt. Zum einen sind nun die Koeffizienten, allerdings immer noch negativ, der Ausprägungen FU und FbU signifikant, genau wie auch die Koeffizienten der Interaktionsterme, die ein positives Vorzeichen besitzen. Zum anderen handelt es sich jetzt bei den Effekten, die den Variablen, die in die Interaktion einbezogen wurden zugerechnet werden können, nunmehr um konditionale Effekte. Wie sind die Koeffizienten dieser Variablen jetzt zu interpretieren und was bedeuten sie für die ursprüngliche Fragestellung? Die Konstante und die Variablen Betriebsalter, Wirtschaftszweig und Kammerzugehörigkeit sollen außer Betracht gelassen werden, hier hat sich ja die Interpretation nicht geändert. Wir konzentrieren uns auf die Effekte Beschäftigte und Familienunternehmensgruppe sowie die Interaktion, wobei die Gegenüberstellung von FU und N-FU besonders interessiert. Da die N-FU die Referenzgruppe darstellen, gilt hier für den Prädiktor „Beschäftigte", dass die Interaktion wegfällt, genau wie auch der Term für den Familienunternehmenstyp. Daher ergibt sich für N-FU, unter außer Acht Lassung der anderen Effekte, eine Abhängigkeit in Höhe des Koeffizienten für die Beschäftigtenzahl (0,0087), d.h. für die N-FU steigt die Ausbildungsneigung mit jedem Beschäftigten um 1,0087. Im Falle der FU sieht es jetzt aber so aus, dass sowohl die Interaktion als auch der Effekt der Familienunternehmensgruppe ins Spiel kommen, d.h. einerseits sinkt die Konstante um 1,2557 (negativer Koeffizient FU), andererseits steigt der Koeffizient für die Beschäftigtenzahl auf 0,0647 und ist damit für die FU deutlich größer. Dies bedeutet, dass ab etwa 23 Beschäftigte das Logit und damit das Odd für die Ausbildungsbereitschaft des FU größer als im Fall des N-FU wird, bei sonst gleichen Werten bei den drei anderen nicht betrachteten Effekten.

Wie sieht es nun bei der Variable Familienunternehmensgruppe aus? Wird die Beschäftigtenzahl auf Null gesetzt, was zwar einen Grenzfall darstellt, so sieht man, dass sich für diesen Fall das Logit, wiederum unter außer Acht Lassung der anderen drei Effekte, um -1,2577 für das FU verringert. Bei einer von Null verschiedenen Beschäftigtenzahl ergibt sich, dass sich das Logit für FU um [0,087 x Beschäftigtenzahl + (-1,2577 + 0,056 x Beschäftigtenzahl)] ändert. Es lässt sich schnell errechnen, dass auch in diesem Zusammenhang das Logit für die Ausbildungsneigung des FU ab 23 Beschäftigten größer als bei den N-FU werden wird. Der signifikante Koeffizient der Interaktion zeigt also, dass es zu berücksichtigende Unterschiede zwischen FU und N-FU im Kontext der Beschäftigtenzahl für die Ausbildungsneigung gibt, und zwar dergestalt, dass die Ausbildungsneigung der FU bei entsprechender Beschäftigtengröße die Ausbildungsneigung der N-FU übersteigt.

Dieser Sachverhalt wird in der Abbildung 2 noch einmal illustriert. Die Odds für die Wahrnehmung der Ausbildungsfunktion für die drei Unternehmensgruppen in Abhängigkeit von der Beschäftigtenzahl lassen sich in einer jeweils unterschiedlichen Kurve darstellen, wobei die anderen Effekte nicht in Betracht gezogen wurden. So liegen die Kurven für die FU und FbU bis zur Beschäftigtenzahl von 23 unterhalb der Kurve für die N-FU, was bedeutet, dass bis dahin die Ausbildungsneigung geringer ist. Ab dieser Beschäftigtenzahl verlaufen die entsprechenden Kurven jedoch oberhalb und steigen deutlich schneller an als im Fall der N-FU. In diesem Bereich besitzen also die FU, kontrollierend für die entsprechende Zahl von Beschäftigten, eine weitaus höhere Neigung auszubilden als die N-FU.

In Modell 4 lassen sich die gerade erörterten Zusammenhänge ebenso nachweisen wie in vielen weiteren gerechneten Modell-Analysen. Jedes Mal gibt es eine signifikante Interaktion zwischen Beschäftigtenzahl und der Gruppe der Familienunternehmen, wobei die Ausbildungsneigung mit zunehmendem Familieneinfluss immer stärker ansteigt. In Modell 4 zeigt sich zudem eine signifikante Interaktion zwischen der Kammerzugehörigkeit und Familienunternehmensgruppe. Andere Interaktionen mit der Familienunternehmensgruppe erweisen sich stets als nicht signifikant.

Alle abgebildeten Modelle sind als solche hoch signifikant (Likelihood-ratio-Chi-Quadrat-Test Pr < 0,0001). Die Kriterien der Modellanpassung zeigt Tabelle 5. Die vier Modelle zeigen insgesamt zufriedenstellende Maße der Anpassung, wobei zu erwähnen ist, dass der AIC für das Konstanten-Modell bei ca. 664 liegt und die Konkordanz jeweils um bzw. über 72% beträgt.

Abbildung 2: Odds für die Ausbildung in Abhängigkeit der Beschäftigtenzahl und der Familienunternehmensgruppe

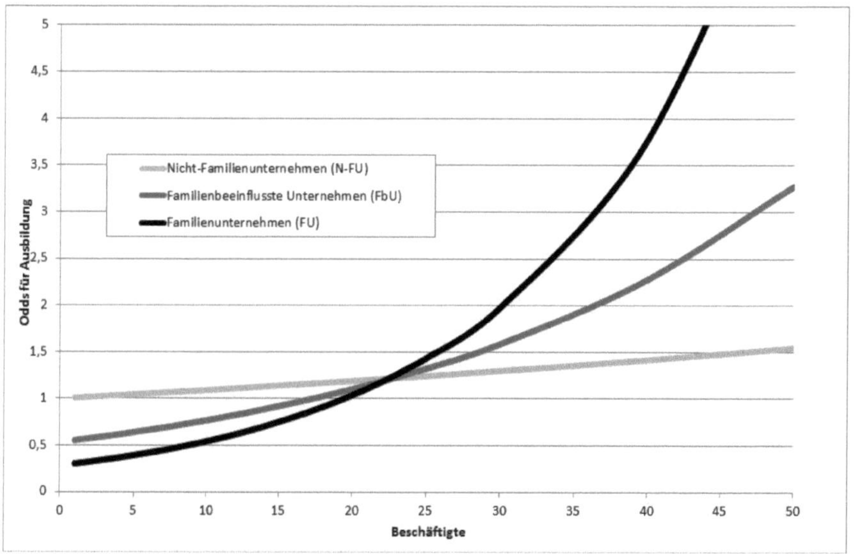

Quelle: Primärerhebung „Ausbildungsplatzpotenziale" 2008, ifm Universität Mannheim. Eigene Berechnungen.

Zu bemerken ist allerdings, dass der Hosmer-Lemeshow-Test, der die Differenzen zwischen den geschätzten und beobachteten Häufigkeiten der Werte für die abhängige Variable überprüft, für Modell 1 eine hohe Signifikanz zeigt, was bedeutet, dass es große Unterschiede zwischen den beobachteten und geschätzten Häufigkeiten gibt. Daher ist Modell 2 dem Modell 1 vorzuziehen und die Familienunternehmensgruppe mit einzubeziehen. Insgesamt dürfte von Seiten der Modellanpassung Modell 3 als das wohl am besten geeignete angesehen werden, insbesondere wenn das AIC Berücksichtigung findet.

Tabelle 4: Logit-Modelle zur Ausbildungsbereitschaft als abhängige Variable

Unabhängige Variablen im Modell		**Modell 1**			**Modell 2**			**Modell 3**			**Modell 4**		
	Referenzgruppe	Koeff	Exp(B)	Sig.	Koeff	Exp(B)	Sig.	Koeff	Exp(B)	Sig.	Koeff	Exp(B)	Sig.
Betriebscharakteristika													
Beschäftigte	(metrisch)	0,0254	**1,0260**	**0,0001**	0,0249	**1,0252**	**0,0001**	0,0087	**1,0087**	**0,0783**	0,0092	**1,0093**	**0,0683**
Betriebsalter	(metrisch)	0,0019	1,0020	0,5561	0,0022	1,0022	0,5066	0,0022	1,0022	0,4990	0,0027	1,0027	0,4060
Wirtschaftszweig	Verarb. Gewerbe												
Baugewerbe		0,6949	2,004	0,1392	0,6880	1,9897	0,1443	0,8363	**2,3078**	**0,0831**	0,8662	**2,3779**	**0,0747**
Handel		1,0728	**2,924**	**0,0037**	1,0876	**2,9671**	**0,0033**	1,2666	**3,5488**	**0,0011**	1,2332	**3,4322**	**0,0014**
Gastgewerbe		0,3805	1,463	0,5594	0,4258	1,5308	0,5152	0,7156	2,0454	0,2840	0,6113	1,8428	0,3657
wissensintensive DL		0,7574	**2,133**	**0,0589**	0,6904	**1,9945**	**0,0880**	0,8789	**2,4082**	**0,0362**	0,9002	**2,4601**	**0,0321**
sonstige DL		0,6869	**1,988**	**0,0660**	0,6280	**1,8739**	**0,0953**	0,7732	**2,1667**	**0,0469**	0,7312	**2,0776**	**0,0618**
Kammerzugehörigkeit	keine Kammer												
Handwerk		2,2908	**9,883**	**0,0002**	2,3788	**10,792**	**0,0001**	2,3208	**10,184**	**0,0001**	1,9083	6,7416	0,1077
IHK		1,5722	**4,817**	**0,0054**	1,5956	**4,9313**	**0,0050**	1,4198	**4,1363**	**0,0090**	1,4664	4,3336	0,1232
Kammer Freie Berufe		1,5445	**4,685**	**0,0097**	1,6113	**5,0093**	**0,0074**	1,4880	**4,4282**	**0,0105**	2,1518	**8,6003**	**0,0658**
Familienunternehmens-Gruppe	N-FU												
FU					-0,4379	0,6454	0,1411	-1,2577	**0,2843**	**0,0005**	-0,8817	0,4141	0,5415
FbU					-0,1385	0,8707	0,6437	-0,6282	**0,5336**	**0,0652**	-0,6069	0,5450	0,6237
Interaktionsterme													
Beschäftigte * FU-Gruppe (FU)	Beschäftigte * FU-Gruppe (N-FU)							0,0560	**1,0576**	**0,0004**	0,0530	**1,0544**	**0,0008**
Beschäftigte * FU-Gruppe (FbU)								0,0276	**1,0280**	**0,0834**	0,0278	**1,0282**	**0,0861**
FU-Gruppe (FU) * Kammer (Handwerk)	FU-Gruppe (N-FU) * Kammer (keine Kammer)										0,0068	1,0068	0,9967
FU-Gruppe (FU) * Kammer (IHK)											-0,1092	0,8966	0,9406
FU-Gruppe (FU) * Kammer (Freie Berufe)											-1,1607	0,3133	0,4797
FU-Gruppe (FbU) * Kammer (Handwerk)											0,7746	2,1697	0,5948
FU-Gruppe (FbU) * Kammer (IHK)											-0,0561	0,9454	0,9643
FU-Gruppe (FbU) * Kammer (Freie Berufe)											-0,6131	0,5417	0,6688
Konstante		-2,8042	**0,0606**	**0,0001**	-2,5992	**0,0743**	**0,0002**	-2,2226	**0,1083**	**0,0012**	-2,3327	**0,0970**	**0,0210**

Quelle: Primärerhebung „Ausbildungsplatzpotenziale" 2008, ifm Universität Mannheim. Eigene Berechnungen

Tabelle 5: Modellanpassung der Logit-Modelle zur Ausbildungsbereitschaft

Kriterien der Modellanpassung	Modell 1	Modell 2	Modell 3	Modell 4
Devianz-Anpassungstest (Pr > ChiSq)	0,0001	0,0001	0,0002	0,0001
AIC	619,82	620,99	607,86	616,61
Hosmer - Lemeshow - Anpassungstest (Pr > ChiSq)	0,0002	0,2374	0,5648	0,2260
PseudoR^2 (nach Nagelkerkes)	0,1689	0,1758	0,2165	0,2241

Quelle: Primärerhebung „Ausbildungsplatzpotenziale" 2008, ifm Universität Mannheim. Eigene Berechnungen.

Nachdem nun die Ausbildungsfunktion bei der Gegenüberstellung von Familien- und Nicht-Familienunternehmen untersucht wurde, soll im Folgenden ein Blick auf die Analyse der Ausbildungsneigung in Bezug auf die F-PEC-Skala, d.h. auf den kontinuierlich gemessenen Einfluss der Familie auf das Unternehmen geworfen werden. Bei der bivariaten Betrachtung von F-PEC-Wert und Ausbildung erwies sich der durchschnittliche Skalenwert als nicht signifikant verschieden für die beiden Ausbildungsgruppen (s. Tabelle 3). Aber auch hier gilt das Gleiche wie für die Familienunternehmensgruppen, dass der Zusammenhang sicherlich nicht so einfach sein kann. Gehen wir wieder zum multivariaten Fall des Logit-Modells über und schauen uns in Tabelle 6 die verschiedenen Modelle für den F-PEC-Wert als erklärende Variable in Zusammenhang mit der Ausbildungsneigung an. Sowohl in Modell 2a, das nur die Haupteffekte enthält, als auch in Modell 3a zeigen sich ähnliche Ergebnisse wie im Fall der Schätzung unter Verwendung der drei Unternehmensgruppen.

Im Modell 2a sind wieder die Einflüsse der Beschäftigtenzahl, die Zugehörigkeit zu einer Kammer sowie die Branchen Handel, wissensintensive und nicht-wissensintensive Dienstleistungen jeweils gegenüber dem Verarbeitenden Gewerbe enthalten und signifikant in Bezug auf die Ausbildungsfunktion. Der Effekt des F-PEC-Wertes ist auch hier nicht signifikant und hätte in Bezug auf unsere Hypothese sogar das „falsche" Vorzeichen. Für Modell 3a zeigt sich, dass hier ebenfalls sowohl die Beschäftigtenzahl und der F-PEC-Wert, als auch die Interaktion zwischen beiden, signifikanten Einfluss auf die Ausbildungsneigung ausüben. Während die Ausbildungsneigung pro Beschäftigtem um 1,0092 steigt, fällt sie jedoch mit jeder Erhöhung des F-PEC um 1 mit einem Faktor von 0,8, was unserer Erwartung und Hypothese 1a widerspricht. Allerdings ist in diesem konditionalen Modell noch der Interaktionsterm zwischen Beschäftigtenzahl und F-PEC-Wert in die Betrachtung einzubeziehen. So steigt die Ausbildungsneigung für die Interaktion pro Beschäftigtem und einer Einheit des F-PEC um den Faktor 1,0116. Werden wieder die anderen Effekte und die Konstante nicht berücksichtigt, kann man schnell errechnen, dass sich die Ausbildungsneigung mit steigendem F-PEC-Wert ab einer Beschäftigtenzahl von 21 stetig erhöht. Dieser Sachverhalt lässt sich wieder in einer Abbildung (Abb. 3) veranschaulichen. Dort sind die Odds für die Ausbildung in Abhängigkeit der Beschäftigtenzahl und des F-PEC-Wertes abgetragen, wobei alle anderen Effekte ausgeschlossen wurden. Während die Kurven für die Beschäftigtenzahlen 5, 10 und 20 stetig fallen und damit einen negativen Zusammenhang zwischen der Ausbildungsneigung und dem F-PEC-Wert dokumentieren, zeigt sich ab der Beschäftigtenzahl 21 eine stetig steigende Kurve, also ein Anstieg der Ausbildungsneigung mit steigendem F-PEC, wie es in der Hypothese 1a formuliert wurde. So kann auch im Fall der Operationalisierung des Familieneinflusses mit Hilfe des F-PEC-Wertes die entsprechende Hypothese im allgemeinen Fall nicht unterstützt werden, sondern nur für die Unternehmen mit mehr als 21 Mitarbeiter angenommen werden.

Das Modell 4a steht wieder beispielhaft für eine ganze Reihe weiterer Modelle, in denen zusätzliche Interaktionsterme in die Schätzung eingeführt wurden, die jedoch sämtlich nicht signifikant waren. Nur die Interaktion zwischen Beschäftigtenzahl und F-PEC erwies sich in allen Schätzungen als robust und signifikant auf dem 5% Niveau. Die Güte der Modellanpassung für die drei dargestellten Modelle lassen sich der Tabelle 7 entnehmen und zeigen wiederum für diese Modelle wohl insgesamt zufriedenstellende Maße. Allerdings gilt für jedes Modell für den Likelihood-ratio-Chi-Quadrat-Test, dass die Wahrscheinlichkeit kleiner 0,0001 ist. Der AIC für das Konstanten-Modell bleibt mit ca. 664 gleich und auch die Konkordanz beträgt jeweils rund 72% oder darüber.

Tabelle 6: Logit-Modelle zur Ausbildungsbereitschaft als abhängige Variable mit dem F-PEC-Wert als unabhängige Variable

Unabhängige Variablen im Modell		**Modell 2a**			**Modell 3a**			**Modell 4a**		
	Referenzgruppe	Koeff	Exp(B)	Sig.	Koeff	Exp(B)	Sig.	Koeff	Exp(B)	Sig.
Betriebscharakteristika										
Beschäftigte	(metrisch)	0,0249	**1,0253**	**0,0001**	0,0090	**1,0090**	**0,0647**	0,0092	**1,009**	**0,0641**
Betriebsalter	(metrisch)	0,0018	1,0020	0,5582	0,0021	1,002	0,5125	0,0021	1,002	0,5167
Wirtschaftszweig	Verarb. Gewerbe									
Baugewerbe		0,6886	1,991	0,1428	0,8145	**2,258**	**0,0889**	0,8174	**2,265**	**0,0876**
Handel		1,0799	**2,944**	**0,0035**	1,2349	**3,438**	**0,0013**	1,2330	**3,432**	**0,0013**
Gastgewerbe		0,4112	1,509	0,5289	0,6874	1,989	0,3013	0,6786	1,971	0,3119
wissensintensive DL		0,7316	**2,078**	**0,0687**	0,8879	**2,430**	**0,0315**	0,8921	**2,440**	**0,0311**
sonstige DL		0,6659	**1,946**	**0,0750**	0,7938	**2,212**	**0,0393**	0,8009	**2,228**	**0,0384**
Kammerzugehörigkeit	keine Kammer									
Handwerk		2,3394	**10,375**	**0,0002**	2,2642	**9,623**	**0,0002**	2,1708	**8,765**	**0,0410**
IHK		1,5722	**4,817**	**0,0055**	1,3902	**4,016**	**0,0108**	1,4351	4,200	0,1128
Kammer Freie Berufe		1,5739	**4,825**	**0,0087**	1,4485	**4,257**	**0,0128**	1,6221	5,021	0,1191
Familieneinfluss										
F-PEC Wert	(metrisch)	-0,0576	0,944	0,3379	-0,2257	**0,7979**	**0,0020**	-0,2075	0,813	0,4689
Interaktionsterme										
Beschäftigte * F-PEC-Wert					0,0111	**1,0111**	**0,0002**	0,0110	**1,011**	**0,0002**
F-PEC-Wert * Kammer (Handwerk)	F-PEC-Wert * Kammer (keine Kammer)							0,0204	1,043	0,9487
F-PEC-Wert * Kammer (IHK)								-0,0166	1,004	0,9544
F-PEC-Wert * Kammer (Freie Berufe)								-0,0587	0,942	0,8553
Konstante		-2,6242	**0,07249**	**0,0001**	-2,2439	**0,1060**	**0,0009**	-2,2950	**0,101**	**0,0173**

Quelle: Primärerhebung „Ausbildungsplatzpotenziale“ 2008, ifm Universität Mannheim. Eigene Berechnungen.

Abbildung 3: Odds für die Ausbildung in Abhängigkeit der Beschäftigtenzahl und des F-PEC-Wertes

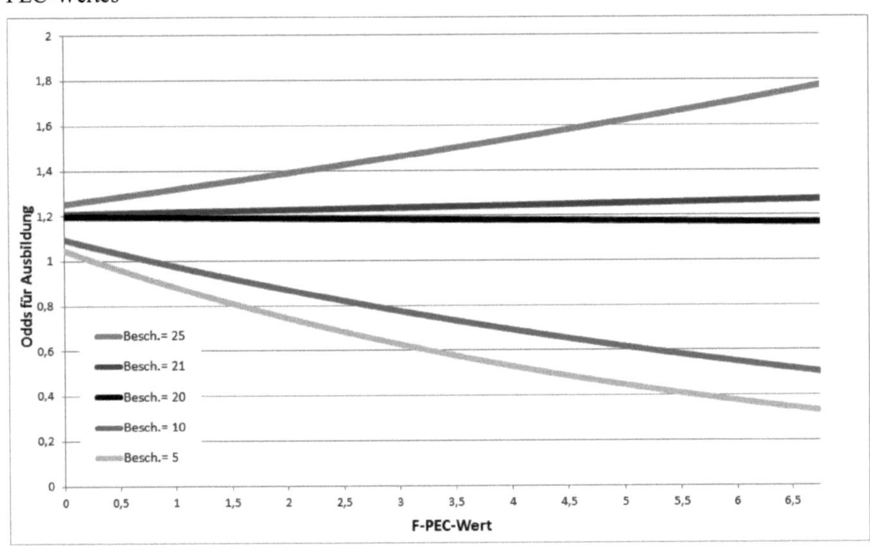

Quelle: Primärerhebung „Ausbildungsplatzpotenziale" 2008, ifm Universität Mannheim. Eigene Berechnungen.

Tabelle 7: Modellanpassung der Logit-Modelle zur Ausbildungsbereitschaft mit dem F-PEC-Wert als unabhängigerVariable

Kriterien der Modellanpassung	Modell 2a	Modell 3a	Modell 4a
Devianz-Anpassungstest (Pr > ChiSq)	0,0001	0,0002	0,0001
AIC	620,90	606,50	612,36
Hosmer - Lemeshow - Anpassungstest (Pr > ChiSq)	0,1430	0,0604	0,0914
PseudoR^2 (nach Nagelkerkes)	0,1712	0,2104	0,2107

Quelle: Primärerhebung „Ausbildungsplatzpotenziale" 2008, ifm Universität Mannheim. Eigene Berechnungen

6.1.4.3 Diskussion der Ergebnisse

Für die Ausgangsfragestellung bedeuten die erzielten Ergebnisse, dass lediglich bei den größeren Familienunternehmen die Ausbildungsneigung höher als bei den Nicht-Familienunternehmen ist. Bei kleineren Familienunternehmen hingegen ist die Ausbildungsneigung nicht höher, was den in der wissenschaftlichen Literatur geäußerten Vermutungen und der öffentlichen Meinung allgemein widerspricht. Damit kann Hypothese 1, dass Familienunternehmen eher ausbilden als Nicht-Familienunternehmen, durch diese Untersuchung in ihrer Allgemeinheit nicht bestätigt werden. Dasselbe lässt sich auch für die Analyse der Aus-

bildungsneigung unter Verwendung des F-PEC-Wertes als erklärende Variable resümieren: Unternehmen sind mit steigendem Familieneinfluss erst dann eher geneigt auszubilden, wenn sie eine bestimmte Betriebsgröße erreicht haben.
Auch Graafland hat festgestellt, dass kleinere Familienunternehmen weniger gesellschaftliche Verantwortung übernehmen als Nicht-Familienunternehmen, sich dieses aber ab einer gewissen Größe umkehrt.[202] Graafland sieht den Grund darin, dass gerade kleinere Familienunternehmen vor den Kosten der Aktivitäten auf diesem Gebiet zurückschrecken. Eine weitere Möglichkeit der Erklärung könnte darin gesehen werden, dass ab einer bestimmten Größe der Familienunternehmen traditionelle Werte an Bedeutung gewinnen und eine Unternehmenstradition zum Tragen kommt, die nicht an das Alter eines Unternehmens gebunden ist. Diese könnte unter anderem Werte wie Reputation, Unternehmenskultur oder die besondere Verbundenheit mit der Region umfassen. Evtl. könnte auch der stärkere Einfluss der Freien Berufe bei den kleineren Unternehmen eine Rolle spielen oder eine größere Anzahl von Konzerntöchtern bei den Nicht-Familienunternehmen. Zusätzlich könnten Familienunternehmen deswegen erst ab einer bestimmten Größe verstärkt geneigt sein auszubilden, da der erhöhte Reputationsaufbau durch die Ausbildungsübernahme erst ab einer gewissen Unternehmensgröße zum Tragen kommt und vor Vermögensverlust schützt; da Unternehmen erst ab einer bestimmten wirtschaftlichen Stärke im Blickpunkt der Öffentlichkeit stehen, wird auch ein Fehlverhalten erst ab dann von der Gesellschaft sanktioniert.

Werfen wir einen Blick auf die zweite Hypothese, so lässt sich feststellen, dass sowohl für die Gegenüberstellung von Familienunternehmen und Nicht-Familienunternehmen als auch für den Familieneinfluss gemessen am F-PEC die Ausbildungsneigung mit steigender Beschäftigungszahl steigt. Dies wird besonders durch die beiden Abbildungen 2 und 3 verdeutlicht. Zum einen wird die Annahme einer größeren Ausbildungsneigung im Fall der Familienunternehmensgruppen durch die mit wachsender Beschäftigtenzahl zunehmende höhere Steigung für die Odds der Ausbildungsneigung bei den Familienunternehmen deutlich. Zum anderen kommt sie auch zum Ausdruck, wenn man sich in Abbildung 3 die Lagen der Odds-Kurven für die jeweiligen Beschäftigtenzahlen anschaut. Je größer die Beschäftigtenzahl ist, desto höher liegt die jeweilige Kurve und je höher ist der entsprechende Wert für die Kombination aus Beschäftigtenzahl und F-PEC-Wert. Die zweite Hypothese kann somit in beiden Fällen bestätigt werden. Dieses Ergebnis kann als zusätzliches Indiz dafür gewertet werden, dass Familienunternehmen mit zunehmender Größe immer mehr in den Fokus der Öffentlichkeit

---

[202] Vgl. Graafland 2002

rücken und es ihnen deshalb immer ratsamer erscheint, Reputation aufzubauen, um Sanktionen bei Erwartungsverfehlungen, die zum Reputationsverlust und damit zum Vermögensverlust führen können, entsprechend vorbeugend entgegenzuwirken. Für diesen Zweck eignet sich die Erhöhung der Ausbildungsbereitschaft gerade in Deutschland recht gut.

6.1.4.4 Limitationen der Studie

Als Limitation der Studie kann zum einen die regionale Beschränkung auf eine Großstadt, in diesem Fall Mannheim, angesehen werden. Für Folgestudien wäre daher eine regionale Ausweitung des Forschungsansatzes wünschenswert, da die Verteilung der Unternehmen nicht der Grundgesamtheit von Deutschland entspricht. Unterschiede zwischen Stadt, Land und Umland sowie regional unterschiedliche Ausbildungstraditionen werden nicht erfaßt. Kritisch anzumerken ist auch, dass die Motive für die Ausbildungsübernahme der Unternehmen nicht bei allen Unternehmen abgefragt wurden. Zwar legen andere Untersuchungen den Schluss nahe, dass Unternehmen in Deutschland unter anderem auch ausbilden, um sich gesellschaftlich zu engagieren, doch wäre es wünschenswert gewesen, diesen Punkt auch in dieser Arbeit genauer zu untersuchen. An dieser Stelle fehlt auch eine detaillierte Betrachtung der Kosten und Nutzen der Ausbildungsübernahme von kleinen und mittleren Unternehmen dieser Stichprobe. Nur unter Einbeziehung aller Kosten ist es letztlich möglich, eine Aussage zu treffen, ob der Nutzen durch den zusätzlichen Aufbau von Reputation in vernünftiger Relation zu den entstandenen Kosten steht. Weiter wären Angaben über die Übernahmequoten der einzelnen Unternehmen hilfreich, um besser schätzen zu können, welche Unternehmen eher zum Selbstzweck ausbilden und welche sich zusätzlich gesellschaftlich engagieren wollen.

Neben diesen die Studie betreffenden Einschränkungen, kann der exklusive Bezug auf die Ausbildungsübernahme als Indikator für die Übernahme gesellschaftlicher Verantwortung als ausbaufähig angesehen werden. Um eine bessere Aussage tätigen zu können, ob sich Unternehmen mit starkem Familieneinfluss eher gesellschaftlich engagieren als Unternehmen mit schwachem Familieneinfluss, sollten weitere Geschäftspraktiken und Verhaltensweisen, die mit Corporate Social Responsibility in einem vermuteten Zusammenhang stehen, in die Untersuchung einbezogen werden.

6.1.5 Fazit und Ausblick

Diese Studie hatte zum Ziel, eine erste Antwort auf die Frage zu geben, ob es Unterschiede bei der Übernahme gesellschaftlicher Verantwortung zwischen Unternehmen mit starkem und schwachem Familieneinfluss gibt. Dafür wurde die Ausbildungsbereitschaft von 510 Unternehmen im Stadtgebiet Mannheim untersucht. Die Ausbildungsbereitschaft als wichtiger

Teilaspekt der Übernahme gesellschaftlicher Verantwortung, wurde für die Untersuchung gezielt ausgewählt, da Bildung von den Unternehmen selbst als ein bedeutendes Betätigungsfeld des gesellschaftlichen Engagements genannt wird.

Letztendlich zeigen die Ergebnisse dieser Studie, dass die Überprüfung der Frage nach Unterschieden bei der Übernahme von gesellschaftlichem Engagement zwischen Familienunternehmen und ihrem Pendant ein interessantes Forschungsfeld ist, das weitere Untersuchungen durchaus lohnenswert erscheinen lässt. Einerseits könnte die Ausbildungsübernahme als Teilaspekt des gesellschaftlichen Engagements näher untersucht werden. Hier würden sich vor allem auch qualitative Erhebungen anbieten, da bei dieser Art der Untersuchung näher auf die Gründe und Motive der Ausbildungsübernahme eingegangen werden kann, als es bei einem rein quantitativen Untersuchungdesign der Fall ist. Um eine noch bessere Aussage über die Unterschiede bei der Übernahme gesellschaftlicher Verantwortung von Unternehmen mit unterschiedlichem Familieneinfluss tätigen zu können, ist es unabdingbar, wie im vorherigen Abschnitt angedeutet, neben der Ausbildungsaufgabe auch andere Teilaspekte des gesellschaftlichen Engagements mit einzubeziehen.

6.2 Mitarbeiterbindung in mittleren Unternehmen mit und ohne Familieneinfluss unter besonderer Berücksichtigung des Betriebsrates[203]

6.2.1 Einleitung

Ein hohes Gehalt alleine ist heute, aus der Sicht der Arbeitnehmer, für die Beurteilung der Attraktivität eines Arbeitgebers nicht mehr das einzige Kriterium. Arbeitnehmer achten mittlerweile bei der Wahl ihres Arbeitsplatzes zunehmend auf Aspekte wie eine ausgeglichene Work-Life-Balance, eine gute Arbeitsatmosphäre oder auf die Möglichkeiten der Weiterbildung.[204] Selbst Eigenschaften eines Unternehmens, die auf den ersten Blick nicht unbedingt mit Arbeitgeber-Attraktivität in Verbindung gebracht werden, wie die Implementierung von Corporate Social Responsibility Maßnahmen, stehen zunehmend im Wahrnehmungs-Fokus der Arbeitnehmer.[205] Dabei sorgt der wachsende Fachkräftemangel dafür, dass sich die Unternehmen in einem immer stärkeren Maße an die neuen Bedürfnisse anpassen müssen.[206]

---

203 Teile des Artikels erschienen als Tänzler, J.K., Keese, D., Hauer, A. (2012): Mitarbeiterbindung in kleinen und mittleren Unternehmen mit und ohne Familieneinfluss. In: Meyer, J.-A. (2012, Hg.): Jahrbuch KMU-Forschung – Personalmanagement in kleinen und mittleren Unternehmen. Eul Verlag, Lohmar: 165-182

204 Vgl. Toman 2006, Ehrhart et al. 2012

205 Vgl. Lis 2012, Mueller et al. 2012, Brammer und Millington 2003

206 Vgl. Gramke et al. 2009

Familienunternehmen wird nachgesagt, eine Unternehmenskultur aufzuweisen, die von einem familiären Charakter geprägt ist.[207] Diesbezüglich finden viele der angesprochenen Aspekte eine besondere Berücksichtigung. Zusätzlich wird kolportiert, das die von den Familienunternehmen gelebten Werte nicht Marketinggründen geschuldet, sondern Teil einer oftmals über Generationen hinweg gelebten Firmenkultur sind,[208] wobei die Mitarbeiter in diesem Zusammenhang eine wichtige Rolle spielen.

Doch verhalten sich deutsche Familienunternehmen tatsächlich ihrem Image entsprechend? Zwar soll an dieser Stelle nicht angezweifelt werden, dass sich durchaus viele Familienunternehmen in einer besonderen Art und Weise um ihre Mitarbeiter kümmern, Unklarheit herrscht in der wissenschaftlichen Diskussion aber, ob sie sich in diesem Aspekt tatsächlich von ihrem Pendant den Nicht-Familienunternehmen unterscheiden. Ist es wirklich der Familieneinfluss, der die Arbeitsatmosphäre im Unternehmen prägt, oder kommt das in der breiten Bevölkerung vorhandene Image, Familienunternehmen seien in besonderen Maße arbeitnehmerfreundlich doch eher durch die Tatsache zustande, dass Familienunternehmen meist kleiner als die großen und anonymen Publikumsgesellschaften sind und daher eher familiär wirken?
Um diese Fragen zu klären, wurden vom Institut für Mittelstandsforschung Mannheim einige ausgewählte personalwirtschaftliche Instrumente zur Mitarbeiterbindung in 588 mittleren Unternehmen mit und ohne Familieneinfluss in Deutschland detaillierter untersucht.[209] Dabei sollte nicht nur überprüft werden, welche personalwirtschaftlichen Instrumente die Unternehmen einsetzen, sondern es sollte auch speziell analysiert werden, inwieweit der Familieneinfluss für die Bereitstellung der Instrumente eine Rolle spielt. Gleichzeitig wird untersucht, ob das Vorhandensein eines Betriebsrates der die kollektiven Interessen der Arbeitnehmer vertritt, an den Ergebnissen etwas ändert, da angenommen werden kann, dass nicht nur der Familieneinfluss, sondern auch der Betriebsrat Einfluss auf die Implementierung von Bindungsmaßnahmen ausübt. Das Ausmaß des Familieneinflusses auf das jeweilige Unternehmen wird anhand der F-PEC Skala von Astrachan et al. bestimmt.[210] Mithilfe dieser Einteilung ist es möglich, Unternehmen graduell abgestuft als Familien- oder Nicht-Familienunternehmen zu klassifizieren und miteinander zu vergleichen. Damit kann eine erste Antwort auf die Frage geliefert werden, ob sich die Instrumente der Mitarbeiterbindung in Unternehmen mit unterschiedlichem Familieneinfluss sowie die Motivation für ihre Bereitstellung signifikant unterscheiden.

---

207 Vgl. Stiftung Familienunternehmen 2011, Poutziouris et al. 1997, Ward 1988, Gofee und Scase 1985
208 Vgl. Keese et al. 2010
209 Für den genauen Fragebogen siehe Anhang
210 Vgl. Astrachan et al. 2006

6.2.2 Theoretisch-konzeptionelle Grundlagen

6.2.2.1 Elemente der Mitarbeiterbindung

Mitarbeiterbindung ist ein sehr vielschichtiger Begriff, der erst in den letzten Jahrzehnten zum Gegenstand wissenschaftlicher Diskussionen wurde.[211] Gerade in Zeiten drohenden Fachkräftemangels versuchen Unternehmen verstärkt, wichtige Leistungsträger nicht nur zu gewinnen, sondern auch im Unternehmen zu halten. Diese auf den ersten Blick einsichtige Zielsetzung ist jedoch nicht so einfach umzusetzen. Es stellen sich gleich mehrere Fragen, die im Rahmen einer entsprechenden Personalstrategie zu klären sind.

6.2.2.1.1 Mitarbeiterbindung – Eine begriffliche Annäherung

Nachdem die Forschung zunächst unterschiedliche Teilmodelle zur Mitarbeiterbindung, im Folgenden gleichgesetzt mit dem englischen Commitment, verfolgte und damit Einzelaspekte herausstellte, entwickelten sich daraus zunehmend integrative Modelle der Mitarbeiterbindung.[212] Eines der bekanntesten ist das dreidimensionale Commitmentkonzept nach Meyer et al., das zwischen affektivem, normativem und kalkulatorischem Commitment unterscheidet.[213] Beim affektiven Commitment fühlt sich der Mitarbeiter aufgrund gleicher Werte und Einstellungen an das Unternehmen gebunden, d.h. er empfindet Loyalität, Stolz und Freude gegenüber dem Unternehmen. Normatives Commitment meint das Gefühl der Verpflichtung, im Unternehmen zu verbleiben. Der Mitarbeiter fühlt sich aus Dankbarkeit oder Schuldgefühlen heraus dem Unternehmen verpflichtet, bspw. er möchte die Kollegen nicht enttäuschen oder er hat vom Unternehmen viele Leistungen erhalten für die er meint, noch keine angemessene Gegenleistung erbracht zu haben. Beim kalkulatorischen Commitment schließlich erfolgt der Verbleib aufgrund von Kosten-Nutzen-Abwägungen. Der Verzicht auf Vorteile im Unternehmen oder auch die mangelhaften Gewinnungsmöglichkeiten bei einem Arbeitsplatzwechsel verhindern hier ein Abwandern. Meyer, Allen und Smith fassen ihre Überlegungen folgendermaßen zusammen: „Employees with a strong affective commitment remain with the organization because they want to, those with a strong continuance commitment remain because they need to, and those with a strong normative Commitment remain because they feel they ought to do so.“[214]

---

211 Vgl. Schah 2011, Felfe 2008, Gertz 2004, Becker 2010, Scholl und Stockhausen 2011, Vom Hofe 2005
212 Vgl. Meifert 2005, S. 44ff., Currivan 1999
213 Vgl. Meyer et al. 1993
214 Meyer et al. 1993, S. 539

Das dreidimensionale Commitment-Modell von Meyer et al. wurde bereits in vielen Studien zugrundegelegt und konnte entsprechend überzeugend validiert werden. Die Bindung von Mitarbeitern an eine Organisation hat bei diesem integrativen Modell nicht nur eine der genannten Ursachen, sondern setzt sich aus unterschiedlichen Komponenten zusammen. Auch die Richtung des Commitments kann variieren. Die Verbundenheit mit dem Unternehmen kann sich z.B. auf den Vorgesetzten, die Mitarbeiter, die Aufgabe oder auch die Beschäftigungsform beziehen. Dieser Aspekt soll aber im Folgenden nicht weiter ausgeführt werden.

Bezogen auf die dargestellten Ursachen der Mitarbeiter-Bindung, sei sie nun affektiv, normativ oder kalkulatorischen Ursprungs, kann es sich für ein Unternehmen als hilfreich herausstellen, aus welchen dieser Gründe die Mitarbeiter im Unternehmen verbleiben und welches Mitarbeiterverhalten daraus resultiert. Eine umfassendere Diskussion kann bei Felfe nachvollzogen werden.[215] Am günstigsten ist es, wenn sich die Mitarbeiter den Zielen der Unternehmung so verbunden fühlen, dass sie diese unterstützen wollen und deshalb im Unternehmen verbleiben. Bei dieser affektiven Bindung kann davon ausgegangen werden, dass die Mitarbeiter eine entsprechend große Motivation haben und die Ziele des Unternehmens auch selbst mit aller Kraft verfolgen. Etwas weniger stark ist dies bei der normativen Bindung der Fall. Das Gefühl der Verpflichtung gegenüber dem Unternehmen kann zwar die Mitarbeiter im Unternehmen halten, muss aber nicht unbedingt die Leistungsmotivation erhöhen. Die kalkulatorische Bindung dagegen hat nur wenig mit der Leistungsmotivation zu tun. Sie bewirkt, dass der Mitarbeiter lediglich die Kosten der Neuorientierung höher einschätzt als den Nutzen des Verbleibs im Unternehmen. Die Strategien der Unternehmen zur Mitarbeiterbindung sollten deshalb vor allem auf die affektive und normative Bindung abzielen, wenn es um die Erhöhung der Motivation gehen soll. Allerdings können auch Maßnahmen, die die kalkulatorische Bindung erhöhen, sinnvoll sein, wenn beispielsweise Spezialisten im Unternehmen gehalten werden sollen.

6.2.2.1.2 Betrieblicher Nutzen der Mitarbeiterbindung

Weshalb sollte sich ein Unternehmen mit den Komponenten der Mitarbeiterbindung auseinandersetzen? Welche Vorteile bringt es, wenn Mitarbeiter lange im Unternehmen verbleiben? Und gilt dies für alle Mitarbeitergruppen oder nur für bestimmte schwer zu ersetzende Arbeitskräfte?

---

[215] Vgl. Felfe 2008, S. 50ff.

Schon dieser Fragenkatalog zeigt, dass die allgemeine Aussage, es sei vorteilhaft für ein Unternehmen, wenn Mitarbeiter lange im Betrieb verbleiben, einer näheren Betrachtung bedarf. Die Bindung der Mitarbeiter ist kein Ziel an sich, sondern kann nur durch die damit verbundenen (betriebswirtschaftlichen) Wirkungen begründet werden. Insgesamt sollen durch Mitarbeiterbindung Risiken für das Unternehmen gemindert werden. Kobi nennt hier vier beeinflussbare Personalrisiken:

- Austrittsrisiko (gefährdete Mitarbeiter)
- Anpassungsrisiko (falsch qualifizierte Mitarbeiter)
- Motivationsrisiko (zurückgehaltene Leistung)
- Engpassrisiko (fehlende Leistungsträger)[216]

Ein offensichtlicher betrieblicher Vorteil von Mitarbeiterbindung ist zunächst in der Vermeidung von Kosten zu sehen, die eine hohe Fluktuation verursacht (= Austrittsrisiko). Jeder Mitarbeiter, der ersetzt werden muss, verursacht Kosten für die Rekrutierung und die Einarbeitung. Dass ausgeprägte Mitarbeiterbindungsmaßnahmen die Fluktuation verringert, stellte eine repräsentative Umfrage im Jahr 2000 fest.[217] In einer repräsentativen Befragung von 1.978 Arbeitnehmerinnen und Arbeitnehmern in Deutschland zeigte sich, dass Mitarbeiter, die sich an das Unternehmen gebunden fühlen, signifikant weniger mit dem Gedanken spielen das Unternehmen zu verlassen. Mit dem Weggang von Mitarbeitern geht dem Unternehmen zudem Wissen verloren, zum einen fachliches oder formelles Wissen, z.B. über technische Arbeitsabläufe und Strukturen im Unternehmen, zum anderen aber auch informelles, nicht kodifiziertes Wissen, z.B. über die persönlichen oder organisatorischen Zusammenhänge, die nicht in Plänen festgehalten sind.[218]

Die Weiterbildung der Mitarbeiter bringt nicht nur direkte Vorteile in Bezug auf die Arbeitsleistungen, sie verhindert auch Fluktuation aufgrund mangelnder Qualifizierung. Zudem steigen die Einsatzmöglichkeiten des Personals und damit die Flexibilität des Unternehmens. Falsch oder unzureichend qualifizierte Mitarbeiter sind stets ein Risiko für den reibungslosen Ablauf im Unternehmen.

In Zeiten, in denen die Flexibilität der Mitarbeiter betont wird, und die Unternehmen je nach Wirtschaftslage rasch auf Umsatzeinbrüche und -wachstum reagieren wollen, sind die Vorteile der Mitarbeiterbindung verstärkt in die Diskussion geraten. Geblieben sind jedoch die Be-

---

216 Vgl. Kobi 1999

217 Vgl. IFAK 2007

218 Vgl. Ratna und Chawla 2012, Clark-Rayner und Harcourt 2000, Cheng und Brown 1998, James und Mathew 2012

strebungen der Unternehmen, für die Mitarbeiter besonders attraktiv zu wirken, damit in Zeiten des Wachstums möglichst schnell Mitarbeiter rekrutiert werden können. D.h., Unternehmen möchten evtl. nicht Fluktuation grundsätzlich verhindern, sondern nur die ungewollte Fluktuation. Diese betrifft in erster Linie die Bindung von Spezialisten (Fachkräften), besonders leistungsstarken Mitarbeitern und hoffnungsvollen Nachwuchskräften (= Engpassrisiko).

Neben der Verhinderung von Fluktuation und den damit einhergehenden Kosten kann die Bindung von Mitarbeitern auch zur jeweiligen Arbeitsmotivation beitragen. Das IFAK-Arbeitsklima-Barometer stellte fest, dass Mitarbeiter, die sich dem Unternehmen verbunden fühlen, nicht nur eine geringere Fluktuationsrate haben, sondern auch mehr Verbesserungsvorschläge machen, das Unternehmen nach außen häufiger empfehlen, weniger Fehltage verzeichnen und sich in ihrer Arbeitszeit weniger mit „arbeitsfernen" Dingen beschäftigen als sich nicht gebunden fühlende Mitarbeiter (= Motivationsrisiko).[219]

Sowohl die Eindämmung von Fluktuation als auch die Erhöhung der Motivation versuchen die Unternehmen mit einer Erhöhung ihrer Attraktivität als Arbeitgeber für die Mitarbeiter zu fördern. Dies kann insgesamt nicht durch eine einzelne Maßnahme erreicht werden, sondern meist durch ein ganzes Bündel unterschiedlicher personalwirtschaftlicher Faktoren.

6.2.2.1.3 Instrumente der Mitarbeiterbindung

Anreize zur Mitarbeiterbindung können sich allgemein auf materielle, tätigkeitsbezogene oder soziale Aspekte der Arbeit beziehen. Einzelne Maßnahmen zur Mitarbeiterbindung umfassen damit fast die gesamte Bandbreite der Personalarbeit, insbesondere Vergütungskonzepte, Weiterbildungsprogramme, Vergünstigungen, Führungsstrategien, work-life-balance etc..[220] Weitgehende Übereinstimmung herrscht in Bezug auf die Annahme, dass neben den materiellen auch immaterielle Anreize notwendig sind, um Mitarbeiterbindung und Loyalität zu erreichen.[221] Einzelne Studien sprechen auch den sog. Verdrängungseffekt an, der besagt, dass materielle, extrinsische, Anreize die intrinsische, aus dem eigenen Wollen entspringende, Motivation der Mitarbeiter sogar herabsetzen kann. Frey hebt in diesem Zusammenhang auch die Tücken von Leistungslöhnen hervor, die diesbezüglich unerwünschte Nebenwirkungen haben können.[222]

---

219 Vgl. IFAK 2007

220 Vgl. Helzel 2009

221 Vgl. Bauer und Jensen 2001

222 Vgl. Frey 2002

Hirschfeld nennt als Instrumente der Mitarbeiterbindung die Arbeitsgestaltung, die Personalentwicklung, Führungsinstrumente oder Anreizsysteme.[223] Die Anreizsysteme im Speziellen lassen sich grob in monetäre und immaterielle unterscheiden. Die Unternehmensberatung Kienbaum ermittelte im Jahr 2001 Maßnahmen, die dazu geeignet sind, Mitarbeiter an das Unternehmen zu binden.[224] Die wichtigsten Einflussfaktoren aus Sicht der Personalleiter sind demnach Image und Kultur, Führungsverständnis, Vergütung, Arbeitszeiten, Personalentwicklung, persönliches Arbeitsumfeld, Ausrichtung des Personalmanagements und allgemeine strategische Faktoren. Besonders der Bereich Unternehmensimage und Kultur spielt offenbar eine bedeutende Rolle. Zumindest wird er von den befragten Mitarbeitern noch höher eingeschätzt als die übrigen Faktoren. Aktivitäten der Unternehmen, die das Betriebsklima und das Unternehmensimage verbessern, sollten den Unternehmen deshalb besonders am Herzen liegen.

6.2.2.2 Personalpolitik in Unternehmen mit und ohne Familieneinfluss

Insgesamt wird den Familienunternehmen in der Öffentlichkeit eine nachhaltige und werteorientierte Personalpolitik nachgesagt.[225] Familienunternehmen stehen für Werte und Moral, Kontinuität und Tradition sowie langfristige Orientierung im unternehmerischen Handeln. Gleichzeitig herrscht in der Öffentlichkeit die Meinung vor, die Fluktuation in Familienunternehmen sei geringer als in Nicht-Familienunternehmen und in Krisenzeiten würde dieser Unternehmenstypus weniger Personal abbauen.[226]

Gerade für Universitätsabsolventen erscheinen daher Familienunternehmen in jüngster Zeit als Arbeitgeber besonders interessant. So zeigte sich in einer Umfrage der Personalberatung Kienbaum aus dem Jahre 2010, dass Familienunternehmen unter Studierenden als attraktivere Arbeitgeber im Vergleich zu Großkonzernen angesehen werden. In der Umfrage wird den Unternehmen mit Familieneinfluss eine flachere Hierarchie, größere Gestaltungsspielräume, mehr Menschlichkeit sowie eine bessere Work-Life Balance im Vergleich zu den Großkonzernen attestiert. Große Publikumsgesellschaften werden dagegen mit einer hohen Bezahlung, Internationalität sowie besseren Karrierechancen in Verbindung gebracht. Dem stehen negative Assoziationen der Studierenden bei Großkonzernen wie Konzerndruck, Anonymität sowie

---

223 Vgl. Hirschfeld 2006
224 Vgl. Hunziger und Biele 2002
225 Vgl. Auxilion 2011
226 Vgl. Auxilion 2010, Gottschalk et al. 2011

geringere Entfaltungsmöglichkeiten gegenüber.[227] Zu einem ähnlichen Ergebnis kommt auch die Stiftung Familienunternehmen, die rund 700 Studierende nach ihren Präferenzen bei der Arbeitgeberwahl befragte. Im Ergebnis zeigt sich, dass Familienunternehmen bei den abgefragten Kriterien mehrheitlich besser abschnitten als die anonymen Publikumsgesellschaften.[228]

Ob die Mitarbeiterbindung allerdings stärker in Familienunternehmen als in Nicht-Familienunternehmen ausfällt, konnte bisher nicht abschließend geklärt werden. Allerdings wurde in vergangenen Studien die Verweildauer des Managements von Familien- und Nicht-Familienunternehmen untersucht. Die Ergebnisse hierzu fallen allerdings nicht eindeutig aus. Während eine Studie des ifm Mannheim aus dem Jahre 2011 zeigen konnte,[229] dass Geschäftsführer und Vorstände von Familienunternehmen signifikant länger im Amt bleiben als die entsprechende Führungsriege bei Unternehmen im Streubesitz, findet Kay diesbezüglich keine signifikanten Unterschiede zwischen Familien- und Nicht-Familienunternehmen.[230] Familien- und managementgeführte Unternehmen messen laut der Studie von Kay einer Reihe von personalpolitischen Instrumenten unterschiedliche Bedeutung zu. Mit Ausnahme familienfreundlicher Regelungen ist deren Bedeutung für familiengeführte Unternehmen geringer als für managementgeführte. Bei den tatsächlich eingesetzten personalpolitischen Instrumenten bestehen weniger Unterschiede. Lediglich bei der Personalentwicklung und den übertariflichen Sozialleistungen sind familiengeführte Unternehmen weniger engagiert als managementgeführte Unternehmen.[231]

6.2.3 Überlegungen zur Fragestellung

Bevor im Weiteren der Frage nachgegangen werden soll, inwieweit der Familieneinfluss für die Bereitstellung von Instrumenten der Mitarbeiterbindung eine Rollte spielt, erscheint es zweckmäßig, sich über die generellen Unterschiede beider Unternehmensformen klar zu werden. Im vorherigen Kapitel konnten die Schwierigkeiten der Definition von Familienunternehmen bereits herausgearbeitet werden. Insgesamt kann man festhalten, dass bei einem Familienunternehmen stets eine oder mehrere Familien Einfluss auf das Unternehmen ausüben. Was könnte diese Tatsache für die Fragestellung dieser Arbeit bedeuten? Familien haben in der Gesellschaft verschiedenartige Funktionen. So kann als erstes die Sozialisationsfunktion

227 Vgl. Kienbaum 2010a, Kienbaum 2010b
228 Vgl. Stiftung Familienunternehmen 2011
229 Vgl. Keese et al. 2011
230 Vgl. Kay 2008
231 Vgl. Kay 2008

genannt werden. Die Familie bildet einen sozialen Raum für Ernährung, Wachstum und Geborgenheit. Gleichzeitig hat die Familie eine wirtschaftliche Funktion indem sie ihren Angehörigen Schutz und Fürsorge bietet und sie kleidet, ernährt und behaust. Daneben bietet sie ihren Kindern eine legitime Platzierung in der jeweiligen Gesellschaft und erfüllt damit auch eine politische Funktion. Eigentümerfamilien von Unternehmen sehen ihre Mitarbeiter oftmals als Teil ihrer eigenen Familie an. So kennen viele Familienmanager die eigenen Mitarbeiter oftmals von Geburt an, was die Bindung zusätzlich verstärkt.[232] Dies zeigt sich auch daran, dass die Fluktuation in Familienunternehmen geringer ist[233] und dieser Unternehmenstypus in Krisenzeiten weniger Personal freisetzt.[234] Verstärkend kommt in diesem Zusammenhang hinzu, dass gerade Familienunternehmen eine bestimmte Standorttreue aufweisen und sich für die eigene Region sowie die Bewohner der Region stark engagieren und besonders verbunden fühlen. Dementsprechend kann man davon ausgehen, dass die Eigentümer-Familien ihren Mitarbeitern gegenüber ein anderes Verhalten zeigen, welches sich in bestimmten Mitarbeiterbindungsmaßnahmen niederschlägt. Es liegt die Vermutung nahe, dass gerade Unternehmen mit einem hohen Familieneinfluss eher Mitarbeiterbindungsmaßnahmen anbieten, die nicht direkt in Kostenvorteilen münden, sondern die eher den Mitarbeiter als Mensch in den Mittelpunkt stellen, im Folgenden familiär motivierte Bindungsinstrumente genannt. In dieser Studie zählen dazu die Maßnahmen: Integration behinderter Arbeitnehmer, Unterstützung der Mitarbeiter bei bürgerschaftlichem Engagement, bevorzugte Behandlung der Kinder von Mitarbeitern, Miteinbeziehung von Arbeitnehmern im Ruhestand bei Veranstaltungen sowie die unkonventionelle Hilfe bei Problemen von Mitarbeitern (siehe Tabelle 9). Dies führt zu der ersten Hypothese:

H1a: Unternehmen mit einem hohen Familieneinfluss bieten ihren Mitarbeitern eher familiär motivierte Bindungsinstrumente an als Unternehmen mit einem geringen Familieneinfluss.

Auf der anderen Seite zeichnen sich Familienunternehmen durch Verschwiegenheit, Langfristigkeit und konservative Entnahmepolitik aus.[235] Viele Familienunternehmer werden auch in der öffentlichen Meinung oftmals als „Patriarchen" dargestellt, da sie eine eigene feste Meinung haben und vertreten und sich weder von Mitarbeitern noch von Außenstehenden reinreden lassen.[236] Es konnte überdies gezeigt werden, dass bei Familienunternehmen, die vom

232 Vgl. Salm-Salm 2012
233 Vgl. Keese et al. 2011
234 Vgl. Gottschalk et al. 2011
235 Vgl. Schraml 2009
236 Vgl. Schlömer-Laufen et al. 2012

Inhaber geführt werden deutlich seltener ein Betriebsrat vorhanden ist, als bei Unternehmen mit externen Managern.[237] Auch die Beteiligung am Unternehmenskapital ist bei Unternehmen mit Familieneinfluss an hohe Hürden gekoppelt, die oftmals sogar im Gesellschaftervertrag verankert sind. Gleichzeitig schließen viele Familienunternehmen sogar per Gesellschaftervertrag aus, dass eingeheiratete Partner Gesellschafter werden können. Daher findet man in der deutschen Unternehmenslandschaft erst recht kaum Familienunternehmen, die ihre Mitarbeiter am Kapital beteiligen.[238] Dies ist einerseits ein rationales Vorgehen, da es das Unternehmen langfristig schützen soll, gleichzeitig muss man annehmen, dass sich gerade Familienunternehmer ihren Mitarbeitern zwar familiär verbunden fühlen, sie aber davor zurückschrecken, Maßnahmen einzuführen, die den eigenen Mitarbeitern Macht und Mitsprache übertragen. Es kann somit vermutet werden, dass solche Bindungsinstrumente, bei denen Macht und Mitsprache abgegeben werden, eher nicht von Unternehmen mit hohem Familieneinfluss angeboten werden. In dieser Studie zählen zu diesen Maßnahmen (siehe Tabelle 9): Die Messung der Mitarbeiterzufriedenheit, die Einrichtung von festgelegten Beschwerdestellen sowie die Beteiligung der Mitarbeiter am Unternehmenskapital. Dies führt zu der zweiten Hypothese:

H1b: Unternehmen mit einem hohen Familieneinfluss sind weniger geneigt, ihren Mitarbeitern Bindungsinstrumente anzubieten, bei denen Macht und Mitsprache abgegeben wird.

Bei Mitarbeiterbindungsmaßnahmen, die weder zu den familiär motivierten Bindungsinstrumenten noch zu den Bindungsinstrumenten gezählt werden können, die Macht und Mitsprache abgeben, ist es unwahrscheinlich, dass der Familieneinfluss eine Rolle spielt. Es kann deshalb erwartet werden, dass sich bei einigen Mitarbeiterbindungsmaßnahmen keine Unterschiede in Bezug auf den Familieneinfluss herauskristallisieren werden. Hierzu werden im Folgenden die Instrumente gezählt: Vergütung von Überstunden, Frauenförderung, familienfreundliche Unterstützungen, Betriebsrente, Programme für Mitarbeiter außerhalb der Arbeitszeit, variable Gehaltsbestandteile, Weiterbildungsangebote sowie Honorierung von Verbesserungsvorschlägen. Dieser Sachverhalt führt zu folgender Hypothese:

H1c: Bei Mitarbeiterbindungsinstrumenten, die weder zu den familiären Bindungsinstrumenten noch zu den Bindungsinstrumenten gezählt werden, bei denen Macht und Mitsprache abgegeben werden, ist kein signifikanter Unterschied zwischen Unternehmen mit unterschiedlichem Familieneinfluss erkennbar.

---

237 Vgl. Addison et al. 2003, Bellmann und Ellguth 2006, Schlömer et al. 2007, Schlömer-Laufen et al. 2012

238 Vgl. Müller 2012

Weiterhin ist zu vermuten, dass nicht nur der Familieneinfluss eine Rolle bei der Implementierung von Bindungsmaßnahmen darstellt, sondern darüber hinaus auch der Betriebsrat dafür Sorge tragen könnte, dass bestimmte personalpolitische Maßnahmen im Unternehmen eine Rolle spielen. Allgemein verfügen eher ältere Unternehmen in traditionsreichen Branchen insbesondere im verarbeitenden Gewerbe über einen Betriebsrat.[239]

In diesem Zusammenhang stellt sich die Frage, welche Bindungsmaßnahme eher vorhanden sein werden, wenn ein Betriebsrat im Unternehmen existiert. Die Aufgabe des Betriebsrats wird im Betriebsverfassungsgesetz geregelt. Dort heißt es unter anderem, dass sich der Betriebsrat um die Belange der Arbeitnehmer kümmern soll, darauf achten soll das geltende Normen eingehalten werden sowie den Arbeitsschutz fördern soll. Ganz besonders soll sich der Betriebsrat um benachteiligte Arbeitnehmer sorgen. So soll er beispielsweise besonders die Belange älterer und behinderter Arbeitnehmer im Auge behalten und gleichzeitig die Gleichberechtigung der Geschlechter kontrollieren.[240] Es ist daher davon auszugehen, dass bei dem Vorhandensein eines Betriebsrates solche Mitarbeiterbindungsmaßnahmen eher zu erwarten sind, die einhergehen mit den allgemein Aufgaben des Betriebsrates, im Folgenden Betriebsratsinduzierte-Maßnahmen genannt. In diesem Fall sind das die Mitarbeiterbindungsmaßnahmen: Integration behinderter Arbeitnehmer, die Messung der Mitarbeiterzufriedenheit, die Einrichtung von festgelegten Beschwerdestellen, Vergütung von Überstunden, Frauenförderung, familienfreundliche Unterstützungen, Betriebsrente, Weiterbildungsangebote sowie Honorierung von Verbesserungsvorschlägen. Dieser Sachverhalt führt zu folgender Hypothese:

H2a: Unternehmen mit einem Betriebsrat sind eher geneigt, Betriebsratsinduzierte Mitarbeiterbindungsmaßnahmen zu implementieren als Unternehmen ohne Betriebsrat.

Gleichzeitig kann man davon ausgehen, dass der Betriebsrat dafür Sorge trägt, dass bei der Einstellung von neuen Mitarbeitern faire Grundsätze eingehalten werden sowie geltende Normen Beachtung finden. Somit kann angenommen werden, dass die Kinder von Mitarbeitern bei der Einstellung keine bevorzugte Behandlung genießen. Dies führt zu der Hypothese:

H2b: Unternehmen mit einem Betriebsrat sind weniger geneigt Kinder von Mitarbeitern bevorzugt einzustellen als Unternehmen ohne Betriebsrat.

---

[239] Vgl. Schlömer-Laufen 2012, Ellguth und Kohaut 2010, in dieser Studie verfügen etwas mehr als die Hälfte der Unternehmen über einen Betriebsrat

[240] Vgl. Betriebsverfassungsgesetz 2013

Bei den Mitarbeiterbindungsmaßnahmen, die nicht zu den gesetzlich vorgeschriebenen allgemeinen Aufgaben des Betriebsrats gehören, ist zu erwarten, dass sich das Vorhandensein des Betriebsrats nicht positiv auf die Implementierung dieser Maßnahmen auswirkt. Im Folgenden werden zu diesen Maßnahmen gezählt: Unterstützung der Mitarbeiter bei bürgerschaftlichem Engagement, Miteinbeziehung von Arbeitnehmern im Ruhestand bei Veranstaltungen, die unkonventionelle Hilfe bei Problemen von Mitarbeitern, die Beteiligung der Mitarbeiter am Unternehmenskapital, Programme für Mitarbeiter außerhalb der Arbeitszeit sowie variable Gehaltsbestandteile. Dies führt zu der folgenden Hypothese:

H2c: Bei Mitarbeiterbindungsinstrumenten, die nicht zu den gesetzlich vorgeschriebenen allgemeinen Aufgaben des Betriebsrats einhergehen, ist kein signifikanter Unterschied zwischen Unternehmen mit und ohne Betriebsrat erkennbar.

6.2.4. Empirische Untersuchung

6.2.4.1 Datenbasis und Methodik

Die Grundlage der empirischen Untersuchung bildet eine telefonisch durchgeführte Befragung von Geschäftsführern zum Thema „Unternehmensführung und unternehmerische Verantwortung" in Familien und Nicht-Familienunternehmen im Jahr 2010. Der Geschäftsführer kann als gute Informationsquelle eingestuft werden, da er in den meisten Fällen sowohl detaillierte Erfahrungen über das Unternehmen als auch über die Familie des Unternehmens aufweist.[241] Die Untersuchung betraf Unternehmen, die zwischen 100 und 499 Mitarbeiter beschäftigten, und war als geschichtete Stichprobe angelegt. Die Schichtung erfolgte anhand der Beschäftigtenzahl und umfasste zwei Schichten: Unternehmen mit 100 bis 249 Beschäftigte und Unternehmen mit 250 bis 499 Beschäftigte. Insgesamt konnten 588 Interviews ausgewertet werden.

Der Familieneinfluss wurde anhand der F-PEC-Skala von Astrachan et al. ermittelt.[242] Daher wurden mehrere Fragen zur direkten Einflussnahme der Familie hinsichtlich der Kapitalanteile, der Einbindung in Management und Aufsichtsgremium, der unternehmerischen Erfahrung und der Bestimmung der kulturellen Werte im Unternehmen gestellt. So konnte nicht nur der Gesamteinfluss der Familie durch den F-PEC-Wert für jedes Unternehmen in der Stichprobe berechnet werden, sondern auch der Familieneinfluss hinsichtlich der einzelnen Komponenten

241 Vgl. Beck et al. 2011, Kellermanns und Eddleston 2006
242 Vgl. Astrachan et al. 2006

Macht (Macht als Anteilseigener, Macht im Management, Macht im Aufsichtsgremium), Erfahrung in der Führung eines Familienunternehmens über Generationen und die Bedeutung der Familie für die Wertvorstellungen im Unternehmen bzw. für die Unternehmenskultur abgeschätzt werden.

Um die Unterschiede zwischen Unternehmen mit unterschiedlichem Familieneinfluss hinsichtlich der Personalpolitik, insbesondere die Mitarbeiterbindung betreffend, untersuchen zu können, wurde gefragt, welche Maßnahmen zur Mitarbeiterbindung im Unternehmen getroffen wurden. Die abgefragten Sachverhalte betreffen Komponenten der Vergütung, die Unterstützung der Mitarbeiter sowie innerbetriebliche Leistungen die Mitarbeiter betreffend und können im Einzelnen der Tabelle 9 entnommen werden.[243] Die Wahrnehmung der einzelnen Mitarbeiterbindungsmaßnahmen der befragten Unternehmen bietet Tabelle 22 im Anhang. Zudem wurden auch die Motive für diese Maßnahmen abgefragt. Hierzu wurden sechs Fragen gestellt, die mithilfe einer fünfteiligen Likert-Skala zwischen „stimme gar nicht zu“ bis „stimme im höchsten Maße zu“ beantwortet werden konnten. So wurde gefragt, ob die Mitarbeiterbindung ursächlich für die Maßnahmen ist, bspw. um gute Fachkräfte auf dem Arbeitsmarkt zu gewinnen, ob betriebswirtschaftliche Gründe im Vordergrund stehen, um dem guten Ruf bei der Verantwortung den Mitarbeitern gegenüber Genüge zu tun, ob es die Firmentradition gebietet, ob man mit anderen Unternehmen hinsichtlich der Leistungen für die Mitarbeiter mithalten möchte, oder um der Bekanntheit des Unternehmens in der Öffentlichkeit für sein Engagement hinsichtlich der Mitarbeiter zu entsprechen (siehe Tabelle 8).

Des Weiteren wurden in der Erhebung Daten zur aktuellen Beschäftigtenzahl, zum Jahresumsatz, zum Gründungsjahr des Unternehmens sowie zum geografischen Tätigkeitsschwerpunkt und der Branchenzugehörigkeit gesammelt. Auch wurde gefragt, ob das Unternehmen einen Betriebsrat und ein Aufsichtsgremium installiert hat. Alle diese Variablen können einen Einfluss auf die Entscheidung zur Einführung bestimmter personalpolitischer Maßnahmen haben. Denkbar wäre auch, dass die Kammerzugehörigkeit oder auch die Rechtsform eine gewisse Bedeutung in diesem Rahmen besitzen. Da aber in der betrachteten Beschäftigtengrößenklasse die überwiegende Anzahl der Unternehmen der IHK zugehörig sind, wurde darauf verzichtet, Auskünfte über die Kammerzugehörigkeit abzufragen. Auf eine Auswertung hinsichtlich der Rechtsform in die Untersuchung wurde ebenfalls verzichtet, da die befragten Unternehmen in rund 90% der Fälle als GmbH geführt wurden.

---

[243] Für die absolute Häufigkeit der jeweiligen Bindungsmaßnahmen der abgefragten Unternehmen siehe Tabelle 22 im Anhang

Tabelle 8: Faktorenanalyse zur Motivation der Mitarbeiterbindungsmaßnahmen

			Faktor 1 Unternehmens-tradition	**Faktor 2** Arbeitsmarkt-konkurrenz		
Genannte Motive	**Mittelwert**	**Standard-abweichung**	**rotierte Faktorladung**		**Cronbach Alpha**	**Cronbach Alpha stand.**
1. Wir engagieren uns bezüglich unserer Mitarbeiter, weil es uns hilft gute Mitarbeiter zu bekommen und an das Unternehmen zu binden.	4.36856	0.74326	**0.75784**	-0.03604		
2. Unser Unternehmen ist in der Öffentlichkeit für sein besonderes Engagement hinsichtlich der Mitarbeiter bekannt.	3.11748	1.11878	**0.66207**	0.27621	0,5305	0,5529
4. Es hat eine lange Firmentradition, uns verantwortlich gegenüber unseren Mitarbeitern zu verhalten.	4.24477	0.97229	**0.69837**	-0.19567		
6. Wir engagieren uns bezüglich unserer Mitarbeiter, weil wir an einem guten Ruf unserer Firma / Familie interessiert sind	3.94371	1.03817	0.48064	**0.53175**		
5. Weil andere Unternehmen bestimmte Angebote bezüglich ihrer Mitarbeiter anbieten, fühlen wir uns verpflichtet, ähnliche Leistungen anzubieten	2.14433	1.20363	-0.05317	**0.83822**	0,3291	0,3262
3. Das Engagement bezüglich unserer Mitarbeiter erfolgt eher aus betriebswirtschaftlichen als aus selbstlosen Gründen.	3,21970	1,07750	-0.01809	**0.44138**		
N=493						

Quelle: ifm Mannheim, Befragung zur unternehmerischen Verantwortung, 2010

6.2.4.2 Ergebnisse

Zunächst soll untersucht werden, inwieweit sich die abgefragten Motive für die Durchführung der Maßnahmen zur Mitarbeiterbindung zusammenfassen lassen, ob also Faktoren hinter den Motivvariablen erkennbar sind. Hierzu wurde eine Hauptkomponentenanalyse durchgeführt, deren Ergebnisse der Tabelle 8 zu entnehmen sind. Es ergeben sich hier zwei Faktoren bzw. zwei Hauptmotivgruppen. Demnach können insbesondere die Fragen nach der Mitarbeiterbindung und Gewinnung guter Fachkräfte auf dem Arbeitsmarkt, nach der Bekanntheit des Unternehmens in der Öffentlichkeit für sein Mitarbeiterengagement und nach der Firmentradition bei der Verantwortung den Mitarbeitern gegenüber zu einem Motivfaktor zusammengefasst werden. Der zweite Faktor wird hauptsächlich durch die Fragen nach der Bedeutung des guten Rufs im Zusammenhang mit dem Engagement für die Mitarbeiter und durch die Frage nach dem Mithalten mit anderen Unternehmen hinsichtlich der Leistungen für die Mitarbeiter gebildet. Auch könnte man, obwohl statistisch nicht ganz ohne Zweifel (was sich im Cronbach-Alpha niederschlägt), die Frage nach den betriebswirtschaftlichen Gründen für das Engagement hinsichtlich der Mitarbeiter diesem Faktor zuordnen. So kann davon ausgegangen werden, dass zwei Motivfaktoren, im Folgenden als „Unternehmenstradition" im Falle des ersten Faktors und als „Arbeitsmarktkonkurrenz" im Falle des zweiten Faktors bezeichnet, beschrieben werden können, die angewandten Maßnahmen zur Mitarbeiterbindung mit begründen. Die Motivlage geht dann später als erklärende Variable in die Modelle zur Erklärung der Anwendung bestimmter Personalmaßnahmen ein.

Im Folgenden wird die Frage beantwortet, ob sich Unternehmen mit unterschiedlichem Familieneinfluss hinsichtlich ihres Mitarbeiterengagements unterscheiden. Bei der Befragung wurden Informationen erhoben, die es ermöglichen, den Familieneinfluss im Unternehmen nach dem F-PEC Konzept von Astrachan et al. zu berechnen.[244] Da sich der F-PEC aus verschiedenen Einzelskalen zur Macht, Erfahrung und Kultur zusammensetzt, können auch diese Einzelskalen für die Bewertung herangezogen werden. Besonders interessant sind hier die Skalen für Eigentümermacht hinsichtlich des Eigenkapitalanteils der Familie, für die direkte Macht der Familie im Management, d.h. wie viele Mitglieder der Familie im Management beteiligt sind, für die Erfahrung der Familie bei der Führung des Unternehmens über Generationen und für den Einfluss der Familie und ihrer Werte auf die Kultur des Unternehmens. So wurde nicht nur der Gesamteinfluss, gemessen am F-PEC, auf die Durchführung der einzelnen Mitarbeiterbindungsmaßnahmen betrachtet, sondern auch die Einflüsse der einzelnen angesprochenen F-PEC-Komponenten. Dies ist aus der Tabelle 9 zu entnehmen, in der der bivariate Zusammenhang zwischen den Mitarbeitermaßnahmen und unabhängigen Variablen untersucht wird.

Neben dem Familieneinfluss und den beiden Motivfaktoren beinhaltet Tabelle 9 auch weitere Variablen, die für die Anwendung von Maßnahmen zur Mitarbeiterbindung eine Bedeutung haben könnten. Zu diesen Variablen gehören die Größe des Unternehmens anhand seiner Beschäftigten und seines Jahresumsatzes, das Gründungsjahr des Unternehmens, die Zugehörigkeit zu einem Wirtschaftszweig und der geographische Tätigkeitsschwerpunkt des Unternehmens. Aber auch der Umstand, ob im Unternehmen ein Betriebsrat existiert und/oder auch ein Aufsichtsgremium die Geschäftsführung begleitet, kann einen Einfluss auf das Engagement für die Mitarbeiter haben. Daher werden auch diese Variablen bei der bivariaten Analyse in Tabelle 9 untersucht.

244 Vgl. Astrachan et al. 2006

In Tabelle 9 sind die statistisch erheblichen Signifikanzen für die einzelnen bivariaten Zusammenhänge aufgeführt. Diese Signifikanzen ergeben sich aus der Anwendung des T-Tests unter Berücksichtigung der Gleichheit oder Ungleichheit der Varianzen bei den metrischen Variablen und der Anwendung des Chi-Quadrat-Tests für die kategorialen Variablen. Außerdem zeigt die hellgraue Hinterlegung der Signifikanzen in der Tabelle 9 an, ob ein „positiver" Zusammenhang in der Weise besteht, dass die Mitarbeitermaßnahme zur Anwendung kommt, wenn der Wert der metrischen Variable zunimmt bzw. das Vorhandensein eines Merkmals wie z.B. eines Beirats, gegeben ist. Ist hingegen die Signifikanz dunkelgrau unterlegt, wird ein „negativer" Zusammenhang angezeigt und zwar dergestalt, dass die Anwendung der Bindungsmaßnahme von einem sinkenden Wert einer metrischen Variablen begleitet wird bzw. dass das Merkmal bei der kategorialen Variablen nicht vorhanden ist, also bspw. kein Betriebsrat existiert. In Bezug auf die Wirtschaftszweige macht eine solche Trendhinterlegung keinen Sinn. Ohne hier auf die einzelnen Ergebnisse für die bivariate Untersuchung der Mitarbeiterbindung und ihrer möglichen erklärenden Variablen einzugehen, zeigt Tabelle 9, dass alle angesprochenen Variablen vom Familieneinfluss, den Motivfaktoren bis zu den betrieblichen Charakteristika bei mindestens einer Maßnahme zur Mitarbeiterbindung ihre Bedeutung haben.

Eine bivariate Analyse der Bestimmungsgründe einzelner Maßnahmen zur Mitarbeiterbindung kann aber nur erste Hinweise auf die tatsächlich vorliegenden Zusammenhänge liefern. Zur endgültigen Bestimmung der Einflussfaktoren für die Maßnahmen muss eine multivariate Betrachtung erfolgen, die den jeweiligen Einfluss unter Kontrolle der anderen Einflussvariablen analysiert. Für diese Untersuchung der Bestimmungsgründe der Anwendung einer Mitarbeitermaßnahme bietet sich als multivariates Verfahren die logistische Regression an. Dabei wird für jede einzelne Maßnahme ein Logit-Modell aufgestellt, das die Wahrscheinlichkeit der Anwendung einer solchen Maßnahme in Abhängigkeit ausgewählter erklärender Variablen analysiert. Da alle Variablen in Tabelle 9 bedeutsam für die Maßnahmen sind und eine Vergleichbarkeit der einzelnen Modelle für die jeweilige Mitarbeitermaßnahme gegeben sein soll, werden in jedes Logit-Modell alle betrachteten Einflüsse aufgenommen. In Bezug auf den Familieneinfluss wurden verschiedene Modelle gerechnet. So wurde für eine bestimmte Maßnahme jeweils ein Modell mit dem F-PEC-Gesamtwert, dem Wert für die Eigentümermacht der Familie, die Managementmacht der Familie, die Unternehmenserfahrung der Familie und den Familieneinfluss auf die Unternehmenskultur aufgestellt und geschätzt.

In Tabelle 10 sind die Ergebnisse dieser Berechnungen dargestellt. Damit Tabelle 10 nicht zu umfangreich und damit zu unübersichtlich wird, werden nur die Modelle für den Familieneinfluss bzw. seine Komponenten gezeigt, welche jeweils den besten Modellfit aufweisen und sich merklich voneinander abheben. Zum Teil unterscheiden sich die Modelle, die den F-PEC-Wert oder eine seiner Komponente enthalten, auch nur ganz geringfügig voneinander. Wenn nur solche geringen Unterschiede verzeichnet werden, sind die Signifikanzen der Kovariablen allerdings recht stabil, so dass sich hinsichtlich der Interpretation der Modelle keine anderen Erkenntnisse ergeben und sich deshalb eine Aufführung dieser Modelle an dieser Stelle erübrigt. Bei der logistischen Regression kann der Exponent des jeweiligen Schätzkoeffizienten als Chancenverhältnis (odds ratio) gegenüber den Alternativen gelesen werden und ist deshalb in Tabelle 10 mit aufgeführt. Beträgt z.B. der Exponent des Schätzers (Exp(B)) für die Variable ‚Aufsichtsgremium' im Falle des Vorhandenseins gleich 1,5, so bedeutet das, dass die Mitarbeitermaßnahme eine größere Chance von 3 zu 2 hat, Anwendung zu finden, als wenn kein Aufsichtsgremium installiert ist. Aus Tabelle 10 ist zu entnehmen, dass bei Modell 1, das sich auf die Vergütung der Überstunden der Mitarbeiter im Unternehmen als zu erklärende Variable bezieht, der Familieneinfluss keine Rolle spielt, weder insgesamt gemessen am F-PEC-Wert noch einzeln als Komponente des familiären Einflusses. Eine Bedeutung haben dagegen die Zugehörigkeit des Unternehmens zu einer bestimmten Branche und die Tatsache, ob ein Betriebsrat im Unternehmen existiert. Auch die geographische Ausrichtung des wirtschaftlichen Schwerpunktes des Unternehmens ist bei dieser Mitarbeitermaßnahme von Relevanz. So ist die Wahrscheinlichkeit für die Vergütung der Überstunden im Unternehmen umso größer, wenn ein Betriebsrat vorhanden ist, wenn eine lokale Ausrichtung der wirtschaftlichen Tätigkeit schwerpunktmäßig vorliegt und wenn das Unternehmen einer anderen Branche als den sonstigen Dienstleistungen angehört. Allerdings wirkt ein internationaler Schwerpunkt der wirtschaftlichen Tätigkeit der Überstundenvergütung entgegen (Exp(B) = 0,4183), wenn auch in einem weit geringerem Maße als es umgekehrt der Fall ist, wenn der Schwerpunkt lokal gesetzt wird (Exp(B) = 2,5607). Die Erklärungsgüte des Modells ist eher mäßig (Pseudo R^2 = 0,1623). Es lässt sich aber wohl vermuten, dass ein Unternehmen dann die Überstunden vergütet, wenn ein Betriebsrat oder die lokale Bekanntheit und Verankerung das Unternehmen in gewisser Weise dazu veranlassen.

Im Modell 2 der Tabelle 10, bei dem es um die Wahrscheinlichkeit der gezielten Einstellung und Integration behinderter Mitarbeitern geht, spielt wiederum der Familieneinfluss in keiner Weise eine Rolle. Ein Unternehmen wird zur Integration von Behinderten durch die beiden

Motive Mitarbeiterbindung und Arbeitsmarktkonkurrenz gebracht. Dem entgegen wirkt der Umstand, wenn das Unternehmen in der Baubranche tätig ist, was nicht verwunderlich ist. Der Erklärungswert dieses Modells ist als eher gering einzuschätzen (Pseudo $R^2 = 0{,}1031$). Es fehlen sicher noch Variablen mit Erklärungswert. Für die Integration behinderter Mitarbeitern sind also „intrinsische" Motive wie auch „extrinsisch" motivierte Gesichtspunkte verantwortlich, die Tradition des Unternehmens hinsichtlich seines Engagements für seine Mitarbeiter bzw. um nicht schlecht gegenüber anderen Unternehmen in Hinsicht des Umgangs mit Behinderten da zu stehen. Letzteres bedeutet, je stärker der Druck der Konkurrenz im Umgang mit Behinderten verspürt wird, desto eher werden Behinderte im Unternehmen integriert. Interessant ist noch zu vermerken, dass das Vorhandensein eines Betriebsrats in diesem Kontext keine Rolle spielt.

Die Mitarbeitermaßnahme „Frauenförderung im Unternehmen" wird im Modell 3 der Tabelle 10 behandelt. Wie bereits in den beiden ersten Modellen hat auch hier der Familieneinfluss keinerlei Bedeutung. Das gilt auch für die Etablierung eines Betriebsrats. Es kommt vielmehr darauf an, dass das Unternehmen seine wirtschaftlichen Schwerpunkte in der Region hat und/oder auch international tätig ist. Zudem wird die Frauenförderung im Unternehmen durch die Motivgruppe „Unternehmenstradition" befördert. Allerdings ist auch der Erklärungswert dieses Modells eher schlecht (Pseudo $R^2 = 0{,}1089$), so dass davon auszugehen ist, dass hier noch weitere unberücksichtigte Erklärungsfaktoren eine gewichtige Rolle spielen. Trotzdem lässt sich aus den Ergebnissen folgern, dass eine Frauenförderung im Unternehmen dann umso eher zu erwarten ist, wenn das Unternehmen regional und/oder international tätig ist und sich aus einer gewissen Tradition heraus den weiblichen Mitarbeiterinnen verpflichtet fühlt.
Die Wahrscheinlichkeit, dass ein Unternehmen die Mitarbeiterzufriedenheit misst, stellt die zu erklärende Variable im vierten Modell der Tabelle 10 dar. In diesem Modell spielt der Familieneinfluss dann eine Rolle, wenn man nicht den aggregierten F-PEC berücksichtigt, sondern das Ausmaß mit dem die Unternehmerfamilie direkt am Management des Unternehmens kapitalmäßig beteiligt ist. In diesem Falle nimmt die Neigung zur Erfassung der Zufriedenheit im Unternehmen deutlich ab (Exp(B) = 0,1209).

Tabelle 9a: Bivariater Zusammenhang zwischen den Mitarbeiterbindungsmaßnahmen und unabhängigen Variablen

	Beschäftigte	Umsatz	Gründungs-jahr	FPEC	Power_ Owner	Power_ Ma-nagement	Culture	Experience
Abhängige Variable	T - Test							
1. Überstunden werden in unserem Unternehmen vergütet.								
2. Behinderte werden in unserem Unternehmen gezielt eingestellt und integriert.								
3. Wir betreiben gezielt Frauenförderung					0.0959			
4. In unserem Unternehmen wird die Mitarbeiterzufriedenheit gemessen.				0.0237	0.0085	0.0017		0.0394
5. In unserem Unternehmen gibt es festgelegte Beschwerdestellen.				0.0258	0.0194	0.023		0.0370
6. Bürgerschaftliches Engagement der Arbeitnehmer wird unterstützt.							0.0450	
7. Kinder der Mitarbeiter des Unternehmens werden bevorzugt behandelt (Praktika, Einstellung).				<.0001	0.0001	<.0001	<.0001	0.0005
8. Arbeitnehmer im Ruhestand nehmen an Veranstaltungen des Unternehmens teil.		0.0960	0.0001					
9. Unser Unternehmen bietet familienfreundliche Unterstützungen an (flexible Arbeitszeiten, Betriebskindergarten).		0.0996				0.0490		
10. Unsere Mitarbeiter werden am Unternehmenskapital beteiligt.			0.0590	0.0143	0.0064	<.0001	0.0654	0.0912
11. Unser Unternehmen bietet eine Betriebsrente an.								
12. Unser Unternehmen bietet und/oder unterstützt Programme für Mitarbeiter außerhalb der Arbeitszeit (z.B. Betriebssport).	0.0028					0.0313		
13. Mitarbeiter können Gehaltsbestandteile selbst auswählen (z.B. Firmenwagen etc.).	0.0894			<.0001	0.0002	<.0001	<.0001	0.0001
14. Wir bieten unseren Mitarbeitern Weiterbildungsangebote an		0.0756						
15. Verbesserungsvorschläge von Mitarbeitern werden honoriert		0.0916						
16. Mitarbeitern wird bei Problemen stets unkonventionell geholfen				0.0137	0.0188	0.0165	0.0139	0.0726

Mit steigendem Wert bzw. mit Vorhandensein des Merkmals ist die Maßnahme gegeben. (hellgrau)

Mit sinkendem Wert bzw. ohne Vorhandensein des Merkmals ist die Maßnahme gegeben. (dunkelgrau)

Quelle: ifm Mannheim, Befragung zur unternehmerischen Verantwortung, 2010

Tabelle 9b: Bivariater Zusammenhang zwischen den Mitarbeiterbindungsmaßnahmen und unabhängigen Variablen

	Wirtschafts-zweige	Lokal	Regional	National	Internati-onal	Betriebsrat vorhanden	Aufsichtsgr. vorhanden	Motivgruppe 1	Motivgruppe 2
Abhängige Variable	**Chi-Quadrat - Test**							**T - Test**	
1. Überstunden werden in unserem Unternehmen vergütet.	<.0001				0.0937	0.0918			
2. Behinderte werden in unserem Unternehmen gezielt eingestellt und integriert.								0.0021	0.0777
3. Wir betreiben gezielt Frauenförderung			0.0471					<.0001	
4. In unserem Unternehmen wird die Mitarbeiterzufriedenheit gemessen.	0.0535	0.0837			0.0019	0.0139		0.0002	0.0041
5. In unserem Unternehmen gibt es festgelegte Beschwerdestellen.						0.0030		0.0164	
6. Bürgerschaftliches Engagement der Arbeitnehmer wird unterstützt.			0.0888	0.0634				<.0001	0.0823
7. Kinder der Mitarbeiter des Unternehmens werden bevorzugt behandelt (Praktika, Einstellung).	0.0025		0.0893			0.0016	0.0830	0.0033	
8. Arbeitnehmer im Ruhestand nehmen an Veranstaltungen des Unternehmens teil.	0.0064				0.0208	0.0763		0.0017	
9. Unser Unternehmen bietet familienfreundliche Unterstützungen an (flexible Arbeitszeiten, Betriebskindergarten).	0.0321				0.0115		0.0680	0.0071	
10. Unsere Mitarbeiter werden am Unternehmenskapital beteiligt.			0.0131				0.0141	0.0452	
11. Unser Unternehmen bietet eine Betriebsrente an.									
12. Unser Unternehmen bietet und/oder unterstützt Programme für Mitarbeiter außerhalb der Arbeitszeit (z.B. Betriebssport).	0.0490		0.0283		0.0482		0.0150	0.0015	
13. Mitarbeiter können Gehaltsbestandteile selbst auswählen (z.B. Firmenwagen etc.).	0.0021	0.0038				0.0013	0.0085	0.0267	
14. Wir bieten unseren Mitarbeitern Weiterbildungsangebote an	0.0909							0.0057	
15. Verbesserungsvorschläge von Mitarbeitern werden honoriert	0.0040		0.0581		0.0459	0.0702			
16. Mitarbeitern wird bei Problemen stets unkonventionell geholfen						0.0353	0.0029	0.0189	

Legende	
hellgrau	*Mit steigendem Wert bzw. mit Vorhandensein des Merkmals ist die Maßnahme gegeben.*
dunkelgrau	*Mit sinkendem Wert bzw. ohne Vorhandensein des Merkmals ist die Maßnahme gegeben.*

Quelle: ifm Mannheim, Befragung zur unternehmerischen Verantwortung, 2010

Auch wenn das Unternehmen einen Wirtschaftsschwerpunkt im lokalen Umfeld sieht, verringert sich die Bereitschaft zur Zufriedenheitsmessung. Demgegenüber nimmt die Neigung zur Messung deutlich zu, wenn sich das Unternehmen auf dem internationalen Parkett bewegt und kompensiert so gegebenenfalls die Tendenz des lokalen Wirtschaftsschwerpunktes mit Exp(B) = 2,2318 über. Das Unternehmen wird auch umso eher die Zufriedenheit der Mitarbeiter messen, je jünger es ist, d.h. je kürzer das Gründungsjahr zurückliegt, und wenn es die Motivgruppen „Unternehmenstradition“ und „Arbeitsmarktkonkurrenz“ für sich als bedeutsam erachtet. Auch hier ist allerdings das Vorhandensein eines Betriebsrats ohne Bedeutung. Der Erklärungswert dieses Modells ist mit einem Pseudo R^2 von 0,2014 recht beachtlich. Wird dieses Modell 4 mit dem F-PEC-Wert als unabhängiger Variable gerechnet, so ist der Modellfit sowohl was den AIC als auch den Erklärungswert betrifft etwas schlechter und der Familieneinfluss ganz knapp nicht mehr signifikant, während sich für die Signifikanzen und Struktur der Kovariablen kaum Veränderungen ergeben und die Interpretation der Ergebnisse sich nicht verändert. Es kann also davon ausgegangen werden, dass sich jüngere Unternehmen, für die die Mitarbeiterbindung, und der Ruf in der Öffentlichkeit wichtig sind und die um Arbeitskräfte konkurrieren, umso eher die Mitarbeiterzufriedenheit messen. Die direkte Einflussnahme einer Unternehmerfamilie im Management steht dem eher entgegen, weil man sich unter Umständen ein ganz bestimmtes positives Bild vom eigenen Führungsstil geschaffen hat.

Im Modell 5 der Tabelle 10 wird der Frage nachgegangen, wie wahrscheinlich die Einrichtung fester Beschwerdestellen in einem Unternehmen ist. Der Familieneinfluss in jedweder Art ist dafür allerdings ohne Bedeutung. Entscheidend ist, ob es einen Betriebsrat im Unternehmen gibt und das Gründungsjahr des Unternehmens. Je jünger das Unternehmen ist, umso eher wird eine Beschwerdestelle etabliert. Ebenfalls von Bedeutung ist die Motivgruppe „Unternehmenstradition“. Der Erklärungswert dieses Modells ist allerdings dürftig (Pseudo R^2 = 0,1003), so dass sicherlich noch weitere Variablen, die nicht erhoben wurden, ausschlaggebend sein dürften. Festzuhalten bleibt, dass jüngere Unternehmen, die bestrebt sind, Mitarbeiter zu halten, und Unternehmen, bei denen ein Betriebsrat als Anlaufstelle für die Mitarbeiter existiert, eher eine festgelegte Beschwerdestelle besitzen.

Wie wahrscheinlich es ist, dass ein Unternehmen das bürgerschaftliche Engagement seiner Arbeitnehmer unterstützt, wird im Modell 6 der Tabelle 10 untersucht. So ist die Unterstützung des Engagements der Mitarbeiter umso eher gegeben, wenn das Unternehmen jünger ist und wenn es seinen wirtschaftlichen Tätigkeitsschwerpunkt auf nationaler Ebene sieht. Auch die Motive der Mitarbeiterbindung und Arbeitsmarktkonkurrenz spielen in diesem Zusammenhang eine positive Rolle. Die Erklärungskraft des Modells ist höher als bei den beiden letzten Schätzmodellen (Pseudo R^2 = 0,1549). Trotzdem haben jüngere, national agierende Unternehmen, die Mitarbeiter binden wollen und mit anderen Unternehmen am Arbeitsmarkt konkurrieren müssen eine signifikant erhöhte Wahrscheinlichkeit (im Vergleich zu einer Kontrollgruppe), für eine Unterstützung des bürgerschaftlichen Engagements ihrer Mitarbeiter aufgeschlossen zu sein, um sich als modernes zeitgemäßes Unternehmen präsentieren zu können. Der Familieneinfluss wie auch die Einrichtung eines Betriebsrats sind ohne Bedeutung.

Tabelle 10a: Kriterien der Modellanpassung bezogen auf Tabelle 10b

	Modell 1	Modell 2	Modell 3	Modell 4
Globaler Test LOG-Likelihood-Quotient	0,000	0,005	0,004	0,000
AIC nur Konstante	495,564	624,245	586,476	585,828
AIC Modell	478,625	622,658	583,806	549,202
Hosmer-Lemeshow-Anpassungstest(Pr>ChiSq)	0,7282	0,318	0,181	0,036
PseudoR2 (nach Nagelkerkes)	0,1623	0,1031	0,1089	0,2014

Quelle: ifm Mannheim, Befragung zur unternehmerischen Verantwortung, 2010

Inwieweit es wahrscheinlich ist, dass in einem Unternehmen die Kinder der Mitarbeiter bevorzugt behandelt werden, etwa bei der Einstellung als Mitarbeiter oder Praktikant, wird in Modell 7 der Tabelle 10 analysiert. Hier steht außer Frage, dass der Familieneinfluss eine große Bedeutung für die Bevorzugung der Mitarbeiterkinder hat. Je höher der Familieneinfluss bzw. der F-PEC-Wert eines Unternehmens ist, umso eher werden die Kinder der Mitarbeiter protegiert. Dies gilt verstärkt, wenn das Unternehmen im Baugewerbe angesiedelt ist. Auch die Motivgruppe „Unternehmenstradition" befördert den besagten Umstand. Dem entgegen wirkt sich das Vorhandensein eines Betriebsrates aus, sowie die Zugehörigkeit des Unternehmens zum Handel. Insgesamt ist die Erklärungskraft des Modells noch nicht als voll befriedigend anzusehen (Pseudo R^2 = 0,1608) und könnte durch die Einbeziehung anderer Faktoren noch verbessert werden. Auf jeden Fall bleibt festzuhalten, dass die Bevorzugung von Mitarbeiterkindern im Familienunternehmen überdurchschnittlich häufig zu beobachten ist, da dieses Beschäftigungsverhalten im Einklang mit der Kultur des Unternehmens steht und hier wohl das größte Verständnis für die Bemühungen um die Kinder vorherrscht, und dies umso mehr wenn das Unternehmen in einer klassisch Branche wie dem Baugewerbe angesiedelt ist. Das ein Betriebsrat einer einseitigen Bevorzugung von Mitarbeiterkindern kritisch gegenübersteht sollte jedoch ebenso wenig verwundern.

Das Modell 8 in der Tabelle 10 beschäftigt sich mit der Wahrscheinlichkeit, dass Arbeitnehmer im Ruhestand nach wie vor an Veranstaltungen des Unternehmens teilnehmen. Ob ein

Unternehmen ein Familienunternehmen ist oder nicht, hat in diesem Zusammenhang keine Bedeutung. Ebenso wenig ist es von Belang, ob ein Betriebsrat eingerichtet wurde. Positive Auswirkung auf eine mögliche weitere Teilnahme an Veranstaltungen des Unternehmens nach dem altersbedingten Ausscheiden hat es, wenn das Unternehmen im Verarbeitenden Gewerbe, dem Handel oder sonstigen Wirtschaftsbereichen zuzuordnen ist. Und auch das Motiv der Mitarbeiterbindung ist hier von Belang. Der Erklärungswert dieses Modells liegt verglichen mit den anderen Modellen im mittleren Bereich (Pseudo $R^2 = 0{,}1442$). Nichtsdestotrotz liegt es auf der Hand, dass die weitere Bindung von Ruheständlern an das Unternehmen die Absicht der Mitarbeiterbindung stärken, als ein Signal an die heutige Belegschaft gesehen werden kann, und das Engagement hinsichtlich der aktuellen Mitarbeiter in der Wahrnehmung der Öffentlichkeit festigen soll und dies umso mehr, wenn man im Verarbeitenden Gewerbe oder Handel tätig ist.

Ob und inwieweit es wahrscheinlich ist, dass ein Unternehmen seinen Mitarbeitern familienfreundliche Unterstützung anbietet, wie z. B. flexible Arbeitszeiten, wird im Modell 9 der Tabelle 10 beleuchtet. Obwohl man vielleicht vermutet hätte, dass ein solches Angebot mit den Werten des Familieneinflusses im Unternehmen korreliert, hat hier dennoch der Familieneinfluss in keiner Art und Weise eine Bedeutung. Überraschend ist zudem die Bedeutungslosigkeit der Etablierung eines Betriebsrats. Ausschlaggebend ist die Motivgruppe 1, Mitarbeiter zu binden und das Engagement für seine Mitarbeiter in der Öffentlichkeit zu untermauern. Ist ein Unternehmen jedoch im Baugewerbe tätig, so wird diese familienfreundliche Unterstützung eher unwahrscheinlicher. Da die Erklärungskraft des Modells insgesamt sehr bescheiden ist (Pseudo $R^2 = 0{,}1140$), müssen wohl noch andere Faktoren außerhalb dieser Betrachtung bestimmend sein. Sicherlich hat das Baugewerbe weniger Möglichkeiten, eine familienfreundliche Arbeitszeit einzuführen, aber für eine moderne Mitarbeiterführung und –bindung ist eine solche Rücksichtnahme auf die Familie der Mitarbeiter unumgänglich.

Tabelle 10b: Logitmodelle zur Erklärung der Mitarbeiterbindungsmaßnahmen

Unabhängige Variablen im Modell	RG	**Modell 1:** Überstunden werden in unserem Unternehmen vergütet.			**Modell 2:** Behinderte werden in unserem Unternehmen gezielt eingestellt und integriert.			**Modell 3:** Wir betreiben gezielt Frauenförderung.			**Modell 4:** In unserem Unternehmen wird die Mitarbeiterzufriedenheit gemessen.		
		Koeff	*Exp(B)*	*Sig.*	*Koeff*	*Exp(B)*	*Sig.*	*Koeff*	*Exp(B)*	*Sig.*	*Koeff*	*Exp(B)*	*Sig.*
Betriebscharakteristika													
Beschäftigte	M	0,000	1,000	0,823	0,000	1,000	0,665	-0,001	0,999	0,461	0,000	1,000	0,954
Umsatz	M	0,000	1,000	0,875	0,000	1,000	0,426	0,000	1,000	0,689	0,000	1,000	0,699
Gründungsjahr	M	0,003	1,003	0,316	0,003	1,003	0,157	-0,001	0,999	0,649	**0,005**	**1,005**	**0,083**
Betriebsrat vorhanden	NV	**0,682**	**1,978**	**0,020**	0,114	1,121	0,635	-0,350	0,705	0,171	0,371	1,449	0,153
Aufsichtsgremium vorhanden	NV	-0,118	0,889	0,667	0,181	1,198	0,422	0,200	1,221	0,395	-0,192	0,826	0,473
Wirtschaftszweig	SDL												
Verarbeitendes Gewerbe		**1,895**	**6,652**	**<,0001**	0,354	1,425	0,251	-0,489	0,613	0,129	-0,489	0,613	0,140
Baugewerbe		**1,534**	**4,639**	**0,006**	**-0,917**	**0,400**	**0,047**	-0,514	0,598	0,271	0,172	1,187	0,742
Handel		**1,652**	**5,218**	**0,000**	-0,046	0,955	0,903	-0,427	0,653	0,287	-0,535	0,586	0,191
unternehmensorientierte DL		**1,518**	**4,561**	**<,0001**	-0,019	0,981	0,954	-0,158	0,854	0,629	-0,173	0,841	0,620
sonstige Bereiche		**1,390**	**4,016**	**0,002**	-0,399	0,671	0,285	-0,313	0,731	0,416	0,571	1,770	0,214
Räumliche Wirtschaftsschwerpunkte													
Lokal	KS	**0,940**	**2,561**	**0,071**	-0,201	0,818	0,622	0,327	1,386	0,445	**-0,779**	**0,459**	**0,068**
Regional	KS	0,252	1,286	0,519	-0,335	0,716	0,291	**0,661**	**1,937**	**0,050**	-0,236	0,790	0,493
National	KS	-0,017	0,983	0,965	-0,457	0,633	0,141	0,448	1,566	0,190	0,037	1,038	0,912
International	KS	**-0,872**	**0,418**	**0,024**	-0,226	0,798	0,477	**0,633**	**1,884**	**0,066**	**0,803**	**2,232**	**0,026**
Familieneinfluss													
FPEC	M	0,002	1,002	0,280	-0,001	0,999	0,356	-0,002	0,998	0,118			
Power-Management	M										**-2,113**	**0,121**	**0,016**
Motive													
Motivgruppe 1: Unternehmenstradition	M	0,007	1,007	0,953	**0,374**	**1,453**	**0,000**	**0,463**	**1,589**	**<,0001**	**0,534**	**1,706**	**<,0001**
Motivgruppe 2: Arbeitsmarktkonkurrenz	M	-0,023	0,977	0,850	**0,197**	**1,217**	**0,055**	0,112	1,119	0,290	**0,359**	**1,432**	**0,002**
Konstante		-5,488	0,004	0,300	-6,340	0,002	0.1870	1,5755	4,833	0,743	-8,118	0,000	0,133

SDL =sonstige Dienstleistung, KS = kein Schwerpunkt, M = metrisch, NV = nicht vorhanden, RG = Referenzgruppe

Quelle: ifm Mannheim, Befragung zur unternehmerischen Verantwortung, 2010

Tabelle 10c: Logitmodelle zur Erklärung der Mitarbeiterbindungsmaßnahmen

Unabhängige Variablen im Modell	RG	**Modell 5:** In unserem Unternehmen gibt es festgelegte Beschwerdestellen.			**Modell 6:** Bürgerschaftliches Engagement der Arbeitnehmer wird unterstützt.			**Modell 7:** Kinder der Mitarbeiter des Unternehmens werden bevorzugt behandelt (Praktika, Einstellung).			**Modell 8:** Arbeitnehmer im Ruhestand nehmen an Veranstaltungen des Unternehmens teil.		
		Koeff	*Exp(B)*	*Sig.*	*Koeff*	*Exp(B)*	*Sig.*	*Koeff*	*Exp(B)*	*Sig.*	*Koeff*	*Exp(B)*	*Sig.*
Betriebscharakteristika													
Beschäftigte	M	0,001	1,001	0,359	0,001	1,001	0,455	0,000	1,000	0,595	0,000	1,000	0,984
Umsatz	M	0,000	1,000	0,540	0,000	1,000	0,500	0,000	1,000	0,814	0,000	1,000	0,729
Gründungsjahr	M	**0,004**	**1,004**	**0,096**	**0,004**	**1,004**	**0,091**	-0,002	0,998	0,370	-0,006	0,994	0,182
Betriebsrat vorhanden	NV	**0,575**	**1,777**	**0,030**	-0,160	0,852	0,569	**-0,546**	**0,579**	**0,040**	0,325	1,383	0,299
Aufsichtsgremium vorhanden	NV	0,080	1,084	0,754	0,404	1,497	0,127	0,023	1,024	0,924	0,147	1,158	0,630
Wirtschaftszweig	SDL												
Verarbeitendes Gewerbe		0,155	1,167	0,657	0,407	1,503	0,261	0,138	1,148	0,688	**0,658**	**1,931**	**0,082**
Baugewerbe		-0,524	0,592	0,278	0,173	1,189	0,744	**1,293**	**3,644**	**0,046**	-0,084	0,919	0,869
Handel		-0,245	0,783	0,547	-0,101	0,904	0,810	**-0,852**	**0,426**	**0,033**	**1,361**	**3,898**	**0,023**
unternehmensorientierte DL		-0,174	0,840	0,628	-0,181	0,834	0,621	-0,125	0,883	0,721	0,550	1,732	0,152
sonstige Bereiche		-0,443	0,642	0,286	0,210	1,234	0,631	-0,389	0,678	0,324	**1,089**	**2,972**	**0,052**
Räumliche Wirtschaftsschwerpunkte													
Lokal	KS	-0,450	0,637	0,324	0,622	1,862	0,203	0,456	1,577	0,305	0,663	1,940	0,217
Regional	KS	-0,112	0,894	0,754	-0,035	0,966	0,921	-0,249	0,780	0,472	-0,004	0,996	0,993
National	KS	-0,450	0,638	0,195	**0,787**	**2,197**	**0,035**	0,065	1,067	0,849	-0,078	0,925	0,840
International	KS	-0,136	0,873	0,708	0,216	1,240	0,553	0,333	1,395	0,357	0,467	1,595	0,279
Familieneinfluss													
FPEC	M	-0,002	0,998	0,168	0,001	1,001	0,525	**0,004**	**1,004**	**0,010**	0,000	1,000	0,852
Power_Management	M												
Motive													
Motivgruppe 1: Unternehmenstradition	M	**0,341**	**1,406**	**0,002**	**0,604**	**1,829**	**<,0001**	**0,227**	**1,255**	**0,042**	**0,404**	**1,497**	**0,002**
Motivgruppe 2: Arbeitsmarktkonkurrenz	M	0,178	1,195	0,116	**0,273**	**1,313**	**0,026**	0,103	1,109	0,369	0,063	1,065	0,633
Konstante		-6,948	0,001	0,165	-7,905	0,000	0,120	5,269	194,241	0,316	12,047	170552	0,168
Kriterien der Modellanpassung													
Globaler Test LOG-Likelihood-Quotient		0,0140			0,000			0,000			0,001		
AIC nur Konstante		534,196			522,173			560,455			431,960		
AIC Modell		535,949			506,296			540,619			424,457		
Hosmer-Lemeshow-Anpassungstest(Pr>ChiSq)		0,3613			0,945			0,920			0,214		
PseudoR2 (nach Nagelkerkes)		0,1003			0,1549			0,1608			0,1442		

SDL =sonstige Dienstleistung, KS = kein Schwerpunkt, M = metrisch, NV = nicht vorhanden, RG = Referenzgruppe

Quelle: ifm Mannheim, Befragung zur unternehmerischen Verantwortung, 2010

Tabelle 10d: Logitmodelle zur Erklärung der Mitarbeiterbindungsmaßnahmen

Unabhängige Variablen im Modell	**RG**	**Modell 9:** Unser Unternehmen bietet familienfreundliche Unterstützungen an.			**Modell 10:** Unsere Mitarbeiter werden am Unternehmenskapital beteiligt.			**Modell 11:** Unser Unternehmen bietet eine Betriebsrente an.			**Modell 12:** Unser Unternehmen bietet Programme für Mitarbeiter außerhalb der Arbeitszeit.		
		Koeff	*Exp(B)*	*Sig.*	*Koeff*	*Exp(B)*	*Sig.*	*Koeff*	*Exp(B)*	*Sig.*	*Koeff*	*Exp(B)*	*Sig.*
Betriebscharakteristika													
Beschäftigte	M	0,000	1,000	0,625	-0,002	0,998	0,148	0,000	1,000	0,710	**0,002**	**1,002**	**0,005**
Umsatz	M	0,000	1,000	0,456	0,000	1,000	0,470	0,000	1,000	0,718	0,000	1,000	0,466
Gründungsjahr	M	0,000	1,000	0,918	0,004	1,004	0,356	-0,001	0,999	0,580	0,004	1,004	0,121
Betriebsrat vorhanden	NV	-0,143	0,867	0,571	**-0,804**	**0,447**	**0,025**	-0,002	0,998	0,993	-0,082	0,921	0,734
Aufsichtsgremium vorhanden	NV	0,334	1,397	0,171	0,497	1,644	0,145	-0,196	0,822	0,370	**0,479**	**1,614**	**0,036**
Wirtschaftszweig	SDL												
Verarbeitendes Gewerbe		-0,116	0,890	0,719	**-0,919**	**0,399**	**0,043**	-0,423	0,655	0,154	0,388	1,474	0,204
Baugewerbe		**-0,985**	**0,374**	**0,029**	-0,286	0,751	0,661	**-0,911**	**0,402**	**0,039**	-0,377	0,686	0,405
Handel		-0,043	0,958	0,916	-0,606	0,546	0,326	-0,273	0,761	0,464	-0,261	0,771	0,499
unternehmensorientierte DL		0,424	1,528	0,219	0,084	1,087	0,851	-0,134	0,875	0,667	**0,604**	**1,830**	**0,064**
sonstige Bereiche		0,752	2,121	0,104	-0,572	0,564	0,328	-0,341	0,711	0,352	0,250	1,284	0,509
Räumliche Wirtschaftsschwerpunkte													
Lokal	KS	-0,507	0,602	0,233	-0,299	0,742	0,613	0,212	1,236	0,591	-0,050	0,951	0,902
Regional	KS	-0,527	0,590	0,117	**-1,266**	**0,282**	**0,031**	0,021	1,021	0,945	-0,487	0,615	0,130
National	KS	-0,396	0,673	0,224	0,283	1,328	0,549	0,016	1,016	0,957	-0,061	0,941	0,845
International	KS	0,273	1,314	0,433	**0,943**	**2,568**	**0,048**	-0,044	0,957	0,885	0,079	1,082	0,801
Familieneinfluss													
FPEC	M	-0,001	0,999	0,393				-0,001	0,999	0,610	0,000	1,000	0,781
Power_Management	M				**-5,395**	**0,005**	**0,000**						
Motive													
Motivgruppe 1: Unternehmenstradition	M	**0,315**	**1,370**	**0,004**	**0,475**	**1,609**	**0,008**	0,115	1,122	0,248	**0,373**	**1,452**	**0,001**
Motivgruppe 2: Arbeitsmarktkonkurrenz	M	0,037	1,038	0,730	0,239	1,270	0,113	-0,032	0,968	0,740	0,029	1,029	0,779
Konstante		0,386	1,471	0,940	-8,138	0,000	0,332	2,813	16,651	0,537	-7,958	0,000	0,104
Kriterien der Modellanpassung													
Globaler Test LOG-Likelihood-Quotient		0,0021			0,000			0,742			0,000		
AIC nur Konstante		578,570			350,720			636,386			634,093		
AIC Modell		574,115			331,720			657,470			619,904		
Hosmer-Lemeshow-Anpassungstest(Pr>ChiSq)		0,2787			0,009			0,111			0,577		
PseudoR2 (nach Nagelkerkes)		0,1143			0,2059			0,0378			0,1358		

SDL =sonstige Dienstleistung, KS = kein Schwerpunkt, M = metrisch, NV = nicht vorhanden, RG = Referenzgruppe

Quelle: ifm Mannheim, Befragung zur unternehmerischen Verantwortung, 2010

Tabelle 10e: Logitmodelle zur Erklärung der Mitarbeiterbindungsmaßnahmen

Unabhängige Variablen im Modell	**RG**	**Modell 13:** Mitarbeiter können Gehaltsbestandteile selbst auswählen (z.B. Firmenwagen etc.).			**Modell 14:** Wir bieten unseren Mitarbeitern Weiterbildungsangebote an.			**Modell 15:** Verbesserungsvorschläge von Mitarbeitern werden honoriert.			**Modell 16:** Mitarbeitern wird bei Problemen stets unkonventionell geholfen.		
		Koeff	*Exp(B)*	*Sig.*	*Koeff*	*Exp(B)*	*Sig.*	*Koeff*	*Exp(B)*	*Sig.*	*Koeff*	*Exp(B)*	*Sig.*
Betriebscharakteristika													
Beschäftigte	M	**0,002**	**1,002**	**0,049**	-0,004	0,996	0,208	-0,001	0,999	0,559	0,003	1,003	0,277
Umsatz	M	0,000	1,000	0,597	**0,007**	**1,007**	**0,059**	0,000	1,000	0,102	0,000	1,000	0,661
Gründungsjahr	M	**0,006**	**1,006**	**0,057**	**0,012**	**1,012**	**0,022**	0,001	1,001	0,830	-0,004	0,996	0,642
Betriebsrat vorhanden	NV	-0,262	0,770	0,307	0,556	1,743	0,483	0,267	1,306	0,305	-0,710	1,306	0,333
Aufsichtsgremium vorhanden	NV	-0,002	0,998	0,994	-1,133	0,322	0,175	0,098	1,103	0,695	**-1,420**	**0,242**	**0,027**
Wirtschaftszweig	SDL												
Verarbeitendes Gewerbe		**0,878**	**2,406**	**0,008**	0,255	1,290	0,783	**1,011**	**2,747**	**0,003**	0,780	2,181	0,387
Baugewerbe		**1,381**	**3,979**	**0,003**	1,434	4,194	0,369	0,146	1,157	0,750	16,174	10574965	0,996
Handel		0,498	1,646	0,227	0,353	1,424	0,768	0,329	1,389	0,433	-0,954	0,385	0,257
unternehmensorientierte DL		**1,108**	**3,027**	**0,002**	17,471	38686451	0,994	0,378	1,459	0,250	-0,057	0,944	0,946
sonstige Bereiche		**1,074**	**2,926**	**0,010**	17,102	26759497	0,996	0,435	1,544	0,273	17,125	27362937	0,995
Räumliche Wirtschaftsschwerpunkte													
Lokal	KS	-1,244	0,288	0,014	0,101	1,106	0,932	0,051	1,052	0,902	0,856	2,354	0,477
Regional	KS	-0,467	0,627	0,161	-0,152	0,859	0,883	0,105	1,110	0,749	0,082	1,086	0,931
National	KS	-0,435	0,647	0,181	0,343	1,409	0,747	0,533	1,704	0,120	0,777	2,176	0,427
International	KS	-0,333	0,717	0,304	0,607	1,835	0,639	0,225	1,253	0,516	-0,913	0,401	0,313
Familieneinfluss													
FPEC	M				-0,002	0,998	0,611	0,001	1,001	0,536	0,005	1,005	0,1980
Power_Management	M	**2,556**	**12,882**	**0,003**									
Motive													
Motivgruppe 1: Unternehmenstradition	M	0,165	1,179	0,136	**0,782**	**2,187**	**0,006**	0,089	1,093	0,409	**0,571**	**1,771**	**0,046**
Motivgruppe 2: Arbeitsmarktkonkurrenz	M	0,149	1,161	0,163	0,153	1,166	0,663	**0,228**	**1,256**	**0,041**	0,255	1,290	0,437
Konstante		**-12,755**	**0,000**	**0,034**	**-21,098**	**0,000**	**0.0539**	-1,305	0,271	0,814	10,4744	35397	0,492
Kriterien der Modellanpassung													
Globaler Test LOG-Likelihood-Quotient		0,000			0,018			0,007			0,007		
AIC nur Konstante		595,743			116,357			559,418			140,828		
AIC Modell		565,45			119,036			558,607			140,084		
Hosmer-Lemeshow-Anpassungstest(Pr>ChiSq)		0,5154			0,939			0,612			0,030		
PseudoR2 (nach Nagelkerkes)		0,1807			0,3000			0,1057			0,2805		

SDL =sonstige Dienstleistung, KS = kein Schwerpunkt, M = metrisch, NV = nicht vorhanden, RG = Referenzgruppe

Quelle: ifm Mannheim, Befragung zur unternehmerischen Verantwortung, 2010

Das Modell 10 der Tabelle 10 geht der Frage nach, wie wahrscheinlich eine Beteiligung der Mitarbeiter am Unternehmenskapital ist. In diesem Kontext macht sich der Familieneinfluss im Unternehmen deutlich bemerkbar. Auch wenn der Familieneinfluss insgesamt gemessen am F-PEC-Wert eine solche Bedeutung ebenfalls aufweist, ist in der Tabelle 10 im Modell der Familieneinfluss über das direkte Mitwirken im Management angegeben. Das gezeigte Modell hat einen deutlich besseren Modellfit aufzuweisen, das gilt sowohl für den AIC (331,72 gegenüber 340,38) als auch für das Pseudo R^2 (0,2059 gegenüber 0,1748) und besitzt daher auch eine recht gute Erklärungskraft. Sowohl der familiäre Einfluss im Management als auch der F-PEC-Wert weisen beide in die gleiche Richtung, dass heißt es ist umso unwahrscheinlicher für die Mitarbeiter, am Kapital beteiligt zu werden, je höher der Familieneinfluss im Unternehmen wirkt. Ebenso einen negativen Einfluss auf die Kapitalbeteiligung üben das Vorhandensein eines Betriebsrates, die Einordnung des Unternehmens in das Verarbeitende Gewerbe und das schwerpunktmäßige Wirtschaften in der Region aus. Demgegenüber beflügelt der internationale Marktauftritt die Kapitalbeteiligung ebenso wie die Motivgruppe „Unternehmenstradition“. Da ein Familienunternehmen oftmals bestrebt ist, die Unternehmensanteile vollständig in der Hand zu behalten und sich in die Führung nicht herein reden zu lassen, liegt hier in Bezug auf die Mitarbeiterbindung ein Zielkonflikt vor, insbesondere wenn man international tätig sein will.

Während die Kapitalbeteiligung in hohem Maße vom Familieneinfluss beeinflusst wird, ist dies in Bezug auf das Angebot einer Betriebsrente für die Mitarbeiter, welches das Modell 11 in der Tabelle 10 untersucht, in keiner Weise gegeben. Auch die Einrichtung eines Betriebsrats ist in diesem Modell nicht von Belang. Überhaupt scheinen hier die betrachteten Erklärungsvariablen nicht von Belang zu sein. So wird die Wahrscheinlichkeit, eine Betriebsrente anzubieten, lediglich negativ davon beeinflusst, ob das Unternehmen im Bausektor agiert. Dementsprechend besitzt das aufgeführte Modell auch so gut wie keine Erklärungskraft (Pseudo $R^2 = 0{,}0378$). Offensichtlich müssen hier andere Einflüsse, die nicht von uns beobachtet wurden, von Bedeutung sein.

Das Modell 12 der Tabelle 10 beschäftigt sich mit der Wahrscheinlichkeit, dass das Unternehmen Programme für die Mitarbeiter außerhalb der Arbeitszeit, beispielsweise Betriebssport, anbietet oder unterstützt. Auch hierbei spielt der Familieneinfluss im Unternehmen genau wie das Vorhandensein eines Betriebsrats keine Rolle. Entscheidend für die Neigung einer solchen Unterstützung oder Angebots von außerdienstlichen Programmen sind die Größe des Unternehmens, gemessen an der Beschäftigtenzahl, das Vorhandensein eines Aufsichtsgremiums, die Zugehörigkeit des Unternehmens zum Wirtschaftsbereich der unternehmensorientierten Dienstleistungen und die Motivgruppe „Unternehmenstradition". Alle diese Faktoren wirken positiv auf die Wahrscheinlichkeit einer solchen Maßnahme. Die Erklärungskraft dieses Modells ist mit einem Pseudo R^2 von 0,1358 eher niedrig. Festzuhalten bleibt jedoch, dass mit steigender Beschäftigtenzahl umso eher eine solche Maßnahme angeboten wird, wenn das Unternehmen einen Aufsichtsrat besitzt und durch das Wirken im Bereich der unternehmensorientierten Dienstleistungen um die Bedeutung solcher Unterstützungsangebote für die Mitarbeiter weiß, gerade auch wenn in diesem Zusammenhang die Mitarbeiter gebunden werden sollen und der Öffentlichkeit das Engagement in Bezug auf die Mitarbeiter ins Gedächtnis gerufen werden soll.

Im 13. Modell der Tabelle 10 wird die Wahrscheinlichkeit untersucht, dass die Mitarbeiter in einem Unternehmen ihre Gehaltsbestandteile, wie z.B. einen Firmenwagen, selbst auswählen können. Interessanterweise spielt hier der Familieneinfluss eine große Rolle, sowohl wenn man den Gesamteinfluss in Form des F-PEC-Werts betrachtet als auch in Form der direkten Einflussnahme der Familie im Management, wie sie in der Tabelle 10 ausgewiesen ist, da das Modell 13 mit dem familiären Managementeinfluss einen besseren Modellfit zeigt. Es zeigt sich, dass die Mitarbeiter ihre Gehaltsbestandteile umso eher selbst auswählen können, je mehr Einfluss die Familie im Unternehmen und insbesondere direkt im Management besitzt. In Bezug auf die Kovariablen zur Erklärung der Wahrscheinlichkeit der Selbstauswahl der Gehaltsbestandteile ergeben sich keine nennenswerten Unterschiede zwischen den beiden Modellvarianten. Das gilt auch für die Einsetzung eines Betriebsrats. Hier nimmt die betrachtete Wahrscheinlichkeit mit der Unternehmensgröße, gemessen an den Beschäftigten, zu. Dies gilt auch, wenn das Gründungsjahr höher wird, d.h. das Unternehmen jünger ist, und wenn das Unternehmen im Gegensatz zu den sonstigen Dienstleistungen in den Wirtschaftsbereichen Verarbeitendes Gewerbe, Baugewerbe, unternehmensorientierte Dienstleistungen und sonstigen Wirtschaftsbereichen tätig ist. Allein wenn der geografische Tätigkeitsschwerpunkt in der lokalen Umgebung des Unternehmens angesiedelt ist, verringert sich die betrachtete Wahrscheinlichkeit für die Selbstauswahl der Gehaltsbestandteile. Das hier gegebene Modell besitzt mit einem Pseudo R^2 von 0,1807 einen annehmbaren Erklärungswert. Es kann also davon ausgegangen werden, dass die Mitarbeiter sich ihre Gehaltsbestandteile umso eher selbst auswählen können, wenn Familienmitglieder Einfluss auf die Unternehmensführung haben und das Unternehmen noch keine längere Tradition aufweist. Allerdings steht der

Selbstauswahl entgegen, wenn das Unternehmen auf sein lokales Umfeld Rücksicht nehmen muss und als sparsam und verantwortungsvoll gelten will.

Die Wahrscheinlichkeit, dass ein Unternehmen den Mitarbeitern Weiterbildungsangebote offeriert, wird in Modell 14 der Tabelle 10 untersucht. In diesem Kontext geht keinerlei Einwirkung vom Familieneinfluss im Unternehmen aus. Überraschenderweise erweist sich hier auch das Vorhandensein eines Betriebsrats als nicht von Bedeutung. Entscheidend für ein Weiterbildungsangebot sind die Größe des Unternehmens, gemessen am Umsatz, und das Gründungsjahr. Je mehr Umsatz ein Unternehmen macht und je jünger das Unternehmen ist, umso eher werden im Unternehmen Weiterbildungsangebote unterbreitet. Auch spielt hier die Motivgruppe „Unternehmenstradition" eine große Rolle. Obwohl die Modellspezifikation gemessen am AIC nicht überzeugt, was auch auf die vielen hoch nicht signifikanten Variablen zurückzuführen ist, ist der Erklärungswert hoch einzuschätzen (Pseudo $R^2 = 0{,}3000$). So kann davon ausgegangen werden, dass die Bereitstellung von Weiterbildungsmaßnahmen im Unternehmen als geeignete Maßnahme gesehen wird, um die Mitarbeiterbindung und die Demonstration des Engagements für die Mitarbeiter in der Öffentlichkeit darzustellen. Dies gilt umso mehr, wenn das Unternehmen aufgrund seiner umsatzmäßigen Stärke dazu in der Lage ist und als modernes Unternehmen gelten möchte.

Auch bei der Frage, wie wahrscheinlich Verbesserungsvorschläge der Mitarbeiter im Unternehmen honoriert werden, der im Modell 15 in der Tabelle 10 nachgegangen wird, lässt sich keinerlei Familieneinfluss als relevant nachweisen. Auch in diesem Zusammenhang spielt die Einrichtung eines Betriebsrats interessanterweise keine Rolle. Lediglich die Zugehörigkeit des Unternehmens zum Verarbeitenden Gewerbe ist von Belang und die Motivgruppe „Arbeitsmarktkonkurrenz". Diese magere Ausbeute an signifikant erklärenden Variablen im Modell macht sich im Erklärungswert bemerkbar (Pseudo $R^2 = 0{,}1057$). So bleibt festzuhalten, dass Verbesserungsvorschläge der Mitarbeiter umso eher honoriert werden, wenn das Unternehmen im Verarbeitenden Gewerbe tätig ist, und deshalb auch mehr Gelegenheit für Verbesserungsvorschläge bieten dürfte, und wenn es ähnliche Unternehmen ebenfalls mit der Honorierung von Verbesserungsvorschlägen so halten.

Das Modell 16 in Tabelle 10 untersucht schließlich, wie wahrscheinlich es ist, dass Mitarbeitern bei Problemen unkonventionell geholfen wird. Obwohl nach landläufiger Meinung hier Familienunternehmen besonders engagiert sein sollten, spielt der Familieneinfluss im Modell 16 keine Rolle. Auch die Betriebsrats-Variable ist nicht signifikant. Bestimmend für unkon-

ventionelle Hilfe für Mitarbeiter ist eindeutig die Motivgruppe „Unternehmenstradition". Interessanterweise steht einer unkonventionellen Hilfe seitens des Unternehmens das Vorhandensein eines Aufsichtsgremiums eher entgegen. Die Erklärungskraft des Modells ist trotz der nur zwei erklärenden Faktoren überraschend noch mit einem Pseudo R^2 von 0,2805. So ist davon auszugehen, dass den Mitarbeitern dann eher unkonventionell geholfen wird, wenn das Unternehmen die Mitarbeiterbindung und seine Wahrnehmung in der Öffentlichkeit hinsichtlich des Engagements für seine Mitarbeiter als sehr wichtig erachtet. Warum ein installiertes Aufsichtsgremium die unkonventionelle Hilfe erschwert, bleibt rätselhaft.
Wie aus den besprochenen Ergebnissen sichtbar geworden ist, beeinflussen der Familieneinfluss und das Vorhandensein eines Beirats bei einigen Maßnahmen zur Mitarbeiterbindung sowohl gemeinsam in gleicher wie entgegengesetzter Richtung als auch nur einzeln signifikant deren Anwendung. Dies deutet darauf hin, dass es lohnen könnte, den Zusammenhang zwischen dem Familieneinfluss gemessen am F-PEC-Wert und dem Vorhandensein eines Betriebsrats noch eingehender zu untersuchen. Zunächst zeigt sich dabei, dass Unternehmen, die einen Betriebsrat etabliert haben, im Durchschnitt einen weit geringeren F-PEC-Wert mit 108,5 aufweisen, als die Unternehmen, die keinen Betriebsrat haben, bei denen der F-PEC-Wert bei 179,3 liegt. Diese Differenz ist auf der Grundlage eines t-Tests hoch signifikant ($Pr > |t| < 0,0001$), was bedeutet, dass je grösser der Familieneinfluss ist, umso eher kein Betriebsrat existiert.

Um die Wirkungen der beiden Variablen Familieneinfluss und Vorhandensein eines Betriebsrats auf die Mitarbeiterbindungsmaßnahmen zu vertiefen, wurden alle obigen Logit-Modelle noch einmal mit einem zusätzlichen Interaktionsterm dieser beiden Variablen gerechnet. Dabei zeigte sich, dass bei vier Mitarbeiterbindungsmaßnahmen der Modellfit mit Interaktionsterm besser war als bei den ursprünglichen Berechnungen in Tabelle 10. Diese vier Modelle sind in Tabelle 11 widergegeben. Bis auf das Modell 7a für die Mitarbeiterbindungsmaßnahme der Bevorzugung von Kindern von Mitarbeitern bei der Einstellung, das bereits in seiner ersten Version einen Einfluss der beiden Variablen offenbarte, sind nun in drei weiteren Modellen bzw. bei drei weiteren Bindungsmaßnahmen signifikante Einflüsse des F-PEC-Werts und des Vorhandensein eines Betriebsrats zu beobachten. Dies betrifft die Mitarbeiterbindungsmaßnahmen der gezielten Einstellung Behinderter (Modell 2a), des Angebots einer Betriebsrente (Modell 11a) und der Honorierung von Verbesserungsvorschlägen.

Beim Modell 2a, das die Auswirkungen auf die Mitarbeiterbindungsmaßnahme der gezielten Einstellung und Integrierung Behinderter untersucht, bleiben der Einfluss des Wirtschaftszweigs Baugewerbe und der beiden Motivationen erhalten gegenüber dem Modell 2. Als Einflüsse kommen nun das Vorhandensein eines Betriebsrats und die signifikante Interaktion von F-PEC-Wert und Existenz eines Betriebsrats. Der Koeffizient für den F-PEC-Wert, in diesem Fall des Haupteffekts, ist allerdings nicht signifikant. Da es sich bei den beiden betrachteten Variablen durch die Verbindung im Interaktionsterm nunmehr um konditionale Effekte handelt, müssen sie auch entsprechend interpretiert werden, d.h. man kann die Auswirkungen der beiden Variablen auf die Mitarbeiterbindungsmaßnahme nur im Zusammenhang betrachten. Abstrahiert man von den anderen signifikanten Variablen und betrachtet nur den Familieneinfluss und die Existenz eines Betriebsrats sowie dessen Interaktion, so zeigt sich, dass im Fall des Nicht-Vorhandenseins eines Betriebsrats (Vorhandensein Betriebsrat = 0, Referenzgruppe) keine Auswirkung auf die Wahrscheinlichkeit der Anwendung der Personalmaßnahme „Integration Behinderter" von Seiten des Familieneinflusses besteht, da der F-PEC-Wert allein nicht signifikant ist und die Interaktion wegfällt. Dies ist graphisch in der Abbildung 4 veranschaulicht, in der die dunkelgraue Linie diesen Fall darstellt und konstant den Wahrscheinlichkeitswert 0,5 für jeden F-PEC-Wert beibehält. Das bedeutet, dass es für jedweden Familieneinfluss gleich wahrscheinlich und rein zufällig ist, die Mitarbeiterbindungsmaßnahme anzuwenden oder nicht, wenn kein Betriebsrat vorhanden ist. Ist aber ein Betriebsrat existent (Betriebsrat vorhanden = 1), so kommt dem F-PEC-Wert nun eine gewisse Bedeutung zu, allerdings nur in der Interaktion mit dem F-PEC-Wert, da der Interaktionsterm signifikant ist, der F-PEC-Wert allein aber nicht.

Dies führt dazu, dass sich das Wahrscheinlichkeitsverhältnis hinsichtlich der Anwendung der Mitarbeitermaßnahme „Integrierung Behinderter" gemäß der Formel 0,8883 – 0,00514 * F-PEC-Wert verändert. Im vorliegenden Fall zeigt sich, dass sich die Wahrscheinlichkeit der Anwendung der Mitarbeiterbindungsmaßnahme mit steigendem Familieneinfluss verringert, wie es in Abbildung 4 durch die schwarze Linie dargestellt ist. Mit steigendem Familieneinfluss und wenn ein Betriebsrat vorhanden ist, wird die Integrierung Behinderter immer unwahrscheinlicher.

Tabelle 11: Kriterien der Modellanpassung

	Modell 2a	Modell 7a	Modell 11a	Modell 15a
Globaler Test LOG-	0,0019	0,0001	0,0572	0,0020
AIC nur Konstante	624,245	560,46	636,39	559,42
AIC Modell	620,017	539293,00	644,06	555,23
Hosmer - Lemeshow - Anpassungs-test (Pr > ChiSq)	0,5487	0,9919	0,9243	0,9586
PseudoR2 (nach Nagelkerkes)	0,1160	0,1701	0,0814	0,1213

Quelle: ifm Mannheim, Befragung zur unternehmerischen Verantwortung, 2010

Abbildung 4: Wahrscheinlichkeit der Bindungsmaßnahmen 2 und 7 in Abhängigkeit vom Familieneinfluss und der Existenz eines Betriebsrates

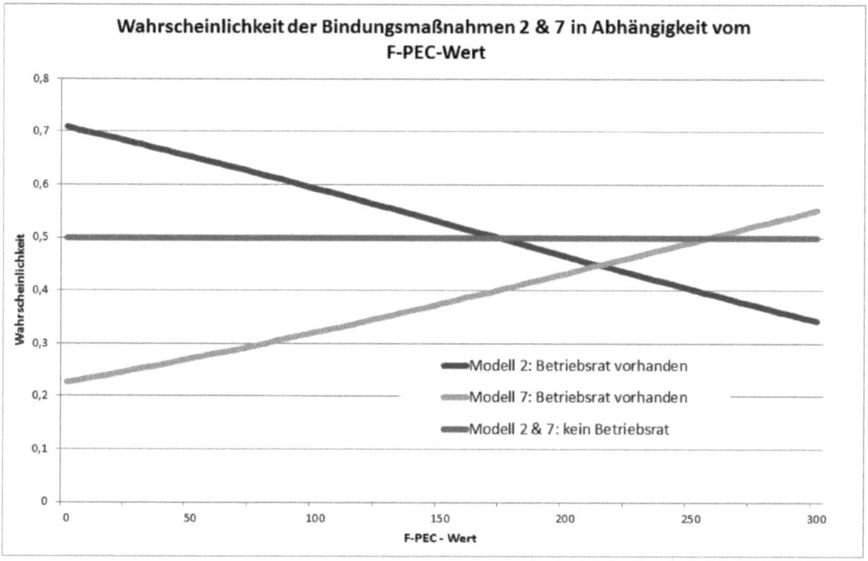

Quelle: ifm Mannheim, Befragung zur unternehmerischen Verantwortung, 2010

Bereits in der ersten Schätzung der Modelle erwies sich im Modell 7 die Mitarbeiterbindungsmaßnahme der Bevorzugung von Mitarbeiterkinder abhängig vom Familieneinfluss und dem Vorhandensein eines Betriebsrats. Nimmt man nun den Interaktionsterm der beiden betrachteten Variablen hinzu, so zeigt sich, dass dieses Modell 7a mit Interaktion einen besseren Modellfit aufweist (siehe Tabelle 11). Daher sollte eher das letztgenannte Modell zur Ergebnisauswertung und Interpretation herangezogen werden. Sowohl in Modell 7 als auch in Modell 7a sind die Motivgruppe 1 und die Wirtschaftszweige Baugewerbe und Handel von signifikanter Bedeutung für die Wahrscheinlichkeit der Anwendung dieser Mitarbeiterbindungsmaßnahme. Diese Variablen wollen wir aber wieder in der weiteren Betrachtung außer Acht lassen. Fokussiert man wieder nur auf den Familieneinfluss und das Vorhandensein eines Betriebsrats, zeigt sich bei Modell 7a, dass der F-PEC-Wert nunmehr nur noch eine signifikante Bedeutung als Interaktionsterm erlangt, der Haupteffekt der Variable F-PEC ist dagegen statistisch ohne Belang. Da es sich im Modell 7a in Bezug auf den Familieneinfluss und die Existenz eines Betriebsrats um konditionale Effekte handelt, ist die Ergebnisdarstellung entsprechend wie oben vorzunehmen.

Tabelle 12: Logitmodelle mit Interaktion zur Erklärung der Mitarbeiterbindungsmaßnahmen

Unabhängige Variablen im Modell	Referenzgruppe	Modell 2a: Behinderte werden in unserem Unternehmen gezielt eingestellt und integriert.			Modell 7a. Kinder der Mitarbeiter des Unternehmens werden bevorzugt behandelt (Praktika, Ein-			Modell 11a. Unser Unternehmen bietet eine Betriebsrente an.			Modell 15a. Verbesserungsvorschläge von Mitarbeitern werden honoriert		
		Koeff	Exp(B)	Sig.	Koeff	Exp(B)	Sig.	Koeff	Exp(B)	Sig.	Koeff	Exp(B)	Sig.
Betriebscharakteristika													
Beschäftigte	(metrisch)	0,000359	1,0004	0.6644	-0,00052	0,9995	0,5634	0,000436	1,0004	0.5965	-0,00043	0,9996	0,6646
Umsatz	(metrisch)	1,30E-05	1,0000	0.4259	0,000012	1,0000	0,8364	0,000023	1,0000	0.8014	0,000454	1,0005	0,1316
Gründungsjahr	(metrisch)	0,00303	1,0030	0.2036	-0,00203	0,9980	0,4373	-0,00197	0,9980	0.3977	-0,00007	0,9999	0,9803
Betriebsrat vorhanden	nicht vorhanden	**0,8883**	**2,4310**	**0.0427**	**-1,2274**	**0,2931**	**0,0093**	**1,3829**	**3,9864**	**0.0015**	**1,0882**	**2,9689**	**0,014**
Aufsichtsgremium vorhanden	nicht vorhanden	0,2031	1,2252	0.3705	0,0122	1,0123	0,9607	-0,1784	0,8366	0.4223	0,1077	1,1137	0,6678
Wirtschaftszweig	sonstige DL												
Verarb. Gewerbe		0,3993	1,4908	0.1993	0,1049	1,1106	0,7606	-0,3514	0,7037	0.2441	**1,0932**	**2,9838**	**0,0015**
Baugewerbe		**-0,8214**	**0,4398**	**0.0743**	**1,2212**	**3,3913**	**0,0615**	**-0,7553**	**0,4699**	**0.0916**	0,2893	1,3355	0,5333
Handel		-0,0743	0,9284	0.8440	**-0,8422**	**0,4308**	**0,0349**	-0,3065	0,7360	0.4126	0,3387	1,4031	0,4211
unternehmensorientierte DL		-0,0527	0,9487	0.8710	-0,1057	0,8997	0,7629	-0,178	0,8369	0.5739	0,3601	1,4335	0,2791
sonstige Bereiche		-0,4682	0,6261	0.2146	-0,3407	0,7113	0,393	-0,451	0,6370	0.2258	0,3652	1,4408	0,3612
Räumliche Wirtschaftsschwerpunkte													
Lokal	kein Schwerpkt.	-0,2086	0,8117	0.6114	0,4508	1,5696	0,3143	0,2549	1,2903	0.5267	0,0574	1,0591	0,891
Regional	kein Schwerpkt.	-0,3517	0,7035	0.2692	-0,2508	0,7782	0,4684	0,00475	1,0048	0.9878	0,0918	1,0961	0,78
National	kein Schwerpkt.	-0,4482	0,6388	0.1509	0,0386	1,0394	0,9106	0,0532	1,0546	0.8618	**0,5677**	**1,7642**	**0,0989**
International	kein Schwerpkt.	-0,2161	0,8057	0.4990	0,3121	1,3663	0,3895	-0,0176	0,9826	0.9547	0,2553	1,2908	0,4642
Familieneinfluss													
FPEC	(metrisch)	0,00203	1,0020	0.3087	0,000571	1,0006	0,796	**0,00508**	**1,0051**	**0.0107**	**0,00412**	**1,0041**	**0,0404**
Interaktionsterm													
Betriebsrat * FPEC		**-0,00514**	**0,9949**	**0.0327**	**0,00478**	**1,0048**	**0,0719**	**-0,00913**	**0,9909**	**0.0001**	**-0,00583**	**0,9942**	**0,0213**
Motivationen													
Motivation1: Mitarbeiterbindung	(metrisch)	**0,3572**	**1,4293**	**0.0008**	**0,2516**	**1,2861**	**0,0253**	0,0796	1,0829	0.4315	0,0656	1,0678	0,5468
Motivation2: Arbeitsmarktkonkurrenz	(metrisch)	**0,1857**	**1,2041**	**0.0712**	0,1227	1,1305	0,2898	-0,0606	0,9412	0.5430	**0,2109**	**1,2348**	**0,0605**
Konstante		-6.2587	0,0000	0.1925	5,2192	184,7863	0,3203	3,1454	23,2290	0.5022	-0,6334	0,5308	0,9098

SDL =sonstige Dienstleistung, KS = kein Schwerpunkt, M = metrisch, NV = nicht vorhanden, RG = Referenzgruppe

Quelle: ifm Mannheim, Befragung zur unternehmerischen Verantwortung, 2010

Im Falle der Nicht-Existenz eines Betriebsrats (Betriebsrat vorhanden = 0, Referenzgruppe) hat genau wie im Modell 2a der Familieneinfluss keine Auswirkung auf die Wahrscheinlichkeit der Anwendung der Mitarbeiterbindungsmaßnahme. Dies ist in der Abbildung 4 wieder durch die gerade, dunkelgraue Linie symbolisiert. Der Zufall bestimmt also hinsichtlich des F-PEC-Werts, ob die Mitarbeiterkinder bevorzugt behandelt werden oder nicht. Anders stellt es sich dar, wenn ein Betriebsrat existent ist (Betriebsrat vorhanden = 1). Obwohl die Variable Familieneinfluss nicht signifikant ist, bestimmt sie über die Interaktion mit dem Vorhandensein eines Betriebsrats das Logit der Wahrscheinlichkeit der Anwendung der Mitarbeiterbindungsmaßnahme und zwar dergestalt, dass sich das Logit entsprechend der Formel -1,2274 + 0,00478 * F-PEC-Wert ändert. Das bedeutet, dass sich die Wahrscheinlichkeit für die Anwendung der Maßnahme „Bevorzugung der Mitarbeiterkinder" ausgehend von einem sehr niedrigen Wert mit zunehmendem Familieneinfluss erhöht, wenn ein Betriebsrat vorhanden ist. Dies wird in der Abbildung 4 durch die hellgraue, ansteigende Linie verdeutlicht.

Während beim Modell 11 in Tabelle 10, in dem die Wahrscheinlichkeit der Mitarbeiterbindungsmaßnahme „Angebot einer Betriebsrente" fokussiert, von allen Variablen lediglich das Baugewerbe als Einflussgröße signifikant war und dementsprechend ein schlechter Modellfit das Modell kennzeichnete, ist durch die Hereinnahme des Interaktionsterms nunmehr in Modell 11a zu beobachten (Tabelle 11), dass sowohl der Familieneinfluss als auch das Vorhandensein eines Betriebsrats und der Interaktionsterm selbst einen statistisch signifikanten Einfluss auf die Wahrscheinlichkeit der Anwendung dieser Mitarbeitermaßnahme haben. Obwohl sich durch diese Veränderung der Modellfit deutlich verbessert, ist er aber insgesamt gesehen dennoch eher schwach (Pseudo R^2 von 0,0814). Gleichwohl zeigt sich, wenn nur wieder auf die konditionalen Effekte von Familieneinfluss und Vorhandensein eines Betriebsrats fokussiert wird, ein interessantes Ergebnis. Betrachtet man zunächst wieder den Fall, dass kein Betriebsrat existiert (Betriebsrat vorhanden = 0, Referenzgruppe) so hängt die Wahrscheinlichkeit für die Anwendung der Mitarbeiterbindungsmaßnahme allein vom F-PEC-Wert ab, da auch die Interaktion hier wegfällt. Das bedeutet, dass sich das Logit der Wahrscheinlichkeit um 0,00508 * F-PEC-Wert erhöht. Die Abbildung 5 gibt diesen Sachverhalt wieder. Die dunkelgraue Linie symbolisiert den Fall bei Nicht-Existenz eines Betriebsrats. Ist nun aber ein Betriebsrat vorhanden, so ändert sich das Logit der Wahrscheinlichkeit anhand der Formel 1,3829 – 0,00405 * F-PEC-Wert, da sowohl der Term für die Variable Vorhandensein eines Betriebsrats wie auch der Interaktionsterm von Bedeutung sind. So zeigt sich, wie in Abbildung 5 durch die fallende, graue Linie dargestellt, dass die Wahrscheinlichkeit für das Angebot einer Betriebsrente mit steigendem Familieneinfluss abnimmt, wenn ein Betriebsrat existiert. Diese Abnahme geschieht allerdings von einem hohen Niveau aus.

Abbildung 5: Wahrscheinlichkeit der Bindungsmaßnahme 11 in Abhängigkeit vom Familieneinfluss und der Existenz eines Betriebsrates

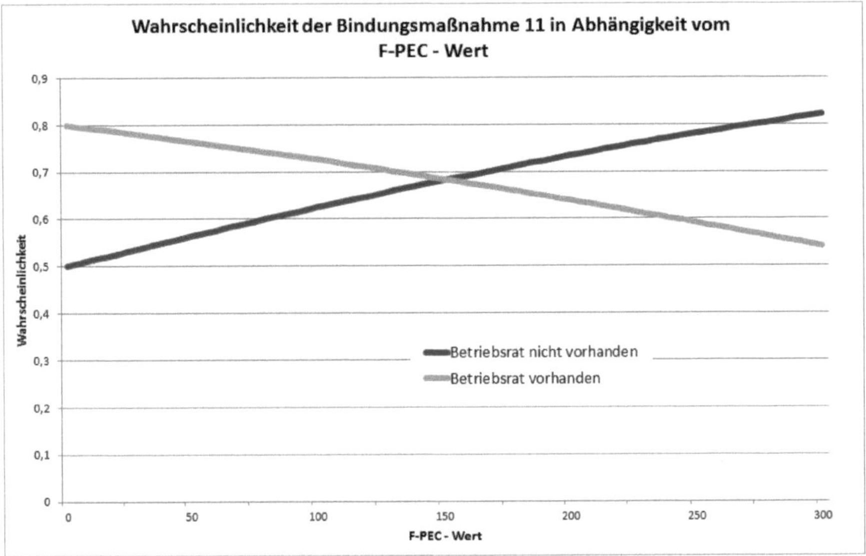

Quelle: ifm Mannheim, Befragung zur unternehmerischen Verantwortung, 2010

Ähnlich wie im Fall des Modell 11 bzw. Modell 11a verhält es sich bei der Mitarbeiterbindungsmaßnahme „Honorierung von Verbesserungsvorschlägen", wie in Modell 15 in Tabelle 10 bzw. Modell 15a in Tabelle 11 dargestellt. So spielen das Vorhandensein eines Betriebsrats und der Familieneinfluss ohne Interaktion keine Rolle (Modell 11). Das Bild ändert sich jedoch grundlegend, wenn, wie in Modell 15a geschehen, der Interaktionsterm dieser beiden Variablen mit in das Modell einbezogen wird. Nun sind sowohl die Haupteffekte des Familieneinflusses und das Vorhandensein eines Betriebsrats als auch der Interaktionseffekt der beiden Variablen signifikant. Das bedeutet, dass bei einer Betrachtung des Ergebnisses des Modells berücksichtigt werden muss, dass es sich nunmehr bei den beiden Variablen um konditionale Effekte handelt. Wird von den anderen Variablen außer Familieneinfluss und Existenz eines Betriebsrats im Modell abgesehen, so ist zunächst wieder der Fall zu betrachten, dass kein Betriebsrat vorhanden ist (Betriebsrat vorhanden = 0, Referenzgruppe). In diesem Fall hängt die Wahrscheinlichkeit der Anwendung der Mitarbeiterbindungsmaßnahme nur vom F-PEC-Wert ab. Das Logit der Wahrscheinlichkeit wächst dann um 0,00412 pro Einheit des Familieneinflusses. Dies wird durch die steigende dunkelgraue Linie in Abbildung 6 gezeigt. Ist aber ein Betriebsrat vorhanden, so kommen auch die beiden anderen Terme ins Spiel, d.h. das Logit der Wahrscheinlichkeit für die Anwendung der Mitarbeiterbindungsmaßnahme verändert sich gemäß des Ausdrucks 1,0882 – 0,00171 * F-PEC-Wert. Das bedeutet, dass sich die Wahrscheinlichkeit mit zunehmendem Familieneinfluss verringert, so wie es durch die sinkende hellgraue Linie in Abbildung 6 dargestellt ist. Die Honorierung von Verbesserungsvorschlägen wird bei Vorhandensein eines Betriebsrats mit zunehmendem Familieneinfluss moderat geringer, allerdings ausgehend von einem hohen Niveau.

Als Fazit der aus der Empirie im Zusammenhang mit Maßnahmen zur Mitarbeiterbindung gewonnenen Erkenntnisse bleibt festzuhalten, dass der Familieneinfluss eine gewisse Rolle spielt. Allerdings hängt es dabei teilweise davon ab, ob ein Betriebsrat vorhanden ist oder nicht. Zusätzlich wird sichtbar, dass ein steigender Familieneinfluss nicht für die Anwendung einer Maßnahme zur Förderung der Mitarbeiterbindung unterstützend wirkt. Nur in einem Fall kann von einem positiven Effekt auf die Maßnahme zur Mitarbeiterbindung ausgegangen werden, und zwar bei der Bevorzugung von Kindern der Mitarbeiter bei der Einstellung oder beim Praktikum und nur dann, wenn ein Betriebsrat existiert. Da man trefflich darüber streiten kann, ob eine solche Maßnahme wirklich vorteilhaft ist, bleibt als Eindruck aus den empirischen Befunden haften, dass sich der Familieneinfluss im Unternehmen, d.h. ob es sich also um ein Familienunternehmen handelt, nicht unbedingt auf die Wahrscheinlichkeit von mitarbeiterorientierten Personalmaßnahmen auswirkt. Damit ergibt sich ein Widerspruch zu dem was in der Presse häufiger zu hören und zu lesen ist.

6.2.4.3 Diskussion

Bezogen auf die Ausgangsfrage, ob der Familieneinfluss sowie das Vorhandensein eines Betriebsrates eine Bedeutung für die Anwendung verschiedener Maßnahmen zur Mitarbeiterbindung hat, konnten differenzierte Ergebnisse feststellt werden.

Ein hoher Familieneinfluss könnte die sog. familiär motivierten Bindungsmaßnahmen verstärken. Dazu werden die gezielte Integration Behinderter, die Unterstützung des bürgerschaftlichen Engagements der Mitarbeiter, die bevorzugte Behandlung der Kinder der Mitarbeiter, die Einbeziehung der Arbeitnehmer im Ruhestand und die unkonventionelle Hilfe bei Problemen gezählt. Die Ergebnisse konnten diese Annahmen jedoch nur in einem Fall bestätigen. Lediglich die bevorzugte Behandlung der Kinder von Mitarbeitern konnte statistisch als von Bedeutung in diesem Kontext nachgewiesen werden, und auch nur dann, wenn ein Betriebsrat vorhanden ist. Man könnte nun zwar argumentieren, dass die Mitarbeiter nicht nur als Arbeitskräfte gesehen werden, sondern in ihrer Person als Ganzes, was dann natürlicherweise auch deren Familie einschließt. Somit findet die Behauptung vieler Familienunternehmer, die Mitarbeiter seien ein Teil der Familie, hiermit eine gewisse Bestätigung. Die Beschäftigung auch der Kinder der Mitarbeiter stellt somit eine Bindungsmaßnahme par excellence dar. Da dies allerdings von der Existenz eines Betriebsrats abhängig ist und nur in diesem Fall zum Tragen kommt, sollte auch dieser Fall einer Mitarbeiterbindungsmaßnahme nicht als Bestätigung der Ausgangs-Hypothese gewertet werden.

Abbildung 6: Wahrscheinlichkeit der Bindungsmaßnahme 15 in Abhängigkeit vom Familieneinfluss und der Existenz eines Betriebsrates

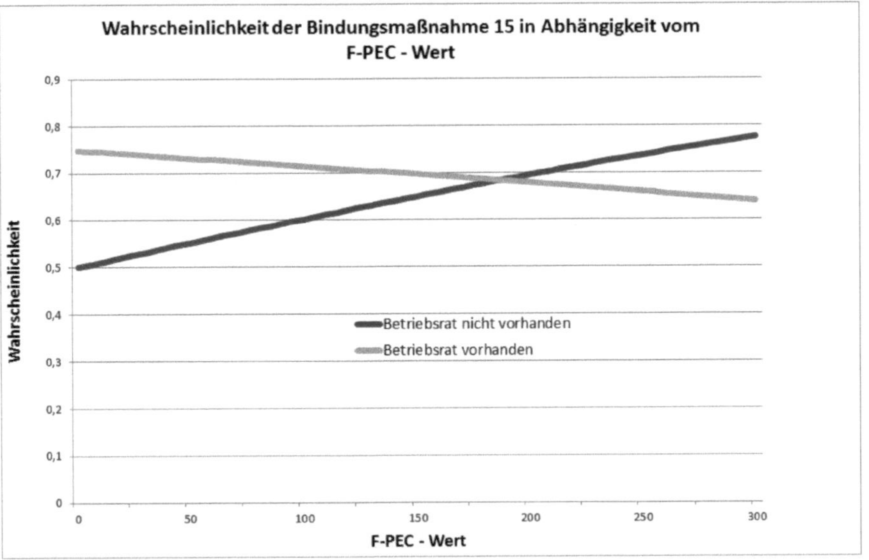

Quelle: ifm Mannheim, Befragung zur unternehmerischen Verantwortung, 2010

Hinsichtlich der gezielten Integration Behinderter konnte bei Vorhandensein eines Betriebsrates ein überraschender Effekt des Familieneinflusses festgestellt werden. Die Wahrscheinlichkeit behinderte Mitarbeiter gezielt zu integrieren sinkt mit steigendem F-PEC Wert bei gleichzeitiger Existenz eines Betriebsrates. Bei den anderen familiär motivierten Maßnahmen wurde die anfängliche Vermutung eines positiven Zusammenhangs von Familieneinfluss und Mitarbeiterbindungsmaßnahmen ebenfalls nicht bestätigt. Was könnte ein möglicher Grund hierfür sein? In dem in dieser Studie betrachteten Größensegment könnte es sein, dass Familienunternehmen nicht die entsprechenden Ressourcen haben, um die ihnen zugeschriebenen wertorientierten Verhaltensweisen an den Tag zu legen, denn soziales Verhalten das über die (gesetzliche) Norm herausgeht muss man sich auch letztendlich leisten können. Es könnte allerdings auch sein, dass die anderen Unternehmen mit geringem oder ohne Familieneinfluss den Wert solcher Maßnahmen inzwischen auch höher einschätzen und sich deshalb kein Unterschied ergibt. Vielleicht zeigt sich der Familieneinfluss aber auch in anderen Verhaltensweisen im Unternehmen, die nicht Gegenstand dieser Untersuchung waren.

Bei den Maßnahmen, die auf eine Abgabe von Macht und Mitsprache hinauslaufen, wurde eine dämpfende Wirkung des Familieneinflusses vermutet. Bei der Beteiligung der Mitarbeiter am Unternehmenskapital und der Messung der Mitarbeiterzufriedenheit konnte diese Vermutung auch bestätigt werden. Die Ergebnisse bestätigen die allgemeine Ansicht, dass Familienunternehmer sehr restriktiv bei der Beteiligung der Mitarbeiter am Kapital sind. In Bezug auf die Messung der Mitarbeiterzufriedenheit scheint das in der Öffentlichkeit vorherrschende Bild von patriarchalischen Strukturen in Familienunternehmen eine Bestätigung zu erfahren. Aufgrund der oftmals längeren Bindung der Mitarbeiter in Familienunternehmen und seiner zentralen Rolle scheint der Unternehmer selbst die Ansicht zu vertreten, er wüsste auch ohne die formale Messung der Mitarbeiterzufriedenheit, wie das Arbeitsklima ist. Hinsichtlich des Einsatzes von Beschwerdestellen konnten keine Unterschiede bezüglich des Familieneinflusses feststellt werden.

Bei den übrigen acht abgefragten Maßnahmen wurden keine signifikanten Unterschiede bezüglich des Familieneinflusses vermutet. Hier zeigten sich differenzierte Ergebnisse. Bei der Frage nach den selbst zu wählenden Gehaltsbestandteilen zeigte sich eine größere Wahrscheinlichkeit in Familienunternehmen. Insbesondere über die Gründe dafür kann nur spekuliert werden. Eine mögliche Erklärung könnte sein, dass die beschäftigten Familienmitglieder von ihrer Mitarbeit im Betrieb auch in besonderer Weise profitieren sollen und deshalb diese Wahlmöglichkeiten angeboten werden.

Bei den Bindungsmaßnahmen Betriebsrente sowie Honorierung von Verbesserungsvorschlägen konnte bei Vorhandensein eines Betriebsrates ein gegenteiliger Effekt festgestellt werden. Mit steigendem F-PEC Wert und Vorhandensein eines Betriebsrates sinkt die Wahrscheinlichkeit diese Bindungsmaßnahmen zu etablieren. Nur wenn kein Betriebsrat existiert, hat der Familieneinfluss eine positive Wirkung auf die Anwendung der jeweiligen Mitarbeiterbindungsmanahme.

Weiterhin wurde argumentiert, dass nicht nur der Familieneinfluss eine Rolle bei der Implementierung von Bindungsmaßnahmen darstellt, sondern darüber hinaus auch der Betriebsrat dafür Sorge tragen wird, dass bestimmte personalpolitische Maßnahmen im Unternehmen eine Rolle spielen.

Das Vorhandensein eines Betriebsrates könnte dabei bestimmte Mitarbeiterbindungsmaßnahmen fördern, in diesem Fall Betriebsratsinduzierte Mitarbeiterbindungsmaßnahmen genannt. Dazu werden die Mitarbeiterbindungsmaßnahmen: Integration behinderter Arbeitnehmer, die Messung der Mitarbeiterzufriedenheit, die Einrichtung von festgelegten Beschwerdestellen, Vergütung von Überstunden, Frauenförderung, familienfreundliche Unterstützungen, Betriebsrente, Weiterbildungsangebote sowie Honorierung von Verbesserungsvorschlägen gezählt. Im Ergebnis zeigt sich, dass die Mitarbeiterbindungsmaßnahmen Vergütung von Überstunden, Integration behinderter Arbeitnehmer, die Einrichtung von festgelegten Beschwerdestellen, Betriebsrente sowie die Honorierung von Verbesserungsvorschlägen eine Bestätigung finden.

Die Bindungsmaßnahmen Integration behinderter Arbeitnehmer, Betriebsrente und die Honorierung von Verbesserungsvorschlägen können dabei allerdings nicht losgelöst vom Familieneinfluss betrachtet werden. Durch die Interaktion zwischen Familieneinfluss und Betriebsrat handelt es sich hier um konditionale Effekte. Dabei zeigen sich bei allen drei Interaktionen ähnliche Verläufe. Die Wahrscheinlichkeit diese Bindungsmaßnahmen zu etablieren nimmt bei Vorhandensein eines Betriebsrates mit steigendem F-PEC Wert ab und fällt dabei ab einem bestimmten F-PEC Wert unterhalb der Wahrscheinlichkeit diese Maßnahme anzubieten, wenn kein Betriebsrat vorhanden ist. Welche Gründe könnten hierfür eine Rolle spielen? Es könnte sein, dass der Betriebsrat nur bis zu einer gewissen Einflusshöhe der Familie in der Lage ist, seine Forderungen durchzusetzen. Ab einer gewissen Einflusshöhe aber ist davon auszugehen, dass bei Familienunternehmen, der in dieser Studie betrachteten Größenordnung patriarchalische Züge vorhanden sind und der Familienmanager bestimmte Maßnahmen nur anbietet, wenn er diese von sich aus für richtig hält. Nicht aber, wenn er von externer Seite dazu verpflichtet wird. Eine andere Möglichkeit der Interpretation wäre anzunehmen, dass sich die Kausalität in diesen Fällen umgedreht hat, und ein Betriebsrat nur dann vorhanden ist, wenn der Familienmanager sich nicht adäquat um die Belange der Belegschaft kümmert.

Ein Familieneinfluss auf die Mitarbeiterbindungsmaßnahmen Frauenförderung, Messung der Mitarbeiterzufriedenheit, familienfreundliche Unterstützungen sowie Weiterbildungsangebote fand dagegen in dieser Studie keine Bestätigung. Eine Ursache hierfür ist sicherlich in der in dieser Studie betrachteten Unternehmensgröße zu sehen. Gerade die beiden Maßnahmen Frauenförderung und familienfreundliche Unterstützungen, die allgemein erst langsam Einzug in die Unternehmen finden, sind eher in Großunternehmen zu erwarten als bei kleinen und mittleren Unternehmen. Hier wird auch das Vorhandensein eines Betriebsrates auf die Implementierung dieser Maßnahmen keinen großen Einfluss ausüben.

In den einleitenden Überlegungen wurde davon ausgegangen, dass der Betriebsrat dafür Sorge trägt, dass bei der Einstellung von neuen Mitarbeitern faire Grundsätze eingehalten werden sowie geltende Normen Beachtung finden. Es wurde daher angenommen, dass die Kinder von Mitarbeitern bei der Einstellung keine bevorzugte Behandlung genießen, wenn ein Betriebsrat vorhanden ist. Mit Interaktion zwischen Familieneinfluss und Betriebsrat sind hier erneut konditionale Effekte sichtbar. Die Wahrscheinlichkeit diese Bindungsmaßnahme zu etablieren nimmt in diesem Fall bei Vorhandensein eines Betriebsrates auf jeden Fall ab, wenn kein Familieneinfluss vorhanden ist. Mit steigendem F-PEC Wert kommt aber die Interaktion ins Spiel und es zeigt sich, dass die Wahrscheinlichkeit, diese Maßnahme anzubieten, kontinuierlich steigt. Die Wahrscheinlich Kinder von Mitarbeitern zu bevorzugen bei Vorhandensein eines Betriebsrates ist dementsprechend bei Familienunternehmen mit sehr großem Familieneinfluss eher gegeben. Auch in diesem speziellen Fall kann davon ausgegangen werden, dass sich bei Familienunternehmen, in denen die Familie einen großen Einfluss hat, der Patriarch von außen in seine (Personal-)Entscheidungen nicht reinreden lässt. Hält er es, wie es beispielsweise bei dem Unternehmen Trigema der Fall ist, für angebracht, Kinder von Mitarbeitern bevorzugt einzustellen, so setzt er sich unter Umständen über den Betriebsrat hinweg.

Bei den Mitarbeiterbindungsmaßnahmen, die nicht mit den allgemeinen Aufgaben des Betriebsrats einhergehen, wurde erwartet, dass sich das Vorhandensein des Betriebsrats nicht positiv auf die Implementierung dieser Maßnahmen auswirkt. Im Folgenden werden zu den Maßnahmen gezählt: Unterstützung der Mitarbeiter bei bürgerschaftlichem Engagement, Miteinbeziehung von Arbeitnehmern im Ruhestand bei Veranstaltungen, die unkonventionelle Hilfe bei Problemen von Mitarbeitern, die Beteiligung der Mitarbeiter am Unternehmenskapital, Programme für Mitarbeiter außerhalb der Arbeitszeit sowie variable Gehaltsbestandteile. Lediglich bei der Mitarbeiterbindungsmaßnahme Beteiligung der Mitarbeiter am Unternehmenskapital lässt sich bei Vorhandensein eines Betriebsrates ein negativer Zusammenhang ausmachen. Bei den anderen Mitarbeiterbindungsmaßnahmen spielt das Vorhandensein des Betriebsrates keine Rolle.

Somit kann festgehalten werden, dass der Familieneinfluss bei den betrachteten Maßnahmen zur Mitarbeiterbindung eine deutlich geringere Rolle als angenommen spielt. Erwartungsgemäß übt auch der Betriebsrat einen signifikanten Einfluss auf die Etablierung bestimmter Mitarbeiterbindungsmaßnahmen aus. Interessant scheint in diesem Zusammenhang, dass die Richtung der Wirkung des Familieneinflusses auf die Etablierung einzelner Maßnahmen davon abhängt, ob ein Betriebsrat vorhanden ist. Ein möglicher Grund für die Wirkungslosigkeit des Betriebsrates für die Wahrnehmung von Mitarbeiterbindungsmaßnahmen bzw. das Fehlen des Betriebsrates in diesem Zusammenhang könnte in der Tariforientierung und Antizipation der Standards der Unternehmen gesehen werden, die normalerweise von den Betriebsräten verlangt werden. Unternehmen scheinen eher geneigt zu sein bestimmte Bindungsmaßnahmen zu etablieren, um von vorneherein der Bildung eines Betriebsrates entgegenzuwirken.

In einem weiteren Schritt wäre es interessant herauszufinden, welche Rolle der Betriebsrat genau bei der Implementierung von Mitarbeiterbindungsmaßnahmen einnimmt. Gleichzeitig wäre es interessant noch genauer zu beleuchten, warum sich der Betriebsrat ab einem gewissen F-PEC Wert nicht mehr durchzusetzen scheint.
Darüber hinaus besteht auch noch genügend Spielraum in der Erforschung der Gründe von Familienunternehmen, bestimmte Mitarbeiterbindungsmaßnahmen zu etablieren.

6.2.5 Fazit

Diese Untersuchung ging der Frage nach, ob sich deutsche Familienunternehmen tatsächlich ihrem Image entsprechend in Bezug auf Maßnahmen zur Mitarbeiterbindung überdurchschnittlich mitarbeiterorientiert verhalten, ob sie sich in diesem Aspekt tatsächlich von ihrem Pendant ohne Familieneinfluss unterscheiden und ob der Betriebsrat in dieser Hinsicht ebenfalls eine Rolle spielt. Für die Beantwortung dieser Fragen wurden 12 ausgewählte Instrumente der Mitarbeiterbindung in 588 mittleren Unternehmen mit und ohne Familieneinfluss in Deutschland analysiert. Der Familieneinfluss auf die jeweiligen Unternehmen wurde anhand der F-PEC Skala ermittelt, so dass die Unternehmen eher als Familien- oder Nicht-Familienunternehmen klassifiziert und miteinander verglichen werden konnten. Es zeigte sich, dass der Familieneinfluss in Bezug auf die folgenden Bindungsmaßnahmen von gewisser Bedeutung ist. So hat der Familieneinfluss eine positive Wirkung bei der Möglichkeit der Wahl von Gehaltsbestandteilen durch die Mitarbeiter selbst. Bei der bevorzugten Behandlung von Kindern der Mitarbeiter kommt die positive Wirkung nur bei Vorhandensein eines Betriebsrats zum Ausdruck. Ein gegenteiliger Effekt des Familieneinflusses wurde bei der Messung der Mitarbeiterzufriedenheit sowie bei der Beteiligung der Mitarbeiter am Unternehmenskapital sichtbar. Ist ein Betriebsrat vorhanden, macht sich der Familieneinfluss bei der Integration behinderter Mitarbeiter, bei der Einführung einer Betriebsrente sowie bei der Honorierung von Verbesserungsvorschlägen negativ bemerkbar. Darüber hinaus konnte gezeigt werden, dass der Betriebsrat eine nicht unwichtige Rolle bei der Etablierung spezieller Mitarbeiterbindungsmaßnahmen spielt, aber nicht generell ausschlaggebend hierfür zu sein scheint.

Festzuhalten bleibt allerdings, dass in dieser Studie nur Unternehmen einer bestimmten Unternehmensgröße (100 – 499 Mitarbeiter) betrachtet wurden. Auch ist der untersuchte Maßnahmenkatalog nicht erschöpfend und bietet noch Spielraum für die Betrachtung weiterer Personalmaßnahmen. Die Ergebnisse lassen auf jeden Fall den Schluss zu, dass weitere Studien in diesem Kontext lohnenswert erscheinen. In einer zukünftigen Forschungsarbeit sollte der Fokus auch auf eine detailliertere Analyse der Motivation für die Bereitstellung von Mitarbeiterbindungsmaßnahmen speziell der Familienunternehmen gelegt werden. Der Satz an Erklärungsfaktoren sollte in zukünftigen Arbeiten noch erweitert werden. Voraussichtlich gibt es für jede einzelne der hier betrachteten Mitarbeitermaßnahmen ein Erklärungsmodell, das über die generellen Erklärungsfaktoren, die hier überwiegend betrachtet wurden, jeweils noch spezifische idiosynkratische Elemente enthält. Der Anspruch dieser Studie lag eher darin allgemeine Aussagen über die Determinanten von Mitarbeiterbindungsmaßnahmen treffen zu können und den Familieneinfluss in diesem Zusammenhang herauszuarbeiten.

6.3 Die Funktionsübernahme von Aufsichtsgremien in mittelständischen Familienunternehmen unter Berücksichtigung von Vertrauen und Familieneinfluss: Eine empirische Betrachtung

6.3.1 Einleitung

Corporate Governance, der Ordnungsrahmen für die Leitung und Überwachung von Unternehmen, ist eng verknüpft mit der sogenannten Prinzipal-Agenten Problematik. In der jüngeren Vergangenheit wurde kontrovers diskutiert, ob neben den Publikumsgesellschaften auch Familienunternehmen von Prinzipal-Agenten-Konflikten gekennzeichnet sind und damit Agenturkosten zu tragen haben. Bisher konnte sich die Wissenschaft in diesem Punkt auf keinen gemeinsamen Nenner einigen. Während in älteren Untersuchungen fast durchweg die These vertreten wurde, Unternehmen mit hohem Familieneinfluss seien frei von Agenturkosten,[245] kommen neuere Studien zu dem Ergebnis, dass auch in Familienunternehmen Agentur-Probleme auftreten können. Dies sei insbesondere deshalb der Fall, weil diese Unternehmensform häufig mit familienbedingten Herausforderungen zu kämpfen habe, die sich regelmäßig in Agenturkosten niederschlagen.[246] Vertreter dieser Ansicht gehen, analog zum Fall der Publikumsgesellschaften und den Annahmen der Prinzipal-Agenten-Theorie entsprechend, für Familienunternehmen davon aus, dass zwischen den an der Geschäftsführung beteiligten und den hierbei nicht beteiligten Eigentümern beziehungsweise zwischen den Eigentümern und den familienfremden Managern Informationsasymmetrien bestehen, die fraglichen Personen sich opportunistisch verhalten und ihren eigenen Nutzen zu Lasten der Anderen maximieren. Unter diesen Bedingungen kann es zwischen Prinzipalen und Agenten bzw. zwischen den Prinzipalen zu Konflikten kommen.

Andere Forscher argumentieren, die persönlichen Ziele der Manager und die Ziele der Eigentümer für das Unternehmen seien aufgrund von Selektions- und Sozialisierungsprozessen weitgehend deckungsgleich und die Anreize zu Leistungszurückhaltung oder schädigendem Verhalten gering ausgeprägt.[247] Deshalb vermuten die Verfechter dieser Sichtweise auch, dass zwischen Prinzipalen und Agenten in Unternehmen mit hohem Familieneinfluss ein gutes Vertrauensverhältnis besteht. Führungskräfte in Unternehmen mit hohem Familieneinfluss werden in dieser Forschungsrichtung, die aus dieser Argumentation heraus entwickelt wurde, konsequenterweise als Stewards im Gegensatz zu Agenten bezeichnet.

Wenn im Rahmen der Stewardship-Theorie die Ausgestaltung von Corporate Governance Maßnahmen thematisiert wird, stehen vor allem vertrauensbildende Maßnahmen im Vordergrund.[248] Sofern Aufsichtsgremien in Unternehmen eingerichtet werden, die den Annahmen der Stewardship-Theorie entsprechen, dann sollten diese beratende Funktionen ausüben und wären somit eher als Beiräte zu bezeichnen. Dagegen zielen Corporate Governance Maßnahmen, die im Rahmen der Prinzipal-Agenten-Theorie empfohlen werden, vor allem auf institutionelle Überwachungsmaßnahmen und die anreizkompatible Gestaltung von Entlohnungssystemen ab. Aufsichtsgremien in Unternehmen, die den Annahmen der Prinzipal Agenten Theorie entsprechen, sollten daher einen stark kontrollierenden Charakter aufweisen.

Es gibt also gute Gründe dafür, zu vermuten, dass das Ausmaß des Vertrauens, das zwischen Gesellschaftern und Geschäftsführung herrscht, durch den Einfluß, den die Inhaberfamilie auf

245 Vgl. Fama und Jensen 1983, Daily und Dollinger 1992, Eisenhardt 1989

246 Vgl. Chrisman et al. 2007, Lubatkin et al. 2005, Chrisman et al. 2004

247 Vgl. Donaldson und Davis 1991, Davis et al. 2010, Für den Fall, dass Eigentümer und Manager identisch sind, entfallen die Agenturkosten.

248 Vgl. Velte 2009

das Unternehmen ausübt, beeinflusst wird. Der Einfluss der Familie auf ihr Unternehmen variiert in der Realität sehr stark und wurde in zurückliegenden wissenschaftlichen Studien unter anderem auf Basis der F-PEC Skala von Astrachan et al. ermittelt.[249]

In dieser Studie wird nun die Frage aufgegriffen, welche Auswirkungen der Einfluss der Inhaberfamilie sowie das Ausmaß des Vertrauens zwischen Inhaber und Geschäftsführern in Unternehmen auf die Corporate Governance und hier insbesondere auf die funktionale Ausgestaltung von Aufsichtsgremien haben. Grundsätzlich können diese Aufsichtsgremien eher beratende oder kontrollierende Funktionen übernehmen, und erlauben Rückschlüsse auf die Richtigkeit von Stewardship oder Prinzipal-Agenten-Theorie im Kontext der Corporate Governance bezogenen Gestaltungsmaßnahmen. Somit können auch Rückschlüsse auf die jeweiligen Unternehmensumgebungen, Stewardship oder Agency gezogen werden. Das zentrale empirische Instrumentarium der Untersuchung bildet eine telefonische Befragung von 588 Unternehmen in Deutschland, die zwischen 100 und 499 Mitarbeiter besitzen, die in einer Zufallsstichprobe ausgewählt wurden und einen repräsentativen Ausschnitt der in Bezug auf die Unternehmensgröße eingeschränkten Grundgesamtheit aller deutschen Unternehmen abbilden.[250] Bei Unternehmen mit weniger als 500 Mitarbeitern gibt es keine gesetzliche Vorgabe zur Einrichtung eines Aufsichtsrates. Bei den Aufsichtsräten der befragten Unternehmen handelt es somit um freiwillig gebildete Aufsichtsräte. Die Unternehmen wurden anhand eines detaillierten Interviewleitfadens nach der Zusammensetzung und der Aufgabenerfüllung ihres Aufsichtsgremiums telefonisch befragt. Zudem wurden Fragen gestellt, die es ermöglichen, für jedes Unternehmen das Ausmaß des Familieneinflusses, das Ausmaß des vorherrschenden Vertrauens zwischen Inhabern und Geschäftsführern sowie weitere Charakteristika der Corporate Governance und des Unternehmens zu ermitteln.[251]

Die Arbeit ist wie folgt aufgebaut. Kapitel zwei beginnt mit der Vorstellung des theoretischen Hintergrunds und stellt die abgeleiteten Hypothesen vor. Kapitel drei beinhaltet eine Beschreibung der angewendeten Analysemethodik und eine Darstellung der Stichprobe. Kapitel vier diskutiert die Ergebnisse und Kapitel fünf schließt mit einem kurzen Fazit und Ausblick.

249 Vgl. Astrachan et al. 2006
250 Fragebogen siehe Anhang
251 Zu der Berechnung des F-PEC vgl. Astrachan et al. (2006), Rutherford et al. (2008)

6.3.2 Theoretische Grundlagen und Hypothesen

Im Rahmen dieses Kapitels werden Elemente eines komplexen theoretischen Erklärungsmodells vorgestellt, das dazu geeignet ist, die Funktionen von Aufsichtsgremien in Unternehmen mit variierendem Familieneinfluss zu erklären.

6.3.2.1 Prinzipal-Agenten-Theorie und Stewardship-Theorie als alternative Erklärungsansätze für Corporate Governance bezogene Gestaltungsentscheidungen in Unternehmen

Grundlage der Prinzipal-Agenten-Theorie und der Stewardship-Theorie stellen Austauschbeziehungen zwischen einem Auftraggeber und einem Auftragnehmer dar. Während allerdings der Agent bei der Prinzipal-Agenten-Theorie als eigennutzorientiert und opportunistisch eingestuft wird, legt der Steward in der Stewardship-Theorie ein am Wohl der Unternehmerfamilie orientiertes Verhalten an den Tag. Um den Auftragnehmer dazu zu bringen, im Einklang mit dem Auftraggeber zu handeln, müssen die Auftragsbeziehungen je nach Theorie der man folgt, jeweils unterschiedlich gestaltet werden. Bei beiden Theorien wird das Vertrauen beziehungsweise Misstrauen zwischen den Gesellschaftern und dem Management als eine zentrale Determinante organisatorischer Gestaltungsentscheidungen angesehen.

Die Prinzipal-Agenten-Theorie ist Teil der Neuen Institutionenökonomik und geht auf die Theorie unvollständiger Verträge zurück.[252] Diese Theorie versucht, das Handeln von Menschen in einer Hierarchie modellbasiert zu erklären.[253] Ein Auftraggeber (Prinzipal) beauftragt einen Auftragnehmer (Agent) unter Zahlung eines Honorars in seinem Sinne zu handeln. Dabei sind beide Parteien durch asymmetrische Informationsverteilung in ihrer Entscheidungsfindung eingeschränkt. Weiterhin versuchen beide Parteien, ihren Nutzen zu maximieren, notfalls auch unter Anwendung opportunistischer Praktiken.[254] Da dementsprechend sowohl der Auftraggeber als auch der Auftragnehmer unterschiedliche Ziele verfolgen können, sind Agenturprobleme nicht auszuschließen.[255] Durch spezielle vertragliche Arrangements kann man die Agenturprobleme minimieren. Diese alternativen Gestaltungsweisen der Agenturbeziehung bringen allerdings sogenannte Agenturkosten mit sich. Es handelt sich dabei um die

---

252 Vgl. Coase 1937, Eine ausführliche Diskussion der Prinzipal-Agenten-Theorie bietet Kieser und Ebers 2006

253 Vgl. Ross 1973

254 Vgl. Berle und Means 1932

255 Vgl. Alchian und Woodward 1988

Differenz der Kosten einer idealen Lösung bei vollkommener Information zu denen der gegebenen Situation bei unvollkommener Information.[256]

Agentur-Probleme treten in Unternehmen primär dann auf, wenn Eigentum und Führung in getrennten Händen liegen. Somit könnte man meinen, dass sie in Familienunternehmen, in denen Eigentum und Kontrolle häufig bei denselben Personen liegen, keine Rolle spielen. Allerdings sind auch Familienunternehmen, sobald sie mehrere Gesellschafter mit unterschiedlicher Anteilshöhe haben oder die Familienmitglieder teilweise auch als Manager oder Mitarbeiter im Unternehmen arbeiten, nicht frei von Agentur-Konflikten. Agentur-Konflikte werden beispielsweise sichtbar in Form von CEO Entrenchment,[257] Vetternwirtschaft,[258] Konflikten zwischen Mehrheits- und Minderheitsgesellschaftern[259] sowie (intergenerationalem) Altruismus.[260]

Die Grundzüge der Stewardship-Theorie wurden schon früh in der Theologie diskutiert und später mit den Ausführungen von Donaldson, Donaldson und Davis sowie Davis et al. in die Wirtschaftswissenschaften eingeführt.[261] Hintergrund für die Einführung dieser Theorie war die Erkenntnis, dass die Prinzipal-Agenten-Theorie allein nicht ausreicht, um menschliches Verhalten ganz allgemein und im Besonderen das Verhältnis von Managern und Prinzipalen zu erklären.[262] Anders als die Prinzipal-Agenten-Theorie geht die Stewardship-Theorie davon aus, dass der beauftragte Vertragspartner nicht eigennützig und opportunistisch ist, sondern kollektivistische, vertrauenswürdige und loyale Eigenschaften besitzt und entsprechend handelt.[263] Bedürfnisse wie die Selbstverwirklichung in der Arbeit oder die gefühlte, wahrgenommene Verantwortlichkeit des Stewards gegenüber der Unternehmerfamilie lassen das Erreichen der Unternehmensziele im Rahmen des Arbeitsverhältnisses wichtiger erscheinen als das Verfolgen von persönlichen Zielen.[264] Werte und Berufsethik haben darüber hinaus für Stewards eine hohe Bedeutung.[265] Im Gegensatz zu dem extrinsisch motivierten Agenten, wie er in der Prinzipal-Agenten-Theorie angenommen wird, ist der Steward in der Stewardship-Theorie intrinsisch motiviert. Da der Auftraggeber dem Auftragnehmer aus Sicht der Ste-

256 Vgl. Jensen und Meckling 1976, S. 308
257 Vgl. Morck et al. 1988, Shleifer und Vishny 1997, Morck und Yeung 2003, Gedajlovic et al. 2004
258 Vgl. Pollack 1985, Ahrens et al. 2012, Collin und Ahlberg 2012
259 Vgl. Handler und Kram 1988
260 Vgl. Poza 2006, La Porta et al. 1999, Lubatkin et al. 2007, Stark 1995, Bruce und Waldmann 1990, Woywode et al. 2012
261 Vgl. Thompson 1960, Donaldson 1990, Donaldson und Davis 1991, Davis et al. 1997
262 Vgl. Donaldson und Davis 1991
263 Vgl. Davis et al. 2010, Lee und O'Neill 2003
264 Vgl. Tosi et al. 2003
265 Vgl. Velte 2009

wardship-Theorie vertrauen kann, ist es für ihn demzufolge auch nicht erforderlich, den Auftragnehmer durch individuelle Vertragsgestaltungen dazu zu bringen, in seinem Sinne zu handeln.[266] Kontrolle kann sich sogar kontraproduktiv auswirken, da sie die Motivation des Stewards schmälert.[267] So konnte gezeigt werden, dass CEO´s, die ihrem Selbstverständnis nach „Stewards" sind, am besten im Sinne des Unternehmens handeln, wenn die Corporate Governance Mechanismen so konstruiert sind, dass sie möglichst autonom entscheiden können.[268]

Vereinfacht ausgedrückt: Im Gegensatz zur Prinzipal-Agenten-Theorie, die sich primär damit beschäftigt, wie man den Agenten durch Überwachung und Kontrolle sowie durch gezielte Setzung von extrinsischen Anreizen disziplinieren kann, beschäftigen sich die Verfechter der Stewardship-Theorie damit, wie man die Strukturen in Unternehmen so gestalten kann, dass sie dem Manager möglichst viel Freiraum lassen und seine intrinsische Motivation möglichst wenig einschränken. In Bezug auf die Vertrauenssituation in Unternehmen lässt sich weiterhin festhalten, dass zwischen Prinzipalen und Agenten nach Ansicht von Vertretern der Stewardship-Theorie ein hohes Ausmaß an Vertrauen herrschen sollte, während die Beziehung zwischen Prinzipalen und Agenten, den Annahmen der Prinzipal-Agenten-Theorie entsprechend, durch starkes Misstrauen geprägt sein sollte. Vermutlich beschreiben beide Theorien Idealtypen der jeweils tatsächlich vorliegenden Vertrauenssituation in Unternehmen, die in reiner Form so in der Realität nicht vorliegen. Vielmehr ist davon auszugehen, dass das Ausmaß an Vertrauen, das in Unternehmen zwischen Prinzipalen und Agenten vorherrscht, stark variiert. Vermutlich ist es letztlich eine empirisch zu beantwortende Frage, festzustellen, wie hoch das Ausmaß an Vertrauen zwischen Prinzipalen und Agenten tatsächlich ist, das in einem Unternehmen vorliegt und welche Faktoren es beeinflussen. Eine Vermutung, der im folgenden Abschnitt nachgegangen wird, ist, dass das Ausmaß an Vertrauen zwischen Prinzipalen und Agenten im Unternehmen von der Höhe des Einflusses der Inhaberfamilie auf die Unternehmensführung abhängt.

6.3.2.2 Familieneinfluss und Vertrauen in Unternehmen

Welche konkrete Rolle aber könnte der Familieneinfluss auf das Ausmaß an Vertrauen haben, das in einem Unternehmen zwischen Inhabern und Managern vorherrscht? Nach Corbetta und Salvatto sollten Unternehmen mit einem hohen Familieneinfluss durch großes Vertrauen der

[266] Vgl. Ang und Cole 2000, Jensen und Meckling 1976
[267] Vgl. Argryis 1964, Bass 1985, Deci et al. 1999, Manz und Sims 1993
[268] Vgl. Donaldson und Davis 1991

Akteure untereinander geprägt sein.[269] Wem vertraut man schon mehr als seinen eigenen Verwandten, die man oftmals von Geburt an kennt.[270] Diese Ansicht wird in der Literatur zu Familienunternehmen häufig geteilt.[271] Auch in der Organisationssoziologie findet man Unterstützung für diese These. So sagt Giddens; „The family is one obvious form of moral community generating trust relations."[272] Dieses familienbasierte Vertrauen trägt nach Ansicht von Bradach und Eccles sowie Gulati dazu bei, dass das Ausmaß der Überwachung und Kontrolle im Familienunternehmen verglichen mit anderen Unternehmen grundsätzlich reduziert werden kann.[273] Mayer et al. sowie Mayer und Davis nennen als weitere Determinanten von Vertrauen in Unternehmen ability, benevolence und integrity.

Ability bezieht sich auf die Fähigkeiten, die eine Person auf einer bestimmten Ebene kompetent erscheinen lassen.[274] Hier ist plausibel anzunehmen, dass Manager, die aus der Familie kommen, besonders zur Führung des Unternehmens befähigt sind, da sie den Markt, das Unternehmen selbst und die Netzwerke zwischen den für das Unternehmen relevanten Akteuren schon frühzeitig kennenlernen.

Benevolence bezieht sich auf das Ausmaß der Neigung des Agenten, im Einklang mit dem Eigentümer zu handeln. Auch hier zeigt die Literatur, dass gerade unter Familienmitgliedern Loyalität stark ausgeprägt ist, die für eine große Bindung untereinander sorgt.[275] So sind Familienmitglieder eher bereit, Informationen unter sich zu teilen[276] und ordnen ihren eigenen Nutzen dem Unternehmenserfolg unter.[277] Gleichzeitig existieren weniger Informationsasymmetrien unter Familienmitgliedern[278] und „Free-riding" ist innerhalb der Familie weniger ausgeprägt und vorteilhaft als außerhalb der Familie.[279]

Integrity, als dritte Voraussetzung für das Vorhandensein von Vertrauen, bezieht sich auf die Werte und Wertvorstellungen des Agenten. Stehen diese im Einklang mit dem Auftraggeber oder hat der Agent seine eigenen Wertvorstellungen? Kommen die Manager des Unterneh-

---

269 Vgl. Corbetta und Salvatto 2004, Huse 1998
270 Ehrlicherweise muss hier gesagt werden, dass diese Annahme ein wenig naiv anmutet, gegeben die vielen bekannten Fälle, in denen großes Misstrauen zwischen den einzelnen Familienmitgliedern herrscht. Wir werden daher auch die Gegenhypothese ernsthaft prüfen.
271 Vgl. Karra et al. 2006, Haugh und McKee 2003, Becerra und Gupta 2003, Chua et al. 2006
272 Giddens 1995
273 Vgl. Bradach und Eccles 1989, Gulati 1995
274 Vgl. Mayer et al. 1995, Mayer und Davis 1999
275 Vgl. Gomez-Mejia et al. 2001
276 Vgl. Barney et al. 2002
277 Vgl. Becker 1974
278 Vgl. Van den Berghe und Carchon 2003, Litz 1995
279 Vgl. Chrisman et al. 2004, Chrisman et al. 2005

mens aus der Eigentümerfamilie, so wäre eine Stewardship-Situation zu vermuten, d.h. dass die Übereinstimmung der gelebten Werte zwischen den Managern des Unternehmens und den Familiengesellschaftern besonders hoch ist und dies sollte sich in hohen Vertrauenswerten ausdrücken.[280]

Fasst man die diskutierten Punkte zusammen, so spricht einiges dafür, dass es einen positiven Zusammenhang zwischen dem Ausmaß des Familieneinflusses einerseits und dem Ausmaß an Vertrauen in einem Unternehmen andererseits gibt. Dies führt zu der ersten Hypothese:

H1: Der Familieneinfluss hat einen signifikanten positiven Einfluss auf die Vertrauenssituation zwischen dem Management und den Anteilseignern eines Unternehmens.

6.3.2.3 Der Einfluss des Vertrauens zwischen Management und Anteilseignern auf die Aufgabenerfüllung des Aufsichtsgremiums

Grundsätzlich unterscheidet sich der im deutschen Raum existierende Aufsichtsrat („two-tier-system") von dem im angelsächsischen Raum vorherrschenden Board of Directors („one-tier-system"). Während beim sogenannten „One-tier-system" die Funktionen Geschäftsführung und Überwachung von einem Gremium wahrgenommen werden, gibt es beim sogenannten „two-tier-system" eine strikte Trennung zwischen der Geschäftsführung und dem Aufsichtsgremium. Der im deutschen Raum vorherrschende Aufsichtsrat ist nur für Aktiengesellschaften sowie für GmbHs ab einer bestimmten Größe zwingend. Alle übrigen Unternehmen können fakultativ ein Aufsichts- bzw. Beratungsgremium bilden. In der Mehrzahl der Fälle wird es sich dabei um einen Beirat handeln.[281]
Welche Aufgaben werden aber nun vom Aufsichtsgremium erfüllt? Bei den in Deutschland vor allem bei kleinen und mittleren Unternehmen vorherrschenden Aufsichtsgremien wird primär den Aufgaben Kontrolle, Beratung, Repräsentation (Imageförderung, Networking) sowie Mediation zwischen Gesellschaftern und Geschäftsführung Bedeutung beigemessen.[282]

Welche Auswirkungen sollte nun die Höhe des Vertrauens zwischen Gesellschaftern und Geschäftsführung auf die Aufgabenstellung eines eventuell vorliegenden Aufsichtsgremiums haben? Bei der Ausgestaltung von Corporate Governance Maßnahmen wird im Rahmen der Stewardship-Theorie davon ausgegangen, dass ein hohes Ausmaß an Vertrauen zwischen der Geschäftsführung und den Anteilseignern vorherrscht. Dieses Vertrauen sollte dazu beitragen,

[280] Vgl. Deckop et al. 1999, Andersen et al. 2003, Drozdow und Caroll 1997
[281] Vgl. Gaugler und Heimburger 1984, Rieger et al. 2003,
[282] Vgl. Rieger et al. 2003, Koeberle-Schmid 2008

dass die Überwachung und Kontrolle im Unternehmen reduziert werden kann[283] und vor allem beratende und unterstützende Aufgaben von den Aufsichtsgremien wahrgenommen werden.[284] Im Gegensatz dazu wird im Rahmen der Prinzipal-Agenten-Theorie von der Annahme ausgegangen, dass das Ausmaß an Vertrauen zwischen Geschäftsführung und Anteilseignern grundsätzlich gering ausgeprägt ist. Daher betont die Prinzipal-Agenten-Theorie die Notwendigkeit institutioneller Kontroll- und Überwachungsmaßnahmen. Die Kontrollaktivitäten werden als Voraussetzung dafür angesehen, dass die Ziele von Prinzipalen und Agenten miteinander in Einklang gebracht werden. Demensprechend sollten aus Sicht der Prinzipal-Agenten-Theorie Aufsichtsgremien in erster Linie kontrollierende Aufgabenstellungen verfolgen. Da in dieser Studie nur Unternehmen betrachtet werden, in denen ein Aufsichtsgremium fakultativ gebildet wird, und es keine gesetzlichen Vorschriften gibt, die eine spezifische Ausgestaltung der Aufgaben dieses Gremiums vorschreiben würden, kann im Weiteren davon ausgegangen werden, dass, je nach dem im Unternehmen vorliegenden Ausmaß an Vertrauen, unterschiedliche Aufgaben von diesem Gremium übernommen werden sollten. Die oben angestellten Überlegungen führen zu den zwei folgenden Hypothesen:

H2a: Je höher das im Unternehmen zwischen Management und Anteilseignern vorherrschende Vertrauen ist, desto stärker sind die beratenden und unterstützenden Funktionen im Aufsichtsgremium ausgeprägt.

H2b: Je geringer das im Unternehmen zwischen Management und Anteilseignern vorherrschende Vertrauen, desto stärker sollten die kontrollierenden Funktionen im Aufsichtsgremium ausgeprägt sein.

6.3.2.4 Familieneinfluss und die Funktionen des Aufsichtsgremiums

Im Folgenden werden die direkten theoretischen Zusammenhänge zwischen dem Ausmaß des Familieneinflusses und den Funktionen von Aufsichtsgremien untersucht, insbesondere werden die besonders wichtigen Funktionen **Kontrolle**, **Beratung**, **Networking** und **Mediation** unterschieden. Zunächst wird der Zusammenhang zwischen der Höhe des Familieneinflusses und der Bedeutung der **Kontrollfunktion** in Aufsichtsgremien untersucht. Bisher ist sich die Wissenschaft nicht einig darüber, welche Auswirkungen der Familieneinfluss auf die Kontrollfunktion in Aufsichtsgremien hat. Zunächst spricht einiges dafür, dass ein hoher Familieneinfluss die Kontrollfunktion von Aufsichtsgremien verringern sollte. In diesem Zusam-

283 Vgl. Bradach und Eccles 1989
284 Vgl. Velte 2009

menhang führt Eisenhardt aus: „Clan control implies goal congruence between people, and therefore, the reduced need to monitor behavior or outcomes."[285] Folgt man dieser Einschätzung, so könnte man annehmen, dass gerade in Familienunternehmen die Kontrolle des Managements weniger wichtig und folgerichtig auch die Kontrollfunktion etwaiger Aufsichtsgremien in diesen Unternehmen wenig ausgeprägt sein sollte.

Es gibt jedoch auch gute Gründe dafür zu vermuten, dass gerade in Unternehmen mit hohem Familieneinfluss das Management besonders stark kontrolliert wird.[286] So konnte gezeigt werden, dass Unternehmen, bei denen der Familieneinfluss hoch ausgeprägt ist, auch eher bereit sind, signifikante Agenturkosten zu tragen, da das Familienvermögen zu einem großen Teil im Unternehmen investiert ist. Gegeben ihr hohes potentielles maximales Verlustrisiko, haben Inhaber von Familienunternehmen daher besonders starke Anreize strenge Kontroll-Mechanismen im Unternehmen zu installieren.[287] Insbesondere einzelne Familieninhaber, die über einen hohen Anteilsbesitz am Unternehmen verfügen, sollten hohe Anreize haben, wirksame Kontrollmechanismen in den ihnen gehörenden Unternehmen zu etablieren, sofern neben ihnen noch andere Personen an der Geschäftsführung beteiligt sind.[288] Dabei ist es vermutlich unerheblich, ob es sich hierbei um weitere familieninterne oder familienexterne Manager handelt. Das Misstrauen zwischen den Familieninhabern kann genauso groß sein, wie das Misstrauen zwischen den Familieninhabern und externen Managern. Hinzu kommt, dass Familieninhaber durch ihre oft jahrzehntelange Verbundenheit mit dem Unternehmen Wissen aufgebaut haben, welches es ihnen erlaubt, auch mit begrenztem Einsatz ein hohes Maß an Kontrolle über das Management auszuüben.[289] Dieser Wissensbestand wirkt bei der Kontrolle durch Aufsichtsgremien kostenreduzierend, falls Mitglieder der Familie im Aufsichtsgremium tätig sind. Allerdings könnten der/die Inhaber die Kontrollfunktion auch direkt wahrnehmen und nicht über eine Funktion im Aufsichtsgremium. Folgt man dieser Argumentation, so kommt man zu dem Schluss, dass Unternehmen mit zunehmendem Familieneinfluss immer eher bereit sein sollten, Agenturkosten zu tragen und immer stärkere Anreize haben, die Kontrollfunktion in etwaig etablierten Aufsichtsgremien mit Nachdruck wahrzunehmen. Insgesamt ergibt sich in Bezug auf die Kontrollfunktion in Aufsichtsgremien bei steigendem Familieneinfluß ein unklares Bild. Zum einen könnte die Notwendigkeit der Kontrolle bei steigendem Familieneinfluß aufgrund der steigenden Zielkongruenz von Prinzipalen und Agenten

---

285 Eisenhardt 1989

286 Vgl. Mishra et al. 2001, Barontini und Caprio 2006

287 Vgl. Villalonga und Amit 2006, Zellweger et al. 2007, Anderson et al. 2003

288 Vgl. Jensen und Meckling 1976, Mroczkowski und Tanewski 2007

289 Vgl. Lee 2004

gering sein, zum anderen könnten mit zunehmendem Familieneinfluß auch die Verlustrisiken und das Misstrauen steigen und dies würde – bei steigendem Familieneinfluss - für eine Zunahme der Bedeutung der Kontrollfunktion in Aufsichtsgremien von Unternehmen sprechen.

Wenden wir uns im Folgenden einer möglichen **Beratungsfunktion** von Aufsichtsgremien zu. Was für eine Rolle könnte der Familieneinfluss hierbei spielen? Erste Studienergebnisse lassen darauf schließen, dass Unternehmen mit zunehmendem Familieneinfluss immer eher geneigt sein sollten, ein Aufsichtsgremium zu installieren, das das Management auch berät.[290] Ein Grund hierfür könnte sein, dass bei Unternehmen mit hohem Familieneinfluss auch besonders häufig Familienmitglieder in den Aufsichtsgremien vertreten sind und dass bei diesen Familienmitgliedern sowohl mehr Wissen über das Unternehmen vorhanden ist als auch eine höhere Bereitschaft, dieses Wissen an das Management des Unternehmens weiterzugeben verglichen mit den familienexternen Mitgliedern des Aufsichtsgremiums.[291] Weiterhin läßt sich aus der Literatur zu Familienunternehmen entnehmen, dass Unternehmen mit hohem Familieneinfluss überdurchschnittlich große Probleme haben, gute Führungskräfte zu rekrutieren, da in diesen stark durch die Familie geprägten Unternehmen oftmals eine hohe Neigung zu Nepotismus herrscht und Familienmitglieder unabhängig von ihrer Eignung familienfremden Personen bei der Einstellung auf Leitungspositionen vorgezogen werden.[292] Daher könnte es sich für Unternehmen mit hohem Familieneinfluß besonders stark lohnen, ein Aufsichtsgremium zu installieren, bei dem die Beratungsfunktion stark ausgeprägt ist.[293]
Im Rahmen der **Networking-Funktion** von Aufsichtsgremien kann man davon ausgehen, dass besonders unternehmerisch tätige Familien über Netzwerke verfügen, die sie sich, durch soziales, gesellschaftliches oder berufliches Engagement über Jahre hinweg aufgebaut haben, und die sie aktiv nutzen, um das eigene Unternehmen voranzubringen.[294] Auch kann gerade für Familienunternehmen, die kaum Möglichkeiten haben, sich über den Kapitalmarkt zu finanzieren, ein gutes Netzwerk zu Bankvertretern entscheidend sein, um die Finanzierung des

---

290 Vgl. van den Heuvel et al. 2006, Koeberle-Schmid 2008

291 Vgl. Kets de Vries 1993, Dyer 2006

292 Vgl. Bennedsen et al. 2007, Pérez-Gonzáles, 2006

293 Vgl. Sirmon und Hitt 2003, Carney 2005. Alternativ könnte man aber auch vermuten, dass gerade Unternehmen mit hohem Familieneinfluss, die nur durch einen kleinen Kreis von Personen aus der Familie oder familiennahen Personen geführt werden, verglichen mit anderen Unternehmen tendenziell ignorant gegenüber den Veränderungen der Umwelt sind, eher kurzsichtig und unprofessionell agieren und über geringe absorptive Fähigkeiten verfügen. Solche Unternehmen sollten sich als beratungsresistent erweisen und in diesem Fall würde ein steigender Familieneinfluss im Unternehmen darauf hindeuten, dass die Beratungsfunktion eines etwaig etablierten Aufsichtsgremiums nur wenig entwickelt sein oder überhaupt nicht vorliegen sollte. Der Autor dieser Studie teilt diese Ansicht allerdings nicht und stellt daher keine entsprechende These auf, da seiner Meinung nach allein die Existenz eines Beirats bei den untersuchten Unternehmen gegen das obige Argument spricht.

294 Vgl. Harvey und Evans 1994

Unternehmens langfristig zu sichern. Neben den Beziehungen zu Finanzierungsquellen sind auch die Beziehungen zu Kunden und Lieferanten von entscheidender Wichtigkeit für den Erfolg von Unternehmen mit hohem Familieneinfluss. Gerade die erfolgreichen Familienunternehmen haben sich häufig sehr stark an die spezifischen Bedürfnisse ihrer Kunden angepasst und unterhalten dauerhafte Geschäftsbeziehungen mit ihnen, die durch persönliche Beziehungen unterlegt sind. Gleiches gilt für die Lieferanten, zu denen Unternehmen mit hohem Familieneinfluss neben den geschäftlichen Beziehungen ebenfalls häufig auch starke persönliche Beziehungen unterhalten. Faccio und Parsley konnten zeigen, dass Unternehmen mit hohem Familieneinfluss eher über ein Netzwerk politischer Kontakte verfügen als ihr Pendant ohne Familieneinfluss.[295] Insgesamt spielen Netzwerke für Familienunternehmen vermutlich eine weitreichendere Rolle als für Nicht-Familienunternehmen, da die persönlichen Netzwerke der Familienmitglieder auch in das organisationale Netzwerk einfließen und mit diesem verwoben werden.[296] Da Familienunternehmer darüber hinaus langfristig ausgerichtet sind, sind sie auch in der Lage langfristigere und stärkere Kontakte zu ihren Stakeholdern aufzubauen und die Kontakte besser zu pflegen und zu nutzen als andere Unternehmer.[297] Es ist daher wahrscheinlich, dass in den Aufsichtsgremien von Unternehmen mit hohem Familieneinfluss die Netzwerkfunktion ebenfalls stark betont wird; auf diese Weise werden die Netzwerkbeziehungen des Unternehmens zur Umwelt komplettiert.

Schließlich soll noch die **Mediations-Rolle** des Aufsichtsgremiums betrachtet werden. Bei einem Familienunternehmen, bei dem oftmals Konflikte nicht professionell gelöst, sondern emotional ausgetragen werden, kann ein Aufsichtsgremium eine Mittlerrolle zwischen dem Management und den Gesellschaftern spielen. Diese Rolle kommt umso mehr zum Tragen, je größer das Familienunternehmen ist und je mehr Gesellschafter das Familienunternehmen hat.[298] Dementsprechend kann eine ausgeprägte Mediationsaufgabe des Aufsichtsgremiums bei Unternehmen mit hohem Familieneinfluß erwartet werden.

Fasst man die bisher aufgeführten Gründe zusammen, so spricht einiges dafür, dass die Höhe des Familieneinflusses in einem Unternehmen konkrete Auswirkungen auf die Aufgabenstellungen des Aufsichtsgremiums haben sollte. Die Ausführungen legen nahe, dass Unternehmen mit hohem Familieneinfluß besonders stark die beratenden (Beratungsfunktion) und unterstützenden Funktionen (Netzwerkfunktion und Mediationsfunktion) eines Aufsichtsgremi-

295 Vgl. Faccio und Parsley 2009
296 Vgl. Arregle et al. 2007
297 Vgl. Habbershon und Williams 1999, Miller und Le Breton-Miller 2006
298 Vgl. Velte 2009

ums hervorheben sollten. In Bezug auf die Kontrollfunktion kann, aufgrund der gegenläufigen Effekte keine Hypothese aufstellt werden. Daher lautet Hypothese 3:

Hypothese 3: Mit zunehmendem Familieneinfluss im Unternehmen steigt das Ausmaß beratender (Beratungsfunktion) und unterstützender Funktionen (Netzwerkfunktion und Mediationsfunktion), die ein Aufsichtsgremium ausübt.

6.3.3 Datenerhebung und Methodik der Analyse

Das ifm Mannheim führte von Mai bis August 2010 eine telefonische Umfrage zum Thema „Unternehmensführung und unternehmerische Verantwortung“ in Familien- und Nicht-Familienunternehmen durch.[299] Innerhalb der Befragung befasste sich ein Themenblock mit Fragen zur Corporate Governance, insbesondere zu Aufsichts- und Beiratsgremien in Unternehmen, ihrer Ausgestaltung, Kompetenzen und der Akzeptanz des Aufsichtsgremiums durch die Geschäftsführung.

Die Untersuchung konzentrierte sich auf Unternehmen zwischen 100 und 499 Beschäftigten und war als geschichtete Stichprobe angelegt.[300] Insgesamt wurden 5.879 Geschäftsführer kontaktiert. 588 Interviews konnten vollständig durchgeführt werden. Alle Unternehmen wurden intensiv über die Zusammensetzung ihres Aufsichtsgremiums sowie über die Aufgabenübernahme des Gremiums befragt. Zusätzlich konnten Fragen eingefügt werden, die es ermöglichen, analog zum Vorgehen von Astrachan et al., für jedes Unternehmen den sogenannten F-PEC-Wert, der den „Degree of Familyness“ angibt, zu ermitteln, der sich als aggregiertes Maß aus den Bestandteilen (1) Macht der Familie (Management, Eigentum und Beirat), (2) Ausmaß der Erfahrung der Familie und (3) Prägung der Unternehmenskultur durch die Familie ergibt.[301] Konsistent mit der Ursprungsskala wurden der Anteil der Familienmitglieder in der Geschäftsführung und im Aufsichts- bzw. Beiratsgremium berücksichtigt, als auch die Anzahl von Familienmitgliedern unter den Gesellschaftern. Weiterhin spielte die Zahl der bereits erfolgten Generationenwechsel in der Geschäftsführung und im Aufsichtsgremium eine Rolle. Der Einfluss der Familie auf die im Unternehmen gelebten und wichtigen Werte wurde ebenfalls anhand der im F-PEC validierten Fragen ermittelt. Basierend auf den Ergebnissen der Befragung konnte für jedes Unternehmen ein F-PEC Wert ermittelt werden, der es letztlich erlaubt, die Unternehmen im Hinblick auf das Ausmaß des in den Unternehmen vorhandenen Familieneinflusses jeweils zu unterscheiden.

---

[299] Fragebogen siehe Anhang

[300] Die Schichtung erfolgte anhand der Beschäftigtenzahlen und umfasste zwei Schichten: Unternehmen mit 100 bis 249 Beschäftigte und Unternehmen zwischen 250 und 499 Beschäftigten

[301] Vgl. Astrachan et al. 2006

Vor der eigentlichen telefonischen Befragung wurde ein Pre-Test durchgeführt, um die Konsistenz des Fragebogens zu überprüfen. Die in der darauffolgenden Hauptuntersuchung einbezogenen Unternehmen entstammen zu 31 % dem Verarbeitenden Gewerbe, 6 % dem Baugewerbe, 10 % dem Handel, 16 % den unternehmensorientierten Dienstleistungen, 1 % dem Gastgewerbe, 23 % den sonstigen Dienstleistungen und zu rund 11 % anderen Bereichen. 41 % der Unternehmen in der betrachteten Größenklasse in Deutschland verfügen, den Ergebnissen dieser Studie zufolge, über ein Aufsichts- oder Beiratsgremium. Da in der vorliegenden Auswertung nur Unternehmen berücksichtigt wurden, die über ein Aufsichts- oder Beiratsgremium verfügen, beläuft sich die hier verwendete Stichprobe auf insgesamt 200 Beobachtungen.[302]

Bei der empirischen Analyse wurden zunächst die vermuteten Zusammenhänge zwischen der Höhe des Familieneinflusses, dem Ausmaß an Vertrauen zwischen Inhabern und Geschäftsführern sowie den Funktionen von Aufsichtsgremien separat von einander untersucht. Hierbei kommen faktoranalytische Verfahren und multiple Regressionsverfahren zum Einsatz. Letztlich ist es aber das Ziel, ein ganzheitliches Modell zu schätzen, in dem die Bedeutung des Familieneinflusses sowie das Vertrauen zwischen Inhabern und Gesellschaftern gemeinsam auf die funktionale Ausgestaltung von Aufsichtsgremien untersucht werden. Um dieses Ziel zu erreichen, wird zum Abschluss auch ein Strukturgleichungsmodell geschätzt, das es erlaubt, alle Einflussfaktoren gleichzeitig in die statistische Analyse mit einzubeziehen. Auf Basis dieses Strukturgleichungsmodells erfolgt dann auch der eigentliche Hypothesentest.

6.3.4 Empirische Ergebnisse

Um die Hypothese zu überprüfen, inwieweit der Familieneinfluss im Management, im Aufsichtsgremium und bei den Kapitalanteilen eine Rolle für die Ausgestaltung der Funktionen des Aufsichtsgremiums spielt, müssen zunächst die tatsächlichen Funktionen von Aufsichtsgremien in den Daten identifiziert werden. Dafür wurde zunächst eine Faktorenanalyse durchgeführt, deren Grundlage die von uns gestellten Fragen nach der Bedeutung einzelner Tätigkeiten des Aufsichtsgremiums bilden. Auf der Basis von Literaturrecherchen sowie den Ergebnissen von Experteninterviews entwarfen und stellten wir 16 Fragen zu möglichen Aufgaben von Aufsichtsgremien, die mit Hilfe einer Faktoranalyse zu einer ex ante unbestimmten Anzahl unabhängiger Faktoren verdichtet wurden. Bei der Faktorenanalyse wurden die Hauptkomponenten extrahiert, d.h. es wurden die Kommunalitäten mit eins angegeben. Anhand des Kaiser-Kriteriums ergab sich eine vier Faktoren Lösung. Die extrahierten Faktoren

302 Einige Datensätze konnten aufgrund fehlender Werte nicht berücksichtigt werden

wurden dann noch einer VARIMAX-Rotation unterzogen. Die einzelnen bei der Faktorenanalyse herangezogenen Fragen, die einzelnen Faktorladungen und die sich ergebenden Faktoren sind in Tabelle 12 aufgeführt.

Wie in Tabelle 12 anhand der Faktorladungen erkennbar ist, kristallisierten sich vier Faktoren als tatsächliche und differenzierbare Tätigkeitsbereiche von Aufsichtsgremien in mittelständischen Unternehmen heraus.[303] Diese Tätigkeitsbereiche ähneln denjenigen, die im Theorieteil bereits beschrieben wurden und die in ähnlicher Form auch in anderen Veröffentlichungen über Aufsichtsgremien in Deutschland zu finden sind.[304] Es handelt sich bei den vier Faktoren um die Kontroll-, Beratungs-, Netzwerk- und Mediationsfunktion von Aufsichtgremien. Wie der Tabelle 12 zu entnehmen ist, besitzen die zusammengefassten Variablenkonstrukte alle einen ausreichenden Wert für Cronbach Alpha (> 0,5), so dass von einer hinreichend abgesicherten Lösung ausgegangen werden kann.

Als nächstes soll untersucht werden, inwieweit der Familieneinfluss - aufgespalten in die verschiedenen Dimensionen des F-PEC - eine Bedeutung für die jeweiligen Funktionen von Aufsichtsgremien besitzt. Dazu wird je eine multiple lineare Regression auf die Faktorwerte der jeweiligen Funktion bzw. des jeweiligen Faktors durchgeführt. Neben den einzelnen Dimensionen des F-PEC wird in den Regressionen noch die Gesamtzahl der Gesellschafter als zusätzliche Kontrollvariable aufgenommen, da diese Zahl der Gesellschafter bei der bivariaten Betrachtung der Abhängigkeit der einzelnen Variablen des F-PEC und der Beiratsfunktionen signifikant war (siehe Tabelle 19 im Anhang). Alle anderen möglichen Kontrollvariablen wie Mitarbeiterzahl, Umsatzhöhe, Gründungs- bzw. Übernahmejahr etc. erwiesen sich als statistisch nicht bedeutsam für die Erklärung der einzelnen Funktionen des Aufsichtsgremiums und werden daher im Weiteren nicht in den Schätzungen und Analysen berücksichtigt. In Tabelle 13 findet sich eine Übersicht über die Ergebnisse der multiplen linearen Regressionsanalysen.

[303] Vgl. Woywode et al. 2012
[304] Vgl. Koeberle-Schmidt 2008

Tabelle 13: Faktorenanalyse basierend auf der Bedeutung der Funktionen des Aufsichtsgremiums*

	Faktorladungen auf das Funktionskonstrukt			
Fragen	**Mediations-Faktor**	**Networking-Faktor**	**Kontroll-Faktor**	**Beratungs-Faktor**
Einbringung von Management und Fachwissen ins Unternehmen	0,06920	0,10186	0,08499	**0,86344**
Übernahme von Repräsentationsaufgaben	0,14688	**0,80404**	-0,04202	-0,00284
Übernahme von Lobbyaufgaben	0,08289	**0,80233**	0,02410	-0,03238
Beratung der Geschäftsführung bei allgemeinen Entscheidungen (Strategie, Organisation)	0,13869	-0,07118	0,41981	**0,67662**
Beratung der Geschäftsführung bei speziellen Entscheidungen (Produktion, Marketing)	0,08732	0,20156	0,33458	**0,53837**
Kontrolle der Geschäftsführung hinsichtlich der Finanz-, Ertrags- und Investitionslage	0,04036	-0,00484	**0,88423**	0,00972
Kontrolle der Geschäftsführung hinsichtlich des Risikomanagements und Controllings	0,16255	0,06293	**0,82171**	0,10828
Kontrolle der Umsetzung von langfristigen Strategien und Zielen	0,09854	0,03179	**0,76223**	0,27430
Pflege von Geschäftsbeziehungen und –kontakten	0,12516	**0,75711**	0,06549	0,19116
Imageförderung nach außen	0,05065	**0,88647**	0,10185	0,08161
Ausgleich unterschiedlicher Gesellschafterinteressen	**0,74115**	0,14985	0,12589	-0,19924
Sicherung der Kontinuität bei Wechsel/Ausfall der Geschäftsführung	**0,50462**	0,00594	0,28180	0,25079
Vermittlung zwischen Gesellschaftern und Geschäftsführung	**0,77319**	0,16873	0,12437	0,13291
Vermittlung zwischen den Geschäftsführern	**0,79081**	0,04299	-0,03558	0,28943
Bestimmung und Kontrolle der Vergütung der Geschäftsführung	0,09272	0,05052	**0,51299**	0,20331
Vermittlung zwischen den Gesellschaftern	**0,85072**	0,10601	0,08270	-0,00084
Eigenwert des Faktors	2.8755267	2.7769228	2.7324625	1.8698669
Cronbach-Alpha der maßgebenden Variablen	0,8159	0,8422	0,7499	0,6947

*Basierend auf einer fünfteiligen Likert-Skala

Quelle: ifm Mannheim, Befragung zur unternehmerischen Verantwortung, 2010

Die Ergebnisse der Regressionsanalysen deuten darauf hin, dass es sehr wohl einzelne Dimensionen des Familieneinflusses gibt, die mit einzelnen Aufgabenstellungen in Aufsichtsgremien in einem signifikanten Zusammenhang stehen. So wird die Mediationsfunktion in Aufsichtsgremien dann betont, wenn der Einfluss der Familie auf die Unternehmenskultur hoch ist oder die Familie langjährige Erfahrung in der Unternehmensführung aufweist. Die Networkingfunktion von Aufsichtsgremien wird überraschenderweise in Unternehmen weniger ausgeübt, in denen die Familie einen hohen Eigentumsanteil und große Macht in der Geschäftsführung besitzt. Möglicherweise üben dann die Familienmitglieder die Networking Funktion selbst aus und nutzen hierfür das Aufsichtsgremium nicht so stark. Die Kontrollfunktion des Aufsichtsgremiums wird durch keine der Variablen, die den Einfluss der Familie repräsentieren, signifikant beeinflusst. Schließlich deuten die Regressionsergebnisse darauf hin, dass die Beratungsfunktion des Aufsichtsgremiums dann signifikant stärker ausgeprägt ist, wenn der Einfluss der Familie auf die Unternehmenskultur hoch und die Macht der Familie in der Geschäftsführung stark ausgeprägt ist.

Tabelle 14: Multiple lineare Regressionsanalyse basierend auf den Faktorwerten zu den Beiratsfunktionen

		Modell 1		Modell 2		Modell 3		Modell 4	
	Abhängige Variable	Mediations-Faktor		Networking-Faktor		Kontroll-Faktor		Beratungs-Faktor	
Unabhängige Variable		Parameter-schätzer	Pr > |t|	Parameter-Schätzer	Pr > |t|	Parameter-Schätzer	Pr > |t|	Parameter-Schätzer	Pr > |t|
Konstante		3.88376	0.2470	-2.03679	0.5440	3.14592	0.3719	-0.87379	0.7995
Familieneinfluss Kultur		**-0.00919**	**0.0461**	0.000228	0.9604	0.00130	0.7868	**0.01066**	**0.0245**
Erfahrung der Familie		0.00590	0.1809	0.00415	0.3466	-0.00673	0.1466	-0.00521	0.2498
Familienmacht Governance		2.69595	0.1600	1.38184	0.4714	0.96762	0.6305	-0.86846	0.6587
Familienmacht Management		2.46531	0.1326	**-3.15389**	**0.0552**	-1.36536	0.4270	**3.41826**	**0.0429**
Familienmacht Eigentum		1.44052	0.4658	-1.68703	0.3941	3.02057	0.1465	-0.82607	0.6838
Familienmacht Eigentum ^2		-1.75550	0.5547	0.79535	0.7893	-4.51877	0.1488	0.08746	0.9771
Anzahl der Gesellschafter		0.01247	0.3850	-0.00430	0.7648	-0.00672	0.6556	-0.00383	0.7948
Gründungsjahr		-0.00212	0.2127	0.00118	0.4893	-0.00156	0.3820	0.00039802	0.8193
Modell-Fit									
Pr > F-Statistik		**0.0013**		**0.0017**		0.5998		**0.0558**	
R-Quadrat		0.1244		0.1212		0.0329		0.0760	
Adj. R-Quadrat		0.0874		0.0840		-0.0080		0.0369	

Quelle: ifm Mannheim, Befragung zur unternehmerischen Verantwortung, 2010

Da im nächsten Analyseschritt auch der Einfluss der Familie auf die Vertrauenssituation im Unternehmen untersucht werden soll, wird nun das theoretische Konstrukt „Vertrauen im Unternehmen" insbesondere zwischen Inhabern und Geschäftsführung operationalisiert. Für die Operationalisierung des Vertrauenskonstruktes wurde eine Reihe von Fragen aus dem Fragebogen herangezogen (siehe Tabelle 20 und 21). Die Fragen bezogen sich alle auf Instrumente und Handlungsweisen, die in dem jeweiligen Unternehmen eingesetzt werden, um die Zusammenarbeit und das Verhältnis zwischen Gesellschafter und Geschäftsführung zu beeinflussen. Einige der vorgestellten Instrumente und Handlungsweisen implizierten, dass bei einem entsprechenden Einsatz des betreffenden Instruments tatsächlich ein hohes Ausmaß an Vertrauen zwischen der Geschäftsführung und den Inhabern vorliegen muss. Bei anderen Instrumenten lag genau der gegenteilige Fall vor, d.h. wenn das entsprechende Instrument angewendet wurde, konnte man von Misstrauen in der Geschäftsführer-Gesellschafter Beziehung ausgehen. In der Tabelle 20 sind die Zusammenhänge für die bivariate Betrachtung gegeben. Die zentrale Frage diesbezüglich lautete: „Die Kontrolle der Geschäftsführung basiert auf Vertrauen." Die aus der Frage generierte Variable spricht für sich selbst, reflektiert sie doch direkt das Ausmaß des Vertrauens das zwischen Inhabern und Geschäftsführung besteht. Obwohl diese Frage bereits den Kern eines Vertrauenskonstruktes bildet, sollten natürlich auch die anderen Fragen mit berücksichtigt werden. Dafür haben wir mit allen infrage kommenden Fragen bzw. Variablen eine Faktoranalyse durchgeführt. Das Vorgehen bei der Faktorenanalyse war das gleiche, wie bereits oben bei den Beiratsfunktionen. Das Ergebnis ist in Tabelle 14 dargestellt.

Es zeigt sich, dass fünf Faktoren aus den betrachteten Variablen extrahiert werden. Der oben genannten zentralen Frage im Konstrukt des Faktor 1 ordnen sich dabei zwei weitere Variablen zu. Als zweite Variable wurde die Bedeutung der Gesellschafterversammlung für die Kontrolle der Geschäftsführung ermittelt. Sofern die Kontrolle in hohem Maße durch die Gesellschafterversammlung ausgeübt wird, impliziert dies ebenfalls, dass ein hohes Ausmaß an Vertrauen gegenüber der Geschäftsführung vorherrscht, denn die Gesellschafterversammlung tagt typischerweise nur einmal im Jahr. In der restlichen Zeit vertraut man der Geschäftsführung. Die dritte Variable bildet die Frage, ob sich die Geschäftsführung vom Beirat eher beraten als kontrolliert fühlt. Bei einem Beirat, der wie in unserer Stichprobe größtenteils fakultativ gebildet wird, kann das Aufgabenspektrum von der reinen Kontrolle bis zur reinen Beratung reichen. Es ist davon auszugehen, dass bei einem hohen Vertrauensverhältnis das Empfinden der Geschäftsführung, kontrolliert zu werden, in den Hintergrund rückt und sie sich eher durch Beratung unterstützt fühlt. In den faktoranalytischen Berechnungen zu den eingesetzten Kontrollinstrumenten verzeichnete diese Fragenkombination auch ein annehmbares Cronbach Alpha. Die anderen Faktoren, bzw. Variablen sollen an dieser Stelle nicht weiter untersucht werden.

Tabelle 15: Faktoranalyse zur Vertrauenssituation

Faktorenanalyse zum Vertrauensverhältnis zwischen Geschäftsführung und Gesellschaftern					
	Faktor 1 Vertrauen	**Faktor 2**	**Faktor 3**	**Faktor 4**	**Faktor 5**
Verhältnis der GF zu Eigentümern beruht auf Vertrauen	**0.67721**	0.07887	-0.02443	0.26030	-0.19892
Gesellschafterversammlung	**0.57471**	0.48520	0.09006	0.13637	0.28529
Abstimmung strategischer Fragen	0.20124	**0.58694**	0.10186	0.48602	0.09295
Regelmäßige Lageberichte	0.20635	0.13741	**0.52217**	0.46850	0.00146
Regelmäßige Treffen	-0.03326	0.07790	0.00269	**0.79806**	0.06909
Zustimmungspflichtige Geschäfte	-0.00942	**0.74982**	-0.08931	0.26437	-0.02070
Risikomanagement	0.44558	0.14412	0.43329	-0.16739	0.12156
Spezielles Gremium	0.12279	-0.04236	-0.02768	0.22121	**0.78622**
Verzeichnis zustimmungspflichtiger Geschäfte in Geschäftsordnung	0.10876	**0.64087**	0.00449	-0.01654	-0.00348
Weitere Kontrollinstrument	0.06735	0.16278	**-0.59412**	0.07608	-0.01275
Weitere zustimmungspflichtige Geschäfte	0.23885	-0.09615	-0.41872	0.20065	-0.46806
GF fühlt sich von Gremium eher beraten als kontrolliert	**0.73539**	-0.04294	-0.20822	-0.01663	0.26892
GF kann wichtige Entscheidungen nicht ohne Gremium treffen	-0.11108	**0.51087**	-0.07040	-0.14845	0.45148
Berichtshäufigkeit GF an Gremium	-0.06623	0.01277	**0.61444**	0.15909	-0.05068
Eigenwert des Faktors	1.7177400	1.9053191	1.4424005	1.4197587	1.2656998
Cronbach-Alpha der maßgebenden Variablen	0.496247	0,5749	0,1816	-	-

Quelle: ifm Mannheim, Befragung zur unternehmerischen Verantwortung, 2010

Auf die Faktorwerte dieses identifizierten Vertrauensfaktors wurde ebenfalls regressiert, um die Bedeutung des Familieneinflusses für das Ausmaß des Vertrauens zwischen Geschäftsführung und Gesellschaftern zu erklären. Als unabhängige Variablen wurden aufgrund anderer veröffentlichter Studienergebnisse neben den Bestandteilen des F-PEC noch weitere Variablen aufgenommen. Es kann davon ausgegangen werden, dass das Vertrauen im Unternehmen mit steigendem Alter, gemessen über die Anzahl der Generationen im Unternehmen, insbesondere verursacht durch Streitigkeiten zwischen den Gesellschaftern sinkt.[305] Dies wurde bereits in früheren Studien damit erklärt, dass die Familie mit steigender Anzahl an Generationen größer wird und dadurch der Kontakt der Gesellschafter untereinander abnimmt. Demnach ist davon auszugehen das die Anzahl der Gesellschafter einen Einfluss auf die Vertrauenssituation ausübt. Darüber hinaus ist es auch wahrscheinlich, dass das Wissen der Ge-

[305] Vgl. Drozdow und Carroll 1997

sellschafter über das Unternehmen und seine Ziele mit zunehmender Zahl der Generationen immer weiter abnimmt. Wird nicht aktiv dagegen gesteuert, driften die Wissensbereiche der Gesellschafter und des Unternehmens im Laufe der Zeit immer weiter auseinander. Zudem legt die Veröffentlichung von Le Breton Miller et al. nahe, dass der stimmrechts- bzw. eigentumsbedingte Einfluss der Familie auf das Vertrauen einen nicht linearen Verlauf in Form eines Us annimmt.[306] Daher wurde für die Variable „Macht im Management" auch die quadrierte Form in die Regression aufgenommen. Das Ergebnis der Regression auf diesen Vertrauensfaktor gibt Tabelle 14 wieder. Es zeigt sich dabei, dass der kulturelle Einfluss der Familie signifikant positiv mit der Vertrauenssituation im Unternehmen verknüpft ist. Bezüglich der Höhe des Einflusses der Familie bei Stimmrechten bzw. Kapitalanteilen auf das Vertrauen deutet sich in unserer Studie, wie bei Le Breton Miller et al., ebenfalls ein u-förmiger Verlauf an.[307] Zwar ist die Variable selbst knapp nicht signifikant, weist aber ein negatives Vorzeichen auf. In ihrer quadrierten Form schlägt sie aber signifikant positiv zu Buche. Im gemeinsamen Text ist der Einfluss des Kapitalanteils der Familie auf das Vertrauen signifikant. Dies deutet darauf hin, dass vermutlich zunächst das Vertrauensniveau sinkt, wenn der direkte Eigentumseinfluss der Familie zunimmt, sich aber dann, ab einer bestimmten Höhe dieses Einflusses, wieder verbessert. Alle anderen von uns betrachteten Variablen spielen in diesem Zusammenhang keine Rolle.

Da nun in der Realität im Unternehmen die einzelnen Funktionen des Aufsichtsgremiums ebenso wenig getrennt voneinander vorkommen wie auch davon auszugehen ist, dass die Vertrauenssituation einen Einfluss auf die Funktionen des Aufsichtsgremiums haben, soll die Analyse noch erweitert werden und ein ganzheitliches Modell zur Erklärung der Funktionen von Aufsichtsgremien in mittelständischen Unternehmen abgeschätzt werden. Als geeignetes statistisches Analyseinstrument hierfür kann ein Pfad- oder Strukturgleichungsmodell dienen. Zum einen können die nicht direkt beobachtbaren Funktionskonstrukte des Aufsichtsgremiums wie auch das ebenfalls nicht direkt zu messende Vertrauensniveau oder der Familieneinfluss in ein solches Pfadmodell aufgenommen werden. Zum anderen kann die Untersuchung dieser einzelnen Konstrukte simultan in dem Modell geschehen, so dass ihre gegenseitigen Einflüsse kontrolliert werden können. Die Abbildung 7 zeigt das entsprechende Strukturgleichungsmodell, das die angesprochenen Konstrukte enthält und den Familieneinfluss auf dieselben analysiert. Das Strukturgleichungsmodell macht es im vorliegenden Fallmöglich, den Einfluss des F-PEC aufgespalten in seine Komponenten auf die Funktionen des Aufsichts-

306 Vgl. Le Breton Miller et al 2011
307 Vgl. Le Breton Miller et al 2011

gremiums simultan und in gegenseitiger Kontrolle der weiteren erklärenden Komponenten zu untersuchen.

Tabelle 16: Multiple lineare Regressionsanalyse basierend auf den Faktorwerten zu den Vertrauenssituationskomponenten

	Modell 1	
Abhängige Variable / Unabhängige Variable	**Faktor Vertrauen**	
	Parameter-Schätzer	Pr > |t|
Konstante	5.03339	0.1477
Familieneinfluss Kultur	**0.00863**	**0.0785**
Erfahrung der Familie	0.00162	0.7239
Familienmacht Governance	-0.35240	0.8635
Familien-macht Management	-1.14588	0.5176
Familien-macht Eigentum	-3.45196	0.1031
Familienmacht Eigentum ^2	**5.88524**	**0.0639**
Anzahl der Gesellschafter	-0.01280	0.3904
Gründungsjahr	-0.00266	0.1303
Modell-Fit		
Pr > F-Statistik	**0.0175**	
R-Quadrat	0.0974	
Adj. R-Quadrat	0.0569	

Quelle: ifm Mannheim, Befragung zur unternehmerischen Verantwortung, 2010

Wie bereits erwähnt, ist zu erwarten, dass die Vertrauenssituation zwischen Gesellschaftern und der Geschäftsführung im Unternehmen direkte Auswirkungen auf die Kontroll-, Mediations-, Netzwerk- und Beratungsfunktion des Aufsichtsgremiums besitzt. Daher besitzt das Pfadmodell fünf latente endogene Variablenkonstrukte: Die Kontroll-, Mediations-, Beratungs- und Netzwerkfunktion des Beiratsgremiums und die Vertrauenssituation zwischen Gesellschafter und Geschäftsführung, die ihrerseits wieder bestimmenden Charakter für die anderen vier latenten Variablen besitzt. Zudem soll davon ausgegangen werden, dass die Anzahl der Gesellschafter sowie die Anzahl der Jahre, die der jetzige Eigentümer, bzw. dessen Familie das Unternehmen besitzt, was meistens mit dem Gründungsjahr identisch ist, auch einen direkten Einfluss auf die Tätigkeiten des Aufsichtsgremiums ausüben. Auf der anderen Seite des Pfadmodells liegt es nahe, die fünf latenten Variablen im Messmodell durch spezifische Variablen zu den Funktionsaufgaben des Gremiums und zur Vertrauenssituation der Geschäftsführung durch die Gesellschafter allgemein abzubilden, wie es aus dem Strukturgleichungsmodell in Abbildung 7 ersichtlich wird. Diese spezifischen Variablen sind dieselben, die bereits bei der faktorenanalytischen Untersuchung erläutert wurden.

Für die Schätzung des Pfadmodells stehen 195 vollständige Datensätze zur Verfügung. Das Modell enthält 26 Variablen, 103 zu schätzende Parameter und 351 Momente, so dass von einer Identifizierbarkeit des Modells ausgegangen werden kann. Eine der Voraussetzungen zur Schätzung eines Pfadmodells mittels Maximum-Likelihood-basierter Schätzverfahren, die hier zunächst nicht gegeben ist, ist die multivariate Normalverteilung der manifesten Variablen. Bereits die univariate Betrachtung der Verteilungen lässt starke Zweifel an der Normalverteilungsannahme für einzelne Variablen aufkommen. Der Test auf multivariate Normalverteilung zeigt eindeutig (Mardias Multivariate Kurtosis = 89,84 / Normalisierte Multivariate Kurtosis = 16,65), dass für dieses Modell die Gültigkeit der Voraussetzung einer multivariaten Normalverteilung nicht gegeben ist. Da auch Variablentransformationen zu keinen wesentlichen Verbesserungen führen und aufgrund vieler involvierter Likertskalen die Interpretation erheblich erschwert wird, verbietet sich die direkte Anwendung der Maximum-Likelihood-Schätzung, da diese Schätzungen verzerrt sein würden. Als Ausweg könnte die ADF-Schätzung nach Browne angesehen werden.[308] Allerdings erfordert dieses Schätzverfahren eine Stichprobengröße von mindestens 500, so dass auch dieser Weg hier zunächst nicht beschritten werden kann.

Daher wurde zur Sicherstellung zuverlässiger Ergebnisse des Pfadmodells ein Bootstrapping-Verfahren zur Berechnung angewandt. Hierfür wurden 1000 Bootstrap-Stichproben gezogen, zum einen aus der Originalstichprobe zur Schätzung der Parameter und zum anderen aus der nach Bollen-Stine transformierten Datenmatrix, um den Modellfit zu bestimmen.[309] Auf jede dieser Bootstrap-Stichproben wurde dann die Maximum-Likelihood-Schätzung für das Pfadmodell angewandt.

Wie sieht es nun mit den Maßen für die Modellanpassung unseres Pfadmodells nach der Bollen-Stine Transformation beim Bootstrapping aus. Das Verhältnis des Chi-Square-Werts beträgt 1,228 und liegt damit deutlich unter 2,5 als theoretischer Grenze, so dass hier von einer zufriedenstellenden Modellgüte ausgegangen werden kann. Auch die mittlere Wahrscheinlichkeit für den Chi-Square Test liegt mit 0,1698 im Ablehnungsbereich, was die eben gemachte Aussage untermauert. Auch weitere Anpassungsmaße, wie sie in der Tabelle 16 angegeben werden, deuten auf eine akzeptable Modellanpassung hin. Die Werte für den SRMSR (0,065) und den RMSEA (0,030) rangieren zwischen „akzeptabel“ (bis 0,08) bis „gut“.

---

308 Vgl. Browne 1984
309 Vgl. Bollen und Stine 1992

Abbildung 7: Pfadmodell für den Einfluss der Komponenten des F-PEC auf die Funktionen des Aufsichtsgremiums in Unternehmen

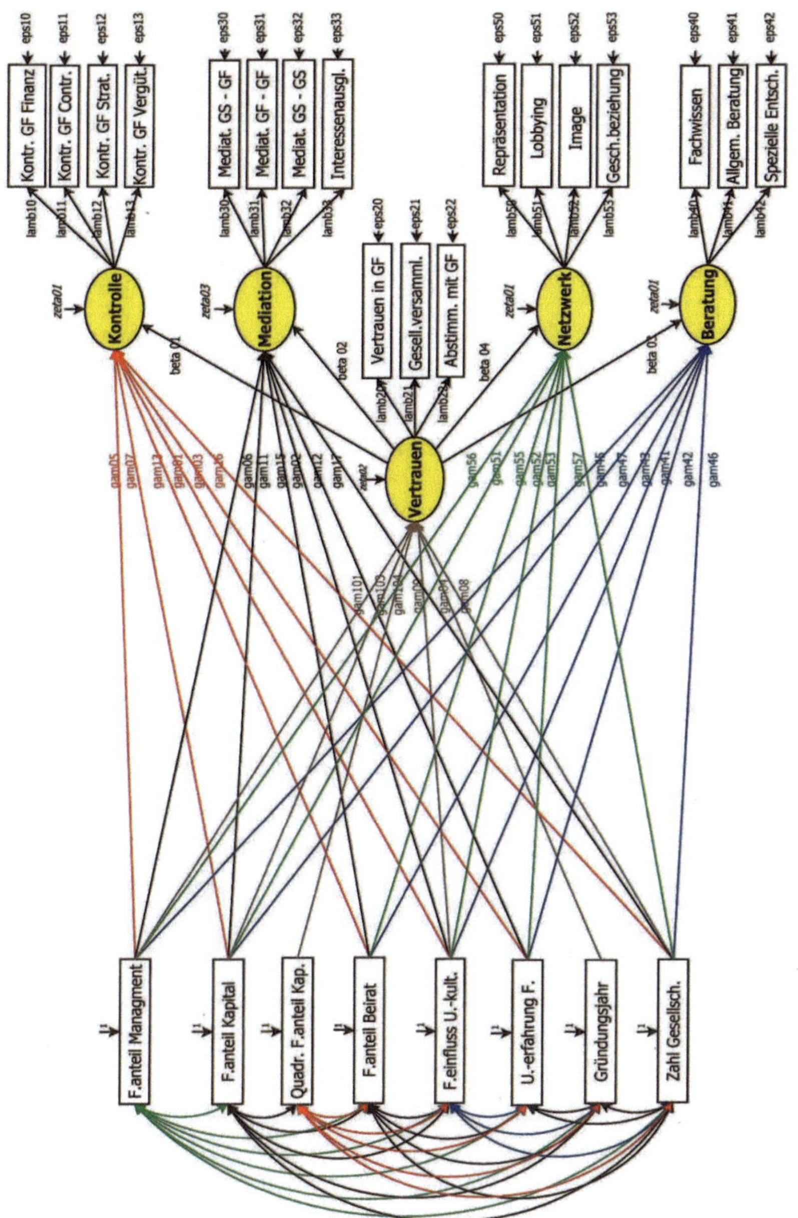

Quelle: ifm Mannheim, Befragung zur unternehmerischen Verantwortung, 2010

Nur der Wert für den Adjusted Goodness of Fit Index (AGFI) (0,86) liegt ganz leicht darunter. Dieser Wert stellt aber das Modell-Fitting insgesamt nicht in Frage, da die anderen Werte einen guten Fit des Modells anzeigen. Somit kann also von einem absolut akzeptablen Modellfit ausgegangen werden.

Tabelle 17: Maße des Modellfits für das Bollen-Stine-Bootstrapping

		Bootstrap Mittel	Bootstrap Median
Modell Info	Anzahl der Bootstrap-Stichproben	1000	
Absolute Index	Chi-Square	304,6876	297,0478
	Chi-Square DF	248	248
	Pr > Chi-Square	0,1698	0,0178
	Standardized RMSR (SRMSR)	0,0650	0,0573
	Hoelter Critical N	194,442	193
	Goodness of Fit Index (GFI)	0,9018	0,9040
Parsimony Index	Adjusted GFI (AGFI)	0,8610	0,8641
	RMSEA Estimate	0,0299	0,0315
	Probability of Close Fit	0,8534	0,9938
	McDonald Centrality	0,8764661	0,8846002
Incremental Index	Bentler Comparative Fit Index	0,9781	0,9820
	Bentler-Bonett NFI	0,8990	0,9011
	Bentler-Bonett Non-normed Index	0,9729	0,9764
	Bollen Non-normed Index Delta2	0,9798	0,9825

Quelle: ifm Mannheim, Befragung zur unternehmerischen Verantwortung, 2010

Demnach lohnt sich also ein Blick auf die Parameterschätzungen unseres Modells. Die Schätzungen aus dem Bootstrapverfahren mit 1000 Stichproben sind in der Tabelle 17 aufgeführt.

Zuerst einmal werden die fünf Komponenten des Measurement-Modells für die latenten Variablen betrachtet. In Bezug auf die Ergebnisse des Bootstrappingverfahrens werden in der Tabelle 17, in den letzten beiden Spalten, die Werte für ein geschätztes 90% - Konfidenzintervall mit Verzerrungskorrektur nach Stine für die Pfadparameter angezeigt.[310] Umfasst dieses Intervall die Null, so bedeutet dies, dass bei dem entsprechenden Parameter nicht davon ausgegangen werden kann, dass dieser von Null verschieden ist und damit der entsprechende Zusammenhang bzw. Pfad gegeben ist. Die Pfade des Measurementmodells erweisen sich sämtlich als sehr stabil, sind nach dem Bootstrapping Verfahren signifikant und spiegeln die latenten Variablen Netzwerk-, Beratungs-, Kontroll- und Mediationsfunktion des Aufsichtsgremiums sowie die Vertrauenssituation zwischen Gesellschafter und Geschäftsführung gut wider.

[310] Vgl. Stine 1989

Wie sieht es nun mit dem Erklärungsgehalt des Pfad-Modells aus? Schauen wir zunächst einmal auf die Ergebnisse zur Bedeutung der **Kontrollfunktion** als Teil der Tätigkeit des Aufsichtsgremiums. Genauso wie im Regressionsmodell mit den Faktorwerten als abhängige Variable sind auch im Pfadmodell auf der Grundlage des Bootstrapping sämtliche erklärenden Variablen nicht signifikant. Dies wird deutlich, wenn man sich die verzerrungskorrigierten Konfidenzintervalle in der Tabelle 17 anschaut. Alle entsprechenden Konfidenzintervalle beinhalten die Null, d.h. die entsprechenden Pfadkomponenten sind nicht statistisch signifikant. Demnach gibt es keinen Zusammenhang zwischen dem Einfluss der Inhaberfamilie und auch der Anzahl der Gesellschafter auf die Kontrollfunktion des Beirats.

Geht man nun zur Schätzung der Pfadkoefizienten für den Zusammenhang zwischen der **Mediationsfunktion** des Beirats und ihrer möglichen Determinanten über, so ist aus der Ergebnistabelle 17 ersichtlich, dass nur der Pfadkoeffizient der auf der Anzahl der Gesellschafter (gam17) basiert statistisch signifikant ist, da sein verzerrungskorrigiertes Konfidenzintervall die Null umfasst. Dabei ist an keiner Stelle eine inhaltliche Übereinstimmung zwischen dem Regressionsmodell mit den Faktorwerten für die Mediationsfunktion als abhängige Variable und der Bootstrapping-Schätzung vorhanden. Während im Regressionsmodell noch der Einfluss der Familie auf die Unternehmenskultur statistisch bedeutsam für die Mediationsfunktion des Aufsichtsgremiums war, ist die im Pfadmodell (gam12) nicht mehr der Fall. Auf der anderen Seite spielt nunmehr die Anzahl der Gesellschafter eine statistisch signifikante Rolle, während das vorher im Regressionsmodell nicht der Fall war.

Obwohl im Regressionsmodell die **Netzwerkfunktion** noch von der Variable Familienmacht im Management bestimmt wurde, ist dies im Pfadmodell nicht mehr der Fall (gam56). Auch hier kann nun die Anzahl der Gesellschafter als ein konstituierender Faktor für die Netzwerkfunktion des Beirats angesehen werden (gam57). Je mehr Gesellschafter das Unternehmen hat, umso mehr gewinnt die Netzwerkfunktion des Beirats an Bedeutung. Als statistisch unbedeutend für diese Funktion erweisen sich die Komponenten des F-PEC, da die entsprechenden Koeffizienten in beiden Modellen insignifikant sind.

Betrachtet man die Bestimmungsfaktoren der **Beratungsfunktion** im Pfadmodell (Tabelle 17), dann zeigt sich, dass nur die Anzahl der Gesellschafter (gam46) statistisch signifikant ist, da ihr verzerrungskorrigiertes Konfidenzintervall die Null nicht beinhaltet. Die Beratung durch den Beirat gewinnt also an Bedeutung, wenn sich auch die Anzahl der Gesellschafter erhöht. Während die Variablen Familienmacht im Management (gam47) und der Einfluss der

Familie auf die Unternehmenskultur (gam41) im entsprechenden Regressionsmodell (Tabelle 13) statistisch bedeutsam waren, gilt dies bei Anwendung des Strukturgleichungsmodells nun nicht mehr.

Wie verhält es sich schließlich mit dem Konstrukt **Vertrauen** im Pfadmodell? Während im Regressionsmodell (Tabelle 15) die Einflussnahme der Familie auf die Unternehmenskultur, sowie der Einfluss der Familie durch Kapitalanteile ins Quadrat eine Bedeutung für die Vertrauenssituation im Unternehmen haben, erweist sich im Pfadmodell leider keine der erklärenden Variablen als signifikant. Dies bedeutet, dass keine Komponente des F-PEC eine erklärenden Einfluss auf die Vertrauenssituation im Unternehmen hat.

Im nächsten Analyseschritt wenden wir uns der Bedeutung des Vertrauens für die Beratungs-, Netzwerk-, Kontroll- und Mediationsfunktion des Aufsichtsgremiums zu. Da keines der entsprechenden verzerrungskorrigierten Konfidenzintervalle die Null beinhaltet, kann nicht bezweifelt werden, dass diese Korrelationen von statistischer Bedeutung sind. So muss gefolgert werden, dass ein höheres Vertrauensniveau im Unternehmen zu einer gesteigerten Übernahme der Mediations- (beta02), Netzwerk- (beta04), Beratungs- (beta03) sowie auch der Kontrollfunktion (beta01) des Aufsichtsgremiums führt. Dieses ist nun in der Tat ein überraschendes Ergebnis, dessen Implikationen im Rahmen der Ergebnisdiskussion noch weiter erörtert werden.

Zusammenfassend kann man aus der Schätzung des Pfadmodells folgern, dass der Familieneinfluss keine Bedeutung für die Funktionsausübung des Beirats besitzt. Festgestellt werden kann dagegen sehr überzeugend, dass die Vertrauenssituation im Unternehmen Auswirkungen auf alle Funktionen des Aufsichtsgremiums besitzt. Wie lassen sich nun die gefundenen Ergebnisse interpretieren und welche Erklärungsmuster könnte es dafür geben? Was bedeuten die Schätzergebnisse für die Pfadkoeffizienten in Bezug auf die Bewertung der Hypothesen?

6.3.5 Diskussion der Ergebnisse

Wie in den schon getätigten Ausführungen bereits gesehen, erfolgte die Analyse der Fragestellungen in mehreren Schritten. Da das Pfadmodell die vorherigen Analyseschritte umfasst, werden im Folgenden nur die Ergebnisse des Pfadmodells diskutiert und auf dieser Basis die Hypothesentests erläutert.

Ausgangspunkt waren die Überlegungen, dass der Familieneinfluss in Unternehmen mit dem Vertrauensverhältnis zwischen Gesellschaftern und Geschäftsführung und auch mit den Aufgaben, die das Aufsichtsgremium wahrnimmt, in Zusammenhang steht. Wenden wir uns zunächst dem Zusammenhang zwischen Familieneinfluss und der Vertrauenssituation zu. In diesem Modell konnten wir keine signifikante Wirkung des Familieneinflusses auf das Vertrauensverhältnis zwischen Geschäftsführung und Gesellschaftern nachweisen. Daher muss Hypothese 1 verworfen werden. Zu beachten ist, dass in dieser Studie Unternehmen mit einer Größe von 100 bis 499 Beschäftigten betrachtet werden. Möglicherweise wird das Ausmaß des in der Geschäftsführung und zwischen den Gesellschaftern herrschende Vertrauen bei Unternehmen dieser Betriebsgröße noch von anderen Faktoren bestimmt, so dass der Familieneinfluss an sich nicht die entscheidende Rolle spielt. Darauf deuten die verbesserungsfähigen R^2-Werte hin.

Welche Rolle spielt nun das Vertrauen für die einzelnen Funktionen des Aufsichtsgremiums? Wie die Ergebnisse gezeigt haben, hat die Vertrauenssituation zwischen Geschäftsführung und Gesellschafter einen signifikant positiven Einfluss auf alle vier genannten Aufgaben des Aufsichtsgremiums. Mit steigendem Vertrauen nimmt das Aufsichtsgremium also nicht nur mehr beratende und konfliktlösende Funktionen wahr, sondern es kontrolliert auch stärker und leistet mehr Lobbyarbeit. Grundsätzlich zeigt dies, dass das Aufsichtsgremium mit steigendem Vertrauen in seiner ganzen Aufgabenbreite stärker in Anspruch genommen wird und auch bereit dazu ist diese Aufgaben entsprechend ausgiebiger wahrzunehmen. In Anbetracht der Tatsache, dass bei den hier betrachteten Unternehmen die Aufsichtsgremien in der Regel auf freiwilliger Basis eingerichtet werden, erlangt das Vertrauen für die ausgeübten Funktionen eine große Bedeutung. Dies gilt sogar für die Kontrollfunktion. Somit kann Hypothese 2a, in der behauptet wurde, dass mit zunehmendem Vertrauen die beratenden und unterstützenden Funktionen von Aufsichtsgremien verstärkt wahrgenommen werden, angenommen werden.

Tabelle 18: Pfadparameter des Modells

			90% verzerrungskorrigiertes Konfidenzintervall	
Pfad	**Parameter**	**Schätzwert**	**Untere Grenze**	**Obere Grenze**
Einbringung Fachwissen <- Beratung	**lamb40**	**0,95925**	**0.8088688977**	**1.5188801815**
Beratung allg. Entscheidungen <- Beratung	**lamb41**	**1,19955**	**0.959489405**	**1.9243451204**
Beratung spez. Entscheidungen <- Beratung	**lamb42**	**0,93748**	**0.7891513226**	**1.5236326992**
Kontrolle CEO Finanzen <- Kontrolle	**lamb10**	**0,95206**	**0.8587415858**	**1.5745946971**
Kontrolle CEO Controlling <- Kontrolle	**lamb11**	**1,04942**	**0.8333677774**	**1.5918146519**
Kontrolle CEO Strategie <- Kontrolle	**lamb12**	**1,00597**	**0.7742320761**	**1.7864045341**
Kontrolle CEO Vergütung <- Kontrolle	**lamb13**	**0,65973**	**0.473408618**	**1.0769799721**
Vertrauen in CEO <- Vertrauen	lamb20	**0,82091**	**0.1611584096**	**1.7197964486**
Gesellschafterversammlung <- Vertrauen	**lamb21**	**0,95475**	**0.6105431705**	**3.1424232722**
Abstimmung strat. Fragen mit GS <- Vertrauen	**lamb22**	**1,31805**	**0.9003924259**	**4.5579407735**
Mediation Gesellschafter-CEO <- Mediation	**lamb30**	**1,04654**	**0.8601788953**	**1.607011571**
Mediation CEO-CEO <- Mediation	**lamb31**	**1,00303**	**0.8501688022**	**1.4808547042**
Mediation GS-GS <- Mediation	**lamb32**	**1,08731**	**0.9097224726**	**1.4532658128**
Ausgleich Interessen GS <- Mediation	**lamb33**	**0,87696**	**0.766476182**	**1.0980099579**
Repräsentation <- Netzwerk	**lamb50**	**0,89577**	**0.8376474335**	**1.319564112**
Lobbying <- Netzwerk	**lamb51**	**0,90468**	**0.8143982534**	**1.3822441798**
Image <- Netzwerk	**lamb52**	**1,22067**	**1.1100480639**	**1.7064272939**
Pflege der Geschäftsbeziehungen <- Netzwerk	**lamb53**	**0,95052**	**0.8436103167**	**1.3660541577**
Beratung <- Familieneinfluss Unternehmenskultur	gam41	**0,1468**	**-1.047370117**	**0.3429101223**
Beratung <- Unternehmenserfahrung Familie	gam42	**-0,19042**	**-0.406243167**	**0.0302416373**
Beratung <- Familienanteil Management	gam45	0,17525	-0.109548334	0.3574298022
Beratung <-Familienanteil am Kapital	gam47	**-0,20237**	**-0.450229135**	**0.0635122124**
Beratung <-Familienanteil Beirat	gam43	**-0,07788**	**-0.082510597**	**0.2439491704**
Beratung <- Anzahl Gesellschafter	**gam46**	**0,14486**	**0.0143008091**	**0.7662933873**
Kontrolle <- Familieneinfluss Unternehmenskultur	gam01	**0,07286**	**-0.82148015**	**0.3287405832**
Kontrolle <- Unternehmenserfahrung Familie	gam03	**-0,19524**	**-0.434155137**	**0.0525448524**
Kontrolle <- Familienanteil Management	gam05	**0,00172**	**-0.260577142**	**0.2051660698**
Kontrolle <-Familienanteil am Kapital	gam07	**-0,07671**	**-0.444797413**	**0.1321069852**
Kontrolle <-Familienanteil Beirat	gam13	**-0,07188**	**-0.301271834**	**0.0860035368**
Kontrolle <- Anzahl Gesellschafter	gam16	**0,10555**	**-0.022489954**	**0.8551838665**
Vertrauen <- Gründungsjahr	gam04	**-0,0315**	**-0.103363509**	**0.0831825583**
Vertrauen <- Anzahl Gesellschafter	**gam08**	**-0,06508**	**-0.38532075**	**0.026298068**
Vertrauen <- Familieneinfluss Unternehmenskultur	gam09	**0,0962**	**-0.431884782**	**0.2649105312**
Vertrauen <- Familienanteil Management	gam101	**0,00593**	**-0.114855994**	**0.3056092491**
Vertrauen <-Familienanteil am Kapital	gam103	**-0,04721**	**-0.943581565**	**1.0163086842**
Vertrauen <- Quadrat (Familienanteil am Kapital)	gam104	**0,08736**	**-0.9878295**	**0.8850996861**
Mediation <- Familienanteil Management	**gam06**	**0,1275**	**-0.122385041**	**0.357066191**

			90% verzerrungskorrigiertes Konfidenzintervall	
Pfad	**Parameter**	**Schätzwert**	**Untere Grenze**	**Obere Grenze**
Mediation <- Familieneinfluss Unternehmenskultur	**gam02**	-0,26569	-0.63215978	0.0155542797
Mediation <-Familienanteil am Kapital	gam11	-0,05981	-0.357409529	0.2530998086
Mediation <- Unternehmenserfahrung Familie	gam12	0,14877	-0.088733356	0.3848522166
Mediation <-Familienanteil Beirat	gam15	0,06768	-0.132580936	0.2313675034
Mediation <- Anzahl Gesellschafter	**gam17**	0,12912	0.0131267919	0.3798287727
Netzwerk <- Familienanteil Management	gam56	-0,12553	-0.281391891	0.1282890567
Netzwerk <- Familieneinfluss Unternehmenskultur	gam52	-0,01667	-0.393792296	0.233022988
Netzwerk <-Familienanteil am Kapital	gam51	-0,23716	-0.437183682	0.037864536
Netzwerk <- Unternehmenserfahrung Familie	gam53	0,04501	-0.178318521	0.2194216299
Netzwerk <-Familienanteil Beirat	gam55	0,03837	-0.152888788	0.2978494088
Netzwerk <- Anzahl Gesellschafter	**gam57**	0,02707	-0.130157983	0.3396988927
Beratung <- Vertrauen	**beta03**	1,80272	0.9515506914	10.371719278
Netzwerk <- Vertrauen	**beta04**	0,83952	0.397448665	4.6132917512
Kontrolle <- Vertrauen	**beta01**	1,60253	0.7492736365	9.262475126
Mediation <- Vertrauen	**beta02**	1,05305	0.4726467211	6.945603943

Quelle: ifm Mannheim, Befragung zur unternehmerischen Verantwortung, 2010

Dagegen muss Hypothese 2b verworfen werden, in der angenommen wurde, dass mit abnehmendem Vertrauen die Kontrollaufgaben vom Aufsichtsgremium verstärkt wahrgenommen werden. Das Vertrauensverhältnis zwischen Geschäftsführung und Inhabern wirkt sich auf die Ausübung aller Funktionen des Aufsichtsgremiums positiv aus. Es kann davon ausgegangen werden, dass ein ausgeprägtes Vertrauensverhältnis zwischen Geschäftsführung und Gesellschaftern alternativ an die Stelle der gesetzlichen Regelungen bei Pflichtaufsichtsgremien tritt. In diese Perspektive passt auch die steigende Bedeutung der Kontrollfunktion von Aufsichtsgremien bei zunehmendem Vertrauen, da sich die Mitglieder des Gremiums bei einem hohen Vertrauen auch besonders in der Verantwortung sehen und dementsprechend die Kontrollfunktion zum Wohl des Unternehmens ausüben.

Wie steht es nun mit dem direkten Einfluss der Familie auf die einzelnen Funktionen von Aufsichtsgremien? Hier zeigt sich, dass der Einfluss der Familie im Unternehmen keine Bedeutung für die Funktionen des Aufsichtsgremiums hat. Lediglich die Mediations- und Beratungsaufgabe werden von der Anzahl der Gesellschafter bedingt. Mit steigender Gesellschafterzahl nimmt nicht unerwartet die Mediationsfunktion des Aufsichtsgremiums an Bedeutung zu. Auch die Bedeutung der Beratungsaufgabe steigt. Es ist zu vermuten, dass mit steigender Gesellschafterzahl der Legitimationsdruck auf die Aufsichtsgremiumsmitglieder steigt und sie sich dann verstärkt ihren unterschiedlichen Aufgaben widmen.[311] Gleichzeitig kann man annehmen, dass sich auch die Geschäftsführung einem stärkeren Legitimationsdruck ausgesetzt sieht und deshalb verstärkt Beratungsleistungen ihres Aufsichtsgremiums einfordert. Für den Aufgabenkomplex Networking und Kontrolle konnte kein Zusammenhang festgestellt werden. Jedoch hat die Kontrollfunktion des Aufsichtsgremiums über alle Unternehmen gesehen immer die höchste Priorität, was zeigt, dass diese Funktion des Aufsichtsgremiums nicht zur Disposition steht, auch nicht bei variierender Gesellschafterzahl. Auf der Grundlage dieser Ergebnisse muss die dritte Hypothese daher abgelehnt werden.

6.3.6 Fazit und Ausblick

Dieser Artikel hatte zum Ziel herauszufinden, inwieweit der Familieneinfluss die Aufgabenerfüllung des Aufsichtsgremiums beeinflusst. Diesbezüglich wurde die Aufgabenerfüllung der Aufsichtsgremien von 195 Unternehmen untersucht. Dabei wurde angenommen, dass der Familieneinfluss einen direkten Effekt auf die Aufgabenerfüllung des Aufsichtsgremiums hat und weiterhin, dass die Vertrauenssituation im Unternehmen ebenfalls eine Bedeutung für dessen Funktion hat. Schließlich wurde auch von einem Einfluss der Familie auf die Vertrauenssituation im Unternehmen ausgegangen. Die Anfangsüberlegung bestand darin, dass die Vertrauenssituation zwischen Geschäftsführung und Gesellschaftern und die Funktionen des Beirats auf eine Stewardship- oder Agency-Umgebung im Unternehmen hinweisen. Aus diesen Überlegungen folgte, dass sich die Unternehmensumgebung auch aus dem Familieneinfluss erklären ließe.

Die Ergebnisse zeigten, dass der Einfluss der Familie im Unternehmen keine erkennbare Bedeutung für die Vertrauenssituation hat, ferner werden auch die Funktionen des Beirats nicht davon beeinflusst. Man könnte vermuten, dass in dieser Unternehmensgrößenklasse das Vertrauen zwischen Gesellschaftern und Geschäftsführern aufgrund der doch relativ geringen Personenzahl noch recht hoch ist, auch wenn die Familie im Unternehmen keinen direkten Einfluss hat. Da die Funktionen des Beirats aber eben von dieser Vertrauensbasis abhängen, ist es nicht verwunderlich, dass die Familie auch keinen direkten Einfluss auf diese hat.

Weiterhin wurde erkennbar, dass die Vertrauenssituation alle Aufgaben des Beirats in gleicher Weise stark beeinflusst. Da anfangs davon ausgegangen wurde, dass die Vertrauensumgebung die Funktionen des Beirats in unterschiedlicher Weise beeinflusst, kann aufgrund un-

[311] Für einen Überblick über die Grundgedanken des Legitimitätsdrucks siehe Powell und DiMaggio 1991 sowie Greenwood et al. 2008

seres Ergebnisses kein Rückschluss von den Beiratsfunktionen auf die jeweilige Unternehmensumgebung, Agency oder Stewardship, gezogen werden. Da auch gesehen wurde, dass der Familieneinfluss keine Bedeutung für die Vertrauenssituation hat, kann zumindest bei Unternehmen dieser Größenordnung kein Zusammenhang zwischen Familiengewicht und Unternehmensumgebung abgeleitet werden. Allerdings prägt die Vertrauenssituation offensichtlich in entscheidender Weise den Grad der Aufgabenerfüllung des Beirats. Es kann davon ausgegangen werden, dass dieser sich umso mehr engagiert, je höher das Vertrauen zwischen Geschäftsführung und Gesellschaftern ist. Insgesamt kann weder direkt über die Vertrauenssituation, noch indirekt über die Beeinflussung der Funktionen des Beirats ein Zusammenhang zwischen dem Familieneinfluss und der Unternehmensumgebung konstituiert werden.

Letztendlich gibt es somit Indizien, die für eine Stewardshipumgebung in Familienunternehmen sprechen als auch Hinweise, dass die Kontrolle in Familienunternehmen mit steigendem Vertrauen wächst und somit auch Agenturkosten in Familienunternehmen zu tragen sind. Es benötigt somit noch weitere Studien, um Licht ins Dunkel dieser Thematik zu bringen.

Diese Studie ist nicht frei von Limitationen. Eine Einschränkung ist die Betrachtung nur einer begrenzten Unternehmensgrößenklasse. Die Unternehmensumgebung wurde darüber hinaus lediglich über die Funktionen des Beirats und der Vertrauenssituation zwischen Geschäftsführer und Gesellschafter eruiert. Weiterhin wurde die Kontrollfunktion im Unternehmen nur anhand der Beiratsfunktionen betrachtet. So könnten vielleicht andere Kontrollmechanismen noch weitere Aufschlüsse geben. Eine direkte Befragung der Beiratsmitglieder könnte zumindest für die Beiratsaufgaben tiefere Einblicke gewähren. Zwar stellt die Befragung des Geschäftsführers für die Beurteilung des Familieneinflusses eine gute Quelle dar, letztendlich muss die Subjektivität der Aussagen trotzdem als Einschränkung angesehen werden.[312]

Für weitere Forschungen bietet es sich an, die Unternehmensumgebung gerade in kleineren und mittleren Unternehmen einer näheren Betrachtung zu unterziehen. Dabei wäre es sicherlich gut, den Fokus auf das Verhältnis zwischen Kontrolle und Vertrauen zu legen. Im Gegensatz zu den anfänglichen Überlegungen und zur Literatur führte bei unserer Studie ein hohes Vertrauen auch zu einer starken Ausübung der Kontrollfunktion des Beirats. Daher müsste abgeklärt werden, ob dieses Ergebnis allgemeingültig ist oder sich nur auf die Kontrolle durch

[312] Vgl. Hurrle und Kieser 2005

den Beirat bezieht. Hier würde sich zur näheren Betrachtung eine qualitative Studie anbieten, um die tieferen Gründe für das beobachtete Verhalten zu erforschen.

7 Diskussion

Diese Arbeit hat zum Ziel genauer herauszufinden, inwieweit der Familieneinfluss eine Rolle bei der Ausübung verantwortungsvoller Unternehmensführung spielt. Dafür wurden im Kern drei unterschiedliche empirische Studien vorgestellt und diskutiert. Zwei Studien beleuchteten Aspekte der Corporate Social Responsibility von Unternehmen mit unterschiedlichem Familieneinfluss und eine Studie war dem Themenkomplex Corporate Governance gewidmet.

Bezogen auf das freiwillige, verantwortliche Verhalten der Unternehmen ihren Stakeholdern gegenüber, kurz CSR genannt, lieferten die beiden vorgestellten Studien keine signifikanten Unterschiede zwischen Unternehmen mit schwachem und Unternehmen mit starkem Familieneinfluss. Bei der ersten Studie, die die Ausbildungsbereitschaft von 510 Unternehmen in Mannheim untersucht hat, zeigte sich im Ergebnis, dass bei kleineren Familienunternehmen die Ausbildungsneigung geringer als bei Nicht-Familienunternehmen ist. Bei größeren Familienunternehmen hingegen ist die Ausbildungsneigung höher.[313] Es kann somit kein genereller Unterschied bei der Verantwortungsübernahme der beiden untersuchten Unternehmenstypen festgestellt werden. Um dieses Ergebnis zusätzlich zu untermauern, wurde in einer zusätzlichen Rechnung weiter überprüft, ob neben der reinen Ausbildungsübernahme der Unternehmen auch Unterschiede bei der Auswahl der Bewerber zu verzeichnen waren.[314] So wurde jeweils abgefragt, ob die Unternehmen Bedenken haben eine werdende Mutter, einen Bewerber mit Migrationshintergrund sowie einen Bewerber aus einem sozialen Brennpunkt einzustellen. Mithilfe dieser Fragen ist es möglich noch genauer einzuschätzen, ob die Unternehmen tatsächlich aus einer Verantwortung heraus ausbilden oder ob die Ausbildungsbereitschaft der Unternehmen auch anderen Gründen geschuldet ist. Im Ergebnis konnten aber auch hier keine signifikanten Unterschiede zwischen Familienunternehmen sowie Nicht-Familienunternehmen ausfindig gemacht werden. Sowohl Unternehmen mit starkem Familieneinfluss als auch Unternehmen mit schwachem Familieneinfluss sind gleich geneigt, benachteiligte Bewerber einzustellen. Dies gilt für jede der drei abgefragten Gruppen von Benachteiligten. Dieses Ergebnis unterstreicht die Aussage, dass sich Familienunternehmen in Punkto verantwortungsbewusster Unternehmensführung nicht per se anders verhalten als ihr Pendant ohne Familieneinfluss.[315] In einer zweiten Studie, die die Instrumente der Mitarbei-

---

313 Eine zusätzlich aufgestellte Rechnung überprüfte die Ausbildungsquote von Familien- und Nicht-Familienunternehmen, konnte jedoch keine signifikanten Unterschiede aufzeigen.

314 Diese Überprüfung ist nicht Teil der in Kapitel 6.1 vorgestellten Studie, sondern wurde zu einem späteren Zeitpunkt durchgeführt

315 Die Motivation für die Ausbildungswahrnehmung wurde auch beim zweiten Datensatz, bei dem 588 Unternehmen zwischen 100 und 499 Mitarbeitern befragt wurden, abgefragt. Bei den Fragen „Wir bilden aus,

terbindung in Unternehmen zwischen 100 und 499 Mitarbeitern bei Unternehmen mit variierendem Familieneinfluss untersuchte, zeigte sich, dass der Familieneinfluss bei einigen wenigen Bindungsmaßnahmen eine gewisse Bedeutung hat. Zugleich wurde sichtbar, dass der Betriebsrat eine nicht unwichtige Rolle bei der Etablierung von Mitarbeiterbindungsmaßnahmen spielt. In einer nachträglich aufgestellten Rechnung wurde zusätzlich überprüft, ob bei der Motivation zwischen Familienunternehmen und Nicht-Familienunternehmen Unterschiede bestehen. Bei den Fragen, inwieweit stimmen sie folgenden Äußerungen zu, „Das Engagement bezüglich unserer Mitarbeiter erfolgt eher aus betriebswirtschaftlichen als aus selbstlosen Gründen" und „Wir engagieren uns bezüglich unserer Mitarbeiter, weil wir an einem guten Ruf unserer Firma/Familie interessiert sind" konnte in Bezug auf den Familieneinfluss kein Unterschied bei den befragten Unternehmen herausgefunden werden. Allerdings zeigte sich, dass sich Familienunternehmen bezüglich ihrer Mitarbeiter deutlich häufiger engagieren, um gute Mitarbeiter zu gewinnen und an das Unternehmen zu binden. In dieser Studie ergibt sich somit, genauer wie bei der ersten Studie, kein klarer Trend, dass der Familieneinfluss eine starke Rolle in Bezug auf das verantwortliche Verhalten der Unternehmen spielt. Auch bezogen auf den Themenbereich Corporate Governance kann die dritte vorgestellte Studie keine signifikanten Unterschiede zwischen den untersuchten Unternehmenstypen nachweisen. Die Ergebnisse der Studie, die das Vertrauen zwischen Geschäftsführung und Gesellschafter sowie damit einhergehend die Aufgabenerfüllung des Aufsichtsgremiums beleuchtete, machten deutlich, dass das Gewicht der Familie im Unternehmen keine erkennbare Bedeutung für die Vertrauenssituation hat, ferner werden auch die Funktionen des Beirats nicht davon geprägt. Die Vertrauenssituation zwischen Geschäftsführung und den Eigentümern des Unternehmens beeinflusst jedoch in signifikantem Maße die Aufgabenerfüllung des Aufsichtsgremiums.[316]

Fasst man die Ergebnisse dieser drei Studien zusammen, so scheinen sich Familienunternehmen in ihrem Gesamtbild in Punkto verantwortungsvoller Unternehmensführung nicht signifikant von ihrem Pendant ohne Familieneinfluss abzuheben. Weder die beiden Studien aus

weil wir gesellschaftliche Verantwortung übernehmen wollen" sowie „Wir bilden aus, weil wir an einem guten Ruf unserer Firma interessiert sind" zeigten sich keine signifikanten Unterschiede zwischen Unternehmen mit starken und Unternehmen mit schwachem Familieneinfluss. Die Fragen „Wir bilden aus, um eine Qualifizierung der Mitarbeiter genau den betrieblichen Anforderungen zu erreichen" und „Wir bilden aus, um Fachkräfte bei Mangel auf dem Arbeitsmarkt zu gewinnen" wurden signifikant häufiger positiv von Familienunternehmen beantwortet. Familienunternehmen scheinen sich also auch aus strategischen und betriebswirtschaftlichen Gründen um das Thema Ausbildung zu kümmern und nicht nur aus ihrer Verantwortung der Gesellschaft gegenüber heraus.

316 In einer nachträglich durchgeführten Rechnung wurde betrachtet, ob Unterschiede in der Vertrauenssituation zwischen Unternehmen mit und ohne Aufsichtsgremium erkennbar sind. Es zeigten sich jedoch keine signifikanten Unterschiede auf.

dem Bereich Corporate Social Responsibility noch die Studie des Themenbereichs Corporate Governance wiesen auf signifikante Unterschiede der beiden Unternehmenstypen hin.

Was aber könnten Ursachen hierfür sein, dass der Familieneinfluss in Bezug auf verantwortungsbewusstes Verhalten bei mittelständischen Unternehmen keine Rolle spielt?

Ein Grund könnte sein, dass nicht nur Familienunternehmen in gesteigertem Maße an der Aufrechterhaltung einer guten Reputation gelegen ist. Auch ohne Familieneinfluss scheinen kleine und mittlere Unternehmen im Fokus der Öffentlichkeit zu stehen und daher besonders an einer positiven Reputation interessiert zu sein. So konnte in anderen Studien gezeigt werden, dass sich kleine und mittlere Unternehmen ihrem Ruf und Ansehen in der Bevölkerung bewusst sind.[317] Gerade auch in Nicht-Familienunternehmen der in dieser Studie untersuchten Größenordnung kann eine negative Reputation mit erheblichem Vermögensverlust einhergehen. Die Tatsache, dass viele mittelständische Unternehmen in ländlichen Regionen beheimatet sind, kann diese Tendenz zusätzlich verstärken. Gerade in weniger dicht besiedelten Gebieten spielen die Unternehmen der Region eine prominente Rolle und stehen so unter besonderer Beobachtung der Bevölkerung. Sei es durch das Sponsoring von Sportmannschaften und Festen oder in anderweitigem Engagement für das Wohl der Gesellschaft. Die Reputation wird so zusätzlich durch die Mund-zu-Mund Propaganda der Mitarbeiter, die sich über ihre Arbeitgeber am Stammtisch oder im Sportverein austauschen, verstärkt. Somit wird das Image eines Unternehmens nach außen getragen und kann im positiven Fall das gute Image eines Unternehmens in der Region verstärken, im negativen Fall die Reputation des Unternehmens zusätzlich belasten. Doch auch das Verhalten der geschäftsführenden Angestellten beeinflusst die Reputation der Unternehmen. So sind die Geschäftsführer von mittelständischen Unternehmen ohne Familieneinfluss durchaus in der Art ihres Auftretens mit geschäftsführenden Gesellschaftern von Familienunternehmen zu vergleichen. Dadurch, dass die Geschäftsführer von Unternehmen dieser Größenordnung oftmals lange Jahre mit dem Unternehmen verbunden sind, identifizieren sie sich stark mit dem von ihnen geführten Unternehmen. Sie sehen die Entwicklung des Unternehmens daher auch besonders kritisch und agieren gerade im Bereich der verantwortungsbewussten Unternehmensführung risikoloser, um eine negative Reputation und damit einhergehend ökonomischen Schaden vom Unternehmen fernzuhalten. Geschäftsführer von kleinen und mittleren Unternehmen sind zudem oftmals in der Heimatregion besonders verwurzelt. Sie sind im Sportverein aktiv, engagieren sich politisch oder treten als Repräsentant des Unternehmens bei der Förderung des Gemeinwohls in Er-

[317] Vgl. Thompsen und Smith 1991

scheinung. Daher verhalten sie sich in den meisten Fällen ebenfalls verantwortungsbewusst, da eine negative Reputation, ausgelöst durch verantwortungsloses Verhalten des Unternehmens, nicht nur auf das Unternehmen, sondern letztlich auch auf sie zurückfällt. Somit ist nicht nur der Ruf des Unternehmens in der Bevölkerung gefährdet, sondern auch der eigene. Geschäftsführer von großen Publikumsgesellschaften, die in vielen Fällen nur eine kurze Zeit bei einem Unternehmen verweilen, sind zwar grundsätzlich auch an einer positiven Reputation interessiert, sehen ihren eigenen Namen aber nicht zwangsläufig mit einer bestimmten Region verbunden. Sie sind zudem meist nicht in der Region, in der das Unternehmen seinen Sitz hat verwurzelt, und sehen daher die Konsequenzen eines persönlichen Reputationsverlust als weniger weitreichend an. Gleichzeitig sind sie öffentlichen Druck durch die tägliche Pressearbeit eher gewohnt, als die Vorstände kleinerer Unternehmen.

Doch es erscheinen auch andere Gründe für fehlende Unterschiede bei der Ausübung verantwortungsbewusster Unternehmensführung von Unternehmen mit unterschiedlichem Familieneinfluss plausibel. Vielleicht lassen sich auch keine Unterschiede diesbezüglich feststellen, weil Familienunternehmen der hier beleuchteten Größenklasse nicht über ausreichend Ressourcen verfügen, eine Unternehmensführung zu leben, die mit ihren Familienwerten in Einklang steht. So sind die in dieser Arbeit überprüften Maßnahmen des Bereiches CSR, wie die Ausbildungsübernahme oder das Angebot von Mitarbeiterbindungsmaßnahmen, allesamt an das Vorhandensein finanzieller Mittel gebunden. Es besteht daher die Möglichkeit, dass Unternehmen zwar gewillt sind, bestimmte Verhaltensweisen an den Tag zu legen, ihnen aber schlichtweg die Mittel dazu fehlen. Auch Familienunternehmen müssen sich, wie alle anderen Unternehmenstypen auch, dem Wettbewerb stellen und konkurrenzfähig bleiben. Dies kann zur Folge haben, dass Unternehmen auch Maßnahmen ergreifen müssen, die entgegen ihrer Prinzipien sind. Doch nicht nur der direkte Wettbewerber übt Druck auf die mittelständischen Unternehmer aus. So verlangen beispielsweise viele große Konzerne von ihren Zulieferern, dass diese ihnen zu ihren Produktionsstätten folgen. Dem verantwortungsbewussten Verhalten der mittelständischen Unternehmen, beispielsweise ihren Mitarbeitern gegenüber, sind somit Grenzen gesetzt. Diese lassen im Zweifel nicht viel Platz für die sozialromantische Vorstellung eines Familienoberhauptes, welches stets nur das Wohl seiner Mitarbeiter im Blick hat. Der Familienunternehmer muss dann in einzelnen Bereichen entgegen seiner Grundüberzeugung handeln, um die Zukunft seines Unternehmens nicht zu gefährden.

Daneben besteht auch die Vermutung, dass Unternehmen einer ähnlichen Größenordnung eine Art isomorphischen Druck verspüren, sich gegenseitig anzupassen. Legen beispielsweise

Familienunternehmen eine bestimmte Art von verantwortungsbewusster Unternehmensführung an den Tag, so könnten sich Unternehmen ohne Familieneinfluss gezwungen sehen, selber auch ihre Unternehmensführung dieser anzupassen. Sei es, weil sie öffentlichen Druck verspüren oder weil sie Angst haben bei der Rekrutierung von Mitarbeitern ins Hintertreffen zu geraten. Gerade in Zeiten eines aufkommenden Fachkräftemangels sehen sich viele Unternehmen gezwungen, in der öffentlichen Wahrnehmung nicht schlechter als die Konkurrenz da zustehen und passen sich daher ihren direkten Wettbewerbern an. Dieses Verhalten wird noch verstärkt durch die Tatsache, dass sich gerade mittelständische Unternehmen gemeinsam in Verbänden engagieren, beispielsweise der IHK, oder gemeinsam auf lokalen Bewerbermessen auftreten.

Ein weiterer Grund für fehlende Unterschiede in der Art der verantwortungsbewussten Unternehmensführung kann auch in der Historie der ausgewählten Unternehmen liegen. Bei der Mehrheit der in diesen Studien ausgewählten mittelständischen Unternehmen ohne gravierenden Familieneinfluss handelt es sich entweder um eigenständig geführte Tochterunternehmen von Konzernen oder aber um Unternehmen, die aus anderen Gründen niedrige F-PEC Werte, aufweisen. Dies kann den Grund in niedrigen Einflussmöglichkeiten der Familie in den Bereichen Macht, Kultur oder Erfahrung haben. Es besteht daher die Vermutung, dass viele der ausgewählten Unternehmen weiter den Geist eines Familienunternehmens aufweisen, auch wenn sie mittlerweile die Eigenständigkeit verloren haben. Weil sie beispielsweise zu einem großen Konzern gehören oder weil sie mittlerweile als Stiftung geführt werden und der Einfluss der Gründerfamilie nicht mehr beherrschend ist. So zeigt sich beispielsweise, dass bei vielen kleinen und mittleren Unternehmen die Wertvorstellungen der Gründer weiterverfolgt werden, auch wenn das Unternehmen nicht mehr in Gründerhänden liegt.318 Dementsprechend unterscheiden sich die Unternehmen mit schwachem Familieneinfluss auch nicht signifikant von den Unternehmen mit starkem Familieneinfluss, da sie noch immer wie ein Familienunternehmen geführt werden.

Doch verantwortliches Verhalten bezieht sich nicht nur auf die Ausübung von Corporate Social Responsibility. Auch die Etablierung eines geeigneten Ordnungsrahmens zwischen Eigentümern und Managern des Unternehmens, kurz Corporate Governance genannt, fällt in den Bereich der verantwortungsvollen Unternehmensführung. Bezogen auf die Unterschiede bei der Corporate Governance in der entsprechenden Studie dieser Arbeit wurde sichtbar, dass die Familie keine Rolle für das Vertrauensverhältnis zwischen Geschäftsführung und Gesell-

[318] Vgl. Morsing und Perrini 2009

schaftern spielt. Auch in mittelständischen Unternehmen ohne Familieneinfluss besteht somit ein gleichwertiges Vertrauensverhältnis der beiden Parteien verglichen mit den reinen Familienunternehmen. Dies kann unter anderem damit erklärt werden, dass die Geschäftsführer von Unternehmen dieser Größenordnung, wie bereits ausgeführt, eine oftmals langjährige Beziehung zu dem Unternehmen aufweisen. Damit einhergehend ist ein gesteigertes Vertrauensverhältnis zwischen dem langjährigen Geschäftsführer und den Gesellschaftern. Schon bei der Auswahl der Geschäftsführer scheint in mittelständischen Unternehmen, anders als bei großen Publikumsgesellschaften, nicht nur auf die fachlichen, sondern in gesteigertem Maße auch auf die zwischenmenschlichen Fähigkeiten der Führungskräfte Wert gelegt zu werden. Somit legt man schon von Anfang an den Grundstein für ein besonderes Vertrauensverhältnis. Da, wie bereits ausgeführt, die Geschäftsführer von mittelständischen Unternehmen in vielen Fällen besonders in der Region des Unternehmens verwurzelt sind, sind sie selber auch vermehrt am Wohl einer guten und langfristigen Beziehung zu den Eigentümern des Unternehmens interessiert und riskieren dieses Verhalten nicht durch riskantes Geschäftsgebaren. Auch bei der Aufgabenerfüllung des Aufsichtsgremiums zeigt sich, dass der Familieneinfluss für die Ausübung der einzelnen Aufgaben kaum eine Rolle spielt, sondern das Vertrauen zwischen Geschäftsführung und Gesellschaftern maßgeblich die Aufgabenübernahme prägt. Auch dieser Umstand spricht dafür, dass die beteiligten Personen eines mittelständischen Unternehmens ein Verhalten annehmen, welches dem der beteiligten Personen von reinen Familienunternehmen nahe kommt. Die Frage ist, warum das Vertrauensverhältnis auch in Unternehmen ohne Familieneinfluss keine signifikanten Unterschiede zu den reinen Familienunternehmen aufweist. Eine Möglichkeit kann darin gesehen werden, dass die Bindung der Mitarbeiter angefangen von den Angestellten des unteren und mittleren Managements und den Arbeitern bis hin zur Geschäftsführung besonders ausgeprägt erscheint. Gerade in mittelständisch geprägten Unternehmen scheint die Fluktuation der Mitarbeiter geringer zu sein[319] und zudem ist es wohl so, dass sich auch Unternehmen ohne Familieneinfluss besonders einer Region verbunden fühlen. Damit einhergehend ist auch ein besonderes Vertrauensverhältnis zwischen den Mitarbeitern, und scheinbar auch zwischen den Gesellschaftern und Geschäftsführern. Dieses besondere Vertrauensverhältnis macht sich auch in der Aufgabenerfüllung des Aufsichtsgremiums bemerkbar, welches mit gesteigertem Vertrauen nicht nur mehr berät, sondern auch der Ausübung der Kontrolle vermehrt nachkommt. Letztendlich kann deshalb auch bei der Corporate Governance in der hier untersuchten Studie kein Unterschied zwischen Unternehmen mit unterschiedlichem Familieneinfluss dargelegt werden.

---

[319] Vgl. Frasl und Rieger 2007, S. 13

Die bis hier hin skizzierten Gründe können darlegen, warum es plausibel erscheint, dass in der hier vorgestellten Arbeit keine signifikanten Unterschiede in Bezug auf verantwortungsbewusste Unternehmensführung von Unternehmen mit und ohne Familieneinfluss sichtbar geworden sind. Neben der These, dass es unter Umständen gar keine Unterschiede beider Unternehmenstypen gibt, kann es allerdings auch sein, dass die in dieser Arbeit untersuchten Fragestellungen nur bedingt in der Lage sind, Unterschiede aufzuzeigen.

So muss man zu allererst kritisch hinterfragen, ob die beiden Teilbereiche CSR und Corporate Governance wirklich in der Lage sind, das verantwortungsvolle Verhalten von Unternehmen zu messen. Wie bereits in den Abschnitten drei und vier nahegelegt wurde, gibt es in der Wissenschaft durchaus kontroverse Ansichten über verantwortungsvolles Verhalten von Unternehmen. Auch diese Arbeit muss sich daher mit der kritischen Nachfrage auseinandersetzen, ob tatsächlich die beiden Konzepte CSR und Corporate Governance als Indiz für verantwortungsvolles Handeln dienen können oder ob nicht doch (zusätzlich) andere Konzepte eher in der Lage sind, verantwortliches Verhalten zu erklären. Eng mit dieser Fragestellung ist auch wieder die Kernfrage verbunden, welche primäre Aufgabe Unternehmen in der Gesellschaft zufällt und wie sich Unternehmen diesbezüglich verhalten sollten. So macht es durchaus einen Unterschied, ob man als das oberste Ziel der Unternehmen die Gewinnmaximierung sieht oder ob man die Meinung vertritt, Unternehmen sollten auch zusätzlich der Gemeinschaft dienen.

Bezogen auf die Ausbildungsübernahme sowie die Etablierung von Mitarbeiterbindungsmaßnahmen scheinen sich auch mittelgroße Unternehmen ohne Familieneinfluss eng mit ihren Mitarbeitern verbunden zu fühlen.[320] Auch ohne direkten Familieneinfluss geht es in den Unternehmen familiär zu und der Mitarbeiter steht im Fokus zu stehen und mitarbeiterorientierte Praktiken und Verhaltensweisen scheinen institutionalisiert und weit verbreitet zu sein.[321] Bezogen auf die Ausbildungsübernahme muss zudem in Betracht gezogen werden, dass viele Unternehmen über Bedarf ausbilden, um einerseits nach Beendigung der Ausbildung in einem großen Pool die besten Auszubildenden für eine Weiterbeschäftigung auszuwählen, andererseits über genügend Bewerber zu verfügen, da nicht alle Auszubildenden nach Beendigung des Ausbildungsverhältnisses übernommen werden wollen, sondern einen weiteren Ausbildungsweg anstreben. Weiterhin darf nicht außer Acht gelassen werden, dass der immer stärker werdende Fachkräftemangel gerade die kleinen und mittelgroßen Unternehmen dazu ver-

320 Vgl. Nielsen und Thomsen 2009, Spence und Lozano 2000
321 Vgl. Fassin 2008

anlasst, auszubilden und Mitarbeiterbindungsmaßnahmen anzubieten, um Fachkräfte langfristig zu halten.[322] So hat sich gerade für kleine und mittlere Unternehmen die Etablierung von Mitarbeiterbindungsmaßnahmen für die Gewinnung von Fachkräften als Vorteil herausgestellt.[323] Unternehmen, unabhängig vom Familieneinfluss, scheinen zudem verinnerlicht zu haben, dass sich die Etablierung von CSR Maßnahmen positiv auf das Commitment ihrer Arbeitnehmer zum Unternehmen auswirkt.[324] Darüber hinaus ist es kleinen und mittleren Unternehmen allgemein wichtig, ihren Mitarbeitern eine zufriedenstellende Arbeitsatmosphäre zu bieten.[325] Aus diesem Grund erscheint es nicht unwahrscheinlich, dass sich Unterschiede bei der Etablierung der Maßnahmen in Bezug auf den Familieneinfluss verflüchtigen. Weiterhin besteht die Möglichkeit, dass es sich bei den in dieser Studie betrachteten Unternehmen ohne Familieneinfluss um Tochterunternehmen großer Konzerne handelt, die konzernübergreifend Mitarbeiterbindungsmaßnahmen anbieten können, weil sie über die entsprechenden Ressourcen verfügen. Sie gleichen sich somit unter Umständen den Familienunternehmen an, die diese Mitarbeiterbindungsmaßnahmen anbieten, obwohl betriebswirtschaftliche Gründe dagegen sprechen.

Bei der Etablierung von Mitarbeiterbindungsmaßnahmen kann weiter gemutmaßt werden, dass Unternehmen unabhängig vom Familieneinfluss geneigt sind, dadurch eine Bildung eines Betriebsrates von Anfang an zu unterbinden. So wurden in der Studie Tendenzen sichtbar, dass bestimmte Mitarbeiterbindungsmaßnahmen an das Vorhandensein eines Betriebsrats gekoppelt waren und umgekehrt. Somit scheinen Unternehmen mit und ohne Familieneinfluss eher geneigt zu sein zusätzliche Mitarbeiterbindungsmaßnahmen einzuführen als die Bildung eines Betriebsrat zu begünstigen. Dies kann zur Folge haben, dass Unterschiede bei der Etablierung der Mitarbeiterbindungsmaßnahmen von Unternehmen mit unterschiedlichem Familieneinfluss weniger gravierend ausfallen.

Neben den hier genannten Limitationen muss darüber hinaus auch die gewählte Größenklasse der Unternehmen als Einschränkung angesehen werden. Es besteht die Möglichkeit, dass sich große Unternehmen, die nicht mehr dem Mittelstand zuzuordnen sind, anders verhalten und sich hier der Familieneinfluss in Bezug auf die verantwortungsvolle Unternehmensführung deutlicher bemerkbar macht. Zudem wurden die Verhaltensweisen der Unternehmen immer auf der Grundlage der subjektiven Aussagen der interviewten Geschäftsführer erhoben. Gera-

322 Vgl. Jenkins 2004
323 Vgl. Jenkins 2004
324 Vgl. Mueller et al. 2012, Weber 2008, Campopiano et al. 2012
325 Vgl. Nielsen und Thompsen 2009

de hinsichtlich der Antworten zu der Familie des Familienunternehmens kann es sich um eine einseitige Blickrichtung halten. Auch erscheint es durchaus plausibel, dass die Auswahl der Studien nur bedingt in der Lage war, Unterschiede im Bereich der verantwortungsbewussten Unternehmensführung festzumachen. So ist sicherlich CSR nicht nur auf die Übernahme von Ausbildung sowie die Etablierung von Mitarbeiterbindungsmaßnahmen zu reduzieren. Auch die in der dritten Studie aufgeworfenen Fragen Corporate Governance beleuchten nur Teilbereiches des Gesamt-Konstruktes Corporate Governance. Gerade Familienunternehmen mit der speziellen Thematik Family Governance bieten genügend Spielraum für weitere Studien in diesem Bereich.

8 Ausblick

Diese Arbeit hatte zum Ziel herauszufinden, ob sich Unternehmen mit starkem Familieneinfluss in Punkto verantwortungsbewusster Unternehmensführung von Unternehmen mit geringem Familieneinfluss absetzen.

Die Art der verantwortungsbewussten Unternehmensführung wurde mithilfe der Konzepte CSR und Corporate Governance anhand von drei empirischen Studien betrachtet.

Im Ergebnis bleibt festzuhalten, dass in dieser Arbeit im Großen und Ganzen keine signifikanten Unterschiede beider Unternehmenstypen herausgefunden werden konnten.

Dieses Ergebnis soll an dieser Stelle nicht andeuten, dass Familienunternehmen und der Familienunternehmer im Speziellen weniger gesellschaftliche Verantwortung übernimmt als angenommen, sondern es soll eher sensibilisieren, dass der angestellte Manager eines mittelständischen Unternehmens ohne fühlbaren Familieneinfluss auch durchaus verantwortungsbewusst handelt. Manager von Nicht-Familienunternehmen fühlen sich ihren Mitarbeitern und der Gesellschaft gegenüber genauso verpflichtet wie der Familienunternehmer. Sei es, weil sie an der Aufrechterhaltung einer positiven Reputation des Unternehmens und im Zweifel auch an der eigenen besonders interessiert sind oder weil sie sich andere Vorteile von ihrem Verhalten versprechen.

Gleichzeitig gilt: Dem Verhalten von (Familien-) Unternehmen sind Grenzen gesetzt. Familienunternehmen müssen, wie alle anderen Unternehmenstypen auch, wettbewerbsfähig bleiben. Dies kann unter Umständen zur Folge haben, dass sich Familienunternehmer nicht in jeder Hinsicht so verhalten können wie es normalerweise mit ihren Werten und Tugenden in Einklang stehen würde.

Diese Arbeit macht aber auch deutlich, dass sich Familienunternehmen und Familienunternehmer im Speziellen nicht nur aus altruistischen Gründen verantwortlich verhalten, sondern das für Familienunternehmen strategische und betriebswirtschaftliche Gründe genauso im Fokus stehen wie für ihr Pendant ohne Familieneinfluss. Dies ist ein Indiz dafür, dass das Management von Familienunternehmen gut ausgebildet ist und zeitgemäß agiert. Da sich einige der befragten Unternehmen bereits in der zweiten und dritten Generation befinden,[326] scheinen Familienunternehmen somit auch in Punkto Nachfolge Verantwortung zu zeigen und

326 Die genaue Verteilung der Unternehmen nach Generationen war nicht Gegenstand der Arbeit

ihre potenziellen Nachfolger danach auszusuchen, ob sie in der Lage sind, das Unternehmen nicht nur verantwortlich, sondern auch ökonomisch erfolgreich zu führen.

Somit entzaubern die Ergebnisse dieser Arbeit nicht den Mythos Familienunternehmen, sondern zeigen eher auf, dass der deutsche Mittelstand mit seinen unterschiedlichen Unternehmensarten große Ähnlichkeit aufweist.

Und egal, um was für einen Unternehmenstypus es sich letztlich handelt, im Grunde genommen wäre es wünschenswert, wenn die von Thomas Mann in den Buddenbrooks ins Leben gerufene Weissheit „Mein Sohn, sey mit Lust bey den Geschäften am Tage, aber mache nur solche, daß wir bey Nacht ruhig schlafen können“ allen Managern, seien es Unternehmensnachfolger von Familienunternehmen oder Manager von Nicht-Familienunternehmen bei Amtsantritt angedient würde und sie sich anschließend dementsprechend verhalten. Denn letztlich spielt es keine Rolle, ob ein Unternehmen einen starken oder schwachen oder gar keinen Familieneinfluss aufweist: Hauptsache es agiert verantwortungsbewusst.

9 Anhang

Fragebogen

Unternehmensführung und unternehmerische Verantwortung

ifm, Universität Mannheim

06.05.2010

Screening

---

sc01 Gibt es ein Aufsichtsgremium in Ihrem Unternehmen (Zum Beispiel Beirat/Aufsichtsrat)?

INT: Antworten vorlesen
Single Choice

1 Ja
2 Nein
X No Answer

---

sc02 Besitzt eine Familie bzw. ein Eigentümer mindestens 20% Eigenkapitalanteile am Unternehmen, auch wenn die Anteile über eine Holding gehalten werden?

INT: Antworten vorlesen
Single Choice

1 Ja
2 Nein
X No Answer

Skip2
IF sc02 = 1
THEN ASK: sc03

---

sc03 Sind Familienmitglieder in der Geschäftsführung tätig?

INT: Antworten vorlesen
Single Choice

1 Ja
2 Nein
X No Answer

Skip26
IF sc03 = 1
THEN ASK: sc04

---

sc04 Gehören Sie selbst zur Inhaberfamilie?

INT: Antworten vorlesen
Single Choice

1 Ja
2 Nein
X No Answer

Skip 27
IF sc04 = 2
THEN ASK: sc05

---

sc05 Ist ein Geschäftsführer zu sprechen, welcher zu Inhaberfamilie gehört?

INT: Antworten vorlesen
Single Choice

1 Ja
2 Nein
X No Answer

Skip29
IF sc05 = 1
THEN ASK: sc05tex

---

sc05tex INT: Mit dem familienangehörigen Geschäftsführer verbinden lassen!

Block A

Corporate Social Responsibility (CSR)-Aktivitäten und Ausbildungsengagement

d33 Stimmen Sie folgenden Aussagen zu Ihren Mitarbeitern zu?

1. Überstunden werden in unserem Unternehmen vergütet.
2. Behinderte werden in unserem Unternehmen gezielt eingestellt und integriert.
3. Wir betreiben gezielt Frauenförderung
4. In unserem Unternehmen wird die Mitarbeiterzufriedenheit gemessen.
5. In unserem Unternehmen gibt es festgelegte Beschwerdestellen.
6. Bürgerschaftliches Engagement der Arbeitnehmer wird unterstützt.
7. Kinder der Mitarbeiter des Unternehmens werden bevorzugt behandelt (Praktika, Einstellung).
8. Arbeitnehmer im Ruhestand nehmen an Veranstaltungen des Unternehmens teil.
9. Unser Unternehmen bietet familienfreundliche Unterstützungen an (flexible Arbeitszeiten, Betriebskindergarten).
10. Unsere Mitarbeiter werden am Unternehmenskapital beteiligt.
11. Unser Unternehmen bietet eine Betriebsrente an.
12. Unser Unternehmen bietet und/oder unterstützt Programme für Mitarbeiter außerhalb der Arbeitszeit (zum Beispiel Betriebssport).
13. Mitarbeiter können Gehaltsbestandteile selbst auswählen (z.B. Firmenwagen etc.).
14. Wir bieten unseren Mitarbeitern Weiterbildungsangebote an
15. Verbesserungsvorschläge von Mitarbeitern werden honoriert
16. Mitarbeitern wird bei Problemen stets unkonventionell geholfen

INT: Dreischritt.
Single Choice

1 Ja
2 Nein
X No Answer

---

d49 Inwieweit stimmen Sie folgenden Äußerungen zu? Wir verwenden wieder die Skala von 1 "stimme gar nicht zu" bis 5 "stimme in hohem Maße zu".

1. Wir engagieren uns bezüglich unserer Mitarbeiter, weil es uns hilft gute Mitarbeiter zu bekommen und an das Unternehmen zu binden.
2. Unser Unternehmen ist in der Öffentlichkeit für sein besonderes Engagement hinsichtlich der Mitarbeiter bekannt.
3. Das Engagement bezüglich unserer Mitarbeiter erfolgt eher aus betriebswirtschaftlichen als aus selbstlosen Gründen.
4. Es hat eine lange Firmentradition, uns verantwortlich gegenüber unseren Mitarbeitern zu verhalten.
5. Weil andere Unternehmen bestimmte Angebote bezüglich ihrer Mitarbeiter anbieten, fühlen wir uns verpflichtet, ähnliche Leistungen anzubieten
6. Wir engagieren uns bezüglich unserer Mitarbeiter, weil wir an einem guten Ruf unserer Firma / Familie interessiert sind

INT: Dreischritt.
Single Choice

1 1 - stimme gar nicht zu
2 2
3 3
4 4
5 5 - stimme in hohem Maße zu
X No Answer

d53 Wie viele Auszubildende hat Ihr Unternehmen zurzeit?

Numeric

Numeric Range 0 - 1000
X No Answer

Skip24
IF d53 > 0
THEN ASK: d54, d55, d55o1, d55o2

d54 Wie viel Prozent der Auszubildenden werden in Ihrem Unternehmen normalerweise übernommen? Eine Schätzung genügt.

INT: Prozentangabe!
Numeric

Numeric Range 0 - 100
X No Answer

d55 Inwieweit stimmen Sie folgenden Aussagen zur Motivation der Ausbildungsfunktion zu? Bitte benutzen Sie die bekannte Skala von 1 "stimme gar nicht zu" bis 5 "stimme in hohem Maße zu".

1. Wir bilden aus, um eine Qualifizierung der Mitarbeiter genau den betrieblichen Anforderungen zu erreichen
2. Wir bilden aus, um Fachkräfte bei Mangel auf dem Arbeitsmarkt zu gewinnen
3. Wir bilden aus, weil wir gesellschaftliche Verantwortung übernehmen wollen
4. Wir bilden aus, weil Ausbildung in unserem Unternehmen eine lange Firmentradition hat
5. Wir bilden aus, weil wir an einem guten Ruf unserer Firma interessiert sind
6. Unser Unternehmen ist in der Öffentlichkeit für sein besonderes Ausbildungsengagement bekannt.

INT: Dreischritt.
Single Choice

1 1 - stimme gar nicht zu
2 2
3 3
4 4
5 5 - stimme in hohem Maße zu
X No Answer

d55o1 Gibt es darüberhinaus noch sonstige Gründe für die Ausbildungsfunktion Ihres Unternehmens?

INT: Antworten vorlesen
Single Choice

1 Ja
2 Nein
X No Answer

Skip25
IF d55o1 = 1
THEN ASK: d55o2

---

d55o2 Welche weiteren Gründe gibt es außerdem?

INT: Offen, bitte genau eintragen. EINE Nennung pro ZEILE.
Open

X No Answer

BLOCK B

Merkmale der Geschäftsführung

TextOn1 Nun haben wir ein paar Fragen zu Ihrer Person und zu Ihrem Unternehmen.

---

a01 Wie alt sind Sie?

Numeric

Numeric Range 18 - 90
X No Answer

---

a02 In welchem Alter erfolgte Ihr Eintritt ins Unternehmen?

Numeric

Numeric Range 16 - 90
X No Answer

---

a03 In welchem Alter erfolgte Ihr Eintritt in die Geschäftsführung des Unternehmens?

Numeric

Numeric Range 18 - 90
X No Answer

---

a04 Wie viele Jahre hatten Sie vor Eintritt ins Unternehmen Managementerfahrung auf einer ähnlichen Position in einem anderen Unternehmen?

Numeric

Numeric Range 0 - 50
X No Answer

---

a05 Wie viele Jahre hatten Sie vor Eintritt ins Unternehmen Branchenerfahrung in einem anderen Unternehmen?

Numeric

Numeric Range 0 - 50
X No Answer

---

a06 Wie viele Personen gehören der Geschäftsführung an?

Numeric

Numeric Range 1 - 20
X No Answer

---

a07 Gibt es für die Geschäftsführung einen Anteil variabler Vergütung?

INT: Antworten vorlesen
Single Choice

1	Ja
2	Nein
X	No Answer

Skip3
IF a06 > 1
THEN ASK: a08

---

a08 Haben die Geschäftsführer bei Abstimmungen untereinander die gleiche Stimmgewalt?

INT: Antworten vorlesen
Single Choice

1	Ja
2	Der Vorsitzende hat ein Vetorecht
3	Nein, der Vorsitzende hat doppeltes Stimmrecht
X	No Answer
0	Other

Other Specify...

---

a13 Inwieweit sehen Sie das Unternehmen als Familienunternehmen an?
Bitte benutzen Sie für Ihre Antwort die Skala von 1 "stimme gar nicht zu" bis 5 "stimme voll und ganz zu".

Single Choice

1	1 - Stimme gar nicht zu
2	2
3	3
4	4
5	5 - Stimme voll und ganz zu
X	No Answer

Skip4
IF (sc02 = 1) / (a13 = 3/4/5)
THEN ASK: a09, a10, a11, a12

---

a09 Wie viele Personen der Geschäftsführung gehören der Familie an?

Numeric

Numeric Range 0 - 10
X No Answer

---

a10 Zu welcher Generation gehören die Geschäftsführungsmitglieder der Familie?

Numeric

Numeric Range 0 - 20
X No Answer

Skip33
IF a06 > 1
THEN ASK: a11

---

a11 Gehört der Vorsitzende der Geschäftsführung der Familie an?

INT: Antworten vorlesen
Single Choice

1 Ja
2 Nein
3 Es gibt keinen Vorsitzenden der Geschäftsführung
X No Answer

Skip5
IF a06 <> a09
THEN ASK: a12

---

a12 Wie viele Nicht-Familienmitglieder der Geschäftsführung wurden von der Familie ausgesucht?

Numeric

Numeric Range 1 - 10
X No Answer

BLOCK C

Familie des Familienunternehmens

Skip8
IF sc02 = 1 / a13 = 3/4/5
THEN ASK: b01, b02, b04a, b04b, b04c, b05, b05a, b05b, b06, b06a, b06b, b07a, b07b, b20, b21, b22, b23

---

b01 Seit wann ist das Unternehmen im Besitz der Familie(n)?
Bei mehreren Familien beziehen Sie sich bitte auf das früheste Datum!

INT: Jahreszahl vierstellig eintragen.
Numeric

Numeric Range 1600 - 2010
X No Answer

---

b02 Nun geht es noch einmal um die Generationen der Eigentumsfamilie bzw. -familien:
In welcher Generation befindet sich das Eigentum derzeit?
Bei mehreren Familien und Generationen beziehen Sie sich bitte auf die jüngste Generation seit der Gründung / Übernahme des Unternehmens durch die Familie!

Numeric

Numeric Range 0 - 20
X No Answer

---

b04a1 Welcher Anteil am Eigenkapital des Unternehmens wird von der/den Familie(n) und von Familienfremden bzw. einer Holding gehalten?

Bitte nennen Sie mir den Anteil am Hauptunternehmen, der von der direkt von der Familie bzw. Familien gehalten wird.

INT: Prozentangabe, Ziel 100%!
INT: Frage [+b04anz+] von 3; noch [+b04pro+]% verfügbar.
Numeric.

Numeric Range 0 - 100
X No Answer

---

b04a2 Welcher Anteil am Eigenkapital des Unternehmens wird von der/den Familie(n) und von Familienfremden bzw. einer Holding gehalten?

Bitte nennen Sie mir den Anteil am Hauptunternehmen, der von Familienfremden gehalten wird.

INT: Prozentangabe, Ziel 100%!
INT: Frage [+b04anz+] von 3; noch [+b04pro+]% verfügbar.
Numeric.

Numeric Range 0 - 100
X No Answer

b04a3 Welcher Anteil am Eigenkapital des Unternehmens wird von der/den Familie(n) und von Familienfremden bzw. einer Holding gehalten?

Bitte nennen Sie mir den Anteil am Hauptunternehmen, der von einer Holding gehalten wird.

INT: Prozentangabe, Ziel 100%!
INT: Frage [+b04anz+] von 3; noch [+b04pro+]% verfügbar.
Numeric.

Numeric Range 0 - 100
X No Answer

Skip12
IF b04a3 > 0
THEN ASK: b04b

---

b04btex ACHTUNG! Es geht jetzt um die Holding!

---

b04b1 Welcher Anteil der Holding wird von der/den Familie(n) und von Familienfremden bzw. einer Zweitholding gehalten?

Bitte nennen Sie mir den Anteil der Holding, der von der direkt von der Familie bzw. Familien gehalten wird.

INT: Prozentangabe, Ziel 100%!
INT: Frage [+b04anz+] von 3; noch [+b04pro+]% verfügbar.
Numeric.

Numeric Range 0 - 100
X No Answer

---

b04b2 Welcher Anteil der Holding wird von der/den Familie(n) und von Familienfremden bzw. einer Zweitholding gehalten?

Bitte nennen Sie mir den Anteil der Holding, der von Familienfremden gehalten wird.

INT: Prozentangabe, Ziel 100%!
INT: Frage [+b04anz+] von 3; noch [+b04pro+]% verfügbar.
Numeric.

Numeric Range 0 - 100
X No Answer

b04b3 Welcher Anteil der Holding wird von der/den Familie(n) und von Familienfremden bzw. einer Zweitholding gehalten?

Bitte nennen Sie mir den Anteil der Holding, der von einer Zweitholding gehalten wird.

INT: Prozentangabe, Ziel 100%!
INT: Frage [+b04anz+] von 3; noch [+b04pro+]% verfügbar.
Numeric.

Numeric Range 0 - 100
X No Answer

Skip14
IF b04b3 > 0
THEN ASK: b04c

---

b04ctex ACHTUNG! Es geht jetzt um die ZWEIT-Holding!

---

b04c1 Welcher Anteil der ZWEIT-Holding wird von der/den Familie(n) und von Familienfremden bzw. einer dritten Holding gehalten?

Bitte nennen Sie mir den Anteil der ZWEIT-Holding, der von der direkt von der Familie bzw. Familien gehalten wird.

INT: Prozentangabe, Ziel 100%!
INT: Frage [+b04anz+] von 3; noch [+b04pro+]% verfügbar.
Numeric.

Numeric Range 0 - 100
X No Answer

---

b04c2 Welcher Anteil der ZWEIT-Holding wird von der/den Familie(n) und von Familienfremden bzw. einer dritten Holding gehalten?

Bitte nennen Sie mir den Anteil der ZWEIT-Holding, der von Familienfremden gehalten wird.

INT: Prozentangabe, Ziel 100%!
INT: Frage [+b04anz+] von 3; noch [+b04pro+]% verfügbar.
Numeric.

Numeric Range 0 - 100
X No Answer

b04c3 Welcher Anteil der ZWEIT-Holding wird von der/den Familie(n) und von Familienfremden bzw. einer dritten Holding gehalten?

Bitte nennen Sie mir den Anteil der ZWEIT-Holding, der von einer weiteren, dritten Holding gehalten wird.

INT: Prozentangabe, Ziel 100%!
INT: Frage [+b04anz+] von 3; noch [+b04pro+]% verfügbar.
Numeric.

Numeric Range 0 - 100
X No Answer

b05 Stimmen die Anteile am Eigenkapital des Unternehmens mit den Stimmrechten im Unternehmen überein?

INT: Antworten vorlesen
Single Choice

1 Ja
2 Nein
X No Answer

Skip7
IF b05 = 2
THEN ASK: b05a, b05b

---

b05a Wie ist das Verhältnis der Stimmrechte?
Welcher Anteil der Stimmrechte wird von der/den Familie(n) gehalten?

INT: Prozentangabe, Ziel 100%!
INT: Frage 1 von 2; noch [+b05pro+]% verfügbar.
Numeric

Numeric Range 0 - 100
X No Answer

---

b05b Wie ist das Verhältnis der Stimmrechte?
Welcher Anteil der Stimmrechte wird von Familienfremdem gehalten?

INT: Prozentangabe, Ziel 100%!
INT: Frage 2 von 2; noch [+b05pro+]% verfügbar.
Numeric

Numeric Range 0 - 100
X No Answer

---

b06 Wie viele Gesellschafter hat das Unternehmen?

Numeric

Numeric Range 1 - 100
X No Answer

Skip28
IF b06 = 1
THEN ASK: b06a

b06a Ist der Gesellschafter alleiniger Geschäftsführer?

INT: Antworten vorlesen
Single Choice

1 Ja
2 Nein
X No Answer

Skip34
IF b06 > 1
THEN ASK: b06b

---

b06b Wie sieht in Ihrem Unternehmen die Gesellschafterstruktur, gemessen an den Stimmrechtsanteilen, aus?

INT: Bei Nachfrage:[L]Dominiert bedeutet, es sind Stimmrechtsanteile über 50% vorhanden)
INT: Antworten UNBEDINGT VOLLSTÄNDIG vorlesen
Single Choice

1	gleiche Verteilung
2	ungleiche Verteilung, aber keiner dominiert
3	wenige Gesellschafter heben sich heraus
4	ein Gesellschafter dominiert
5	eine Minderheit der Gesellschafter dominiert
6	die Hälfte der Gesellschafter dominiert
7	die Mehrheit der Gesellschafter dominiert
X	No Answer

---

b07a Inwieweit stimmen Sie folgenden Äußerungen über die Verbundenheit der Familie mit dem Unternehmen zu? Ich lese Ihnen wieder verschiedene Aussagen vor, bitte benutzen Sie für Ihre Antwort jeweils die bekannte Skala von 1 "stimme gar nicht zu" bis 5 "stimme voll und ganz zu".

1. Die Familie unternimmt Anstrengungen weit über das normale Mass hinaus, damit das Unternehmen erfolgreich ist
2. Die Familie hat sehr großen Einfluss auf das Unternehmen
3. Die Wertevorstellungen der Familie und die im Unternehmen gelebten Werte stimmen überein
4. Die Familie fühlt sich loyal gegenüber dem Unternehmen
5. Die Familienmitglieder sind mit den Zielen, Plänen und der Strategie des Unternehmens einverstanden
6. Die Familienmitglieder sind stark am Schicksal des Unternehmens interessiert
7. Ich sehe das Unternehmen als Familienunternehmen an
8. Die Wertvorstellung der einzelnen Familienmitglieder stimmen überein
9. Die Familie steht in Diskussionen mit Freunden, Angestellten und anderen voll hinter dem Unternehmen
10. Die Familienmitglieder sind stolz, anderen sagen zu können, ein Teil der Familie zu sein

INT: Dreischritt.
Single Choice

1	1 - Stimme gar nicht zu
2	2
3	3
4	4
5	5 - Stimme voll und ganz zu
X	No Answer

Skip16
IF sc04 = 1 / sc05 = 1
THEN ASK: b07b

b07b Inwieweit stimmen Sie folgenden Äußerungen über die Verbundenheit der Familie mit dem Unternehmen zu? Ich lese Ihnen wieder verschiedene Aussagen vor, bitte benutzen Sie für Ihre Antwort jeweils die bekannte Skala von 1 "stimme gar nicht zu" bis 5 "stimme voll und ganz zu".

1. Die Familienmitglieder profitieren auf lange Sicht überdurchschnittlich davon, ein Unternehmen im Besitz der Familie zu haben
2. Die Entscheidung, mich im Familienunternehmen zu engagieren, hat einen positiven Einfluss auf mein Leben
3. Ich verstehe und unterstütze die Entscheidungen meiner Familie BETREFFEND der Zukunft des Familienunternehmens

INT: Dreischritt.
Single Choice

1 1 - Stimme gar nicht zu
2 2
3 3
4 4
5 5 - Stimme voll und ganz zu
X No Answer

---

b20 Wie viele Familienmitglieder arbeiten insgesamt im Unternehmen?

Numeric

Numeric Range 0 - 100
X No Answer

Skip18
IF sc04 = 1 / sc05 = 1
THEN ASK: b21, b22

---

b21 Wie viele Familienmitglieder arbeiten nicht im Unternehmen, sind aber interessiert?

Numeric

Numeric Range 0 - 100
X No Answer

---

b22 Wie viele Familienmitglieder sind Ihrer Meinung nach (noch) nicht interessiert?

INT: z.B. Kinder sind noch zu jung bzw. Gesellschafter haben andere Berufswünsche
Numeric

Numeric Range 0 - 100
X No Answer

b23 Steht Ihrer Meinung nach in den nächsten fünf Jahren ein Generationswechsel im Unternehmen an, d.h. werden Anteile am Unternehmen übertragen und/ oder die Leitung des Unternehmens (teilweise) in neue Hände gelegt?

INT: Antworten vorlesen
Single Choice

1 Ja
2 Nein
X No Answer

BLOCK D

Der Unternehmensbeirat

Skip31
IF b06a = 1
THEN ASK: c01 (item 7)
ELSE IF b06a <> 1
THEN ASK: texc01, c01 (alle items)

---

texc01 Wie wird die Kontrolle der Geschäftsführung für die übrigen Gesellschafter sichergestellt?

---

c01 Bitte verwenden Sie wieder die Skala von 1 bis 5, 1 bedeutet nun "gar nicht" und 5 bedeutet "voll und ganz".

1. Das Verhältnis der Gesellschafter bzw. des Gesellschafters und der Geschäftsführung basiert auf Vertrauen
2. Durch die Gesellschafterversammlung
3. Strategische Fragen bezüglich des Unternehmens werden mit den übrigen Gesellschaftern bzw. dem Gesellschafter abgestimmt
4. Es gibt regelmäßige Lageberichte an die Gesellschafter bzw. den Gesellschafter
5. Es gibt regelmäßige Treffen außerhalb der Gesellschafterversammlung mit den Gesellschaftern bzw. dem Gesellschafter
6. Ohne die Zustimmung der Gesellschafter bzw. des Gesellschafters sind Geschäfte von grundlegender Bedeutung nicht möglich
7. Es gibt ein Risikomanagement im Unternehmen
8. Es existiert ein spezielles Gremium (Bspw. Familienrat):
9. In der Geschäftsordnung sind Geschäfte verzeichnet, die Zustimmungspflichtig von den Gesellschaftern bzw. dem Gesellschafter sind

INT: Dreischritt.
Single Choice

1	1 - gar nicht
2	2
3	3
4	4
5	5 - voll und ganz
X	No Answer

---

c01o1 Gibt es darüberhinaus noch weitere, nicht genannte Kontrollinstrumente der Gesellschafter?

INT: Antworten vorlesen
Single Choice

1	Ja
2	Nein
X	No Answer

Skip20
IF c01o1 = 1
THEN ASK: c01o2

c01o2 Welche weiteren Kontrollinstrumente gibt es?

INT: Offen, bitte genau eintragen. EINE Nennung pro ZEILE.
Open

X No Answer

Skip19
IF sc01 = 1
THEN ASK: c11, c12, c13, c14, c15, c16, c17, c51, c21, c22, c38a, c38, c48, c48b, c52, c57, c62

---

c11 Welche Art von Aufsichtsgremium gibt es in ihrem Unternehmen?

INT: Antworten vorlesen
Multiple Choice

1 Beirat
2 Aufsichtsrat
3 Verwaltungsrat
X No Answer
0 Other

Other Specify...

Skip21
IF c11 = 1 & 2
THEN ASK: c11b

---

c11b Werden die Zustimmungsvorbehalte des Aufsichtsrates bei Geschäftsführungsmaßnahmen auf das Beiratsgremium übertragen?

INT: Antworten vorlesen
Single Choice

1 Ja
2 Nein
X No Answer

Skip22
IF c11b = 1
THEN ASK: c11atex
ELSE IF c11b <> 1
THEN ASK: c11btex

---

c11atex Bitte vorlesen!
Die weiteren Fragen beziehen sich auf den Beirat!

c11btex Bitte vorlesen!
Die weiteren Fragen beziehen sich auf den Aufsichtsrat!

c12 Wie viele Mitglieder hat das Gremium?

Numeric Range 0 - 100

X No Answer

Skip 17
IF sc02 = 1 / a13 = 3/4/5
THEN ASK: c13, c14, c15, c16

---

c13 Wie viele Familienmitglieder gehören dem Gremium an?

Numeric Range 0 - 100

X No Answer

Skip9
IF c13 > 0
THEN ASK: c14

---

c14 Zu welcher/n Generation/en der Familie/n gehören die Familienmitglieder, welche im Gremium aktiv sind?
Die älteste Generation ist die Gründer- bzw. die Übernahmegeneration.

Numeric Range 0 - 100

X No Answer

Skip23
IF c12 <> c13
THEN ASK: c15

---

c15 Kommt der Gremiumsvorsitzende aus der Familie?

INT: Antworten vorlesen
Single Choice

1 Ja
2 Nein
X No Answer

---

c16 Wie viele Nicht-Familienmitglieder wurden von der Familie bestimmt?

Numeric Range 0 - 100

X No Answer

c17 Bitte verwenden Sie wieder die Skala von 1 bis 5,
1 bedeutet nun "gar nicht" und 5 bedeutet "völlig".
Ist die Zusammensetzung des Aufsichtsgremiums heterogen bezüglich:

1. Der Branche der Gremiumsmitglieder
2. Der Persönlichkeit der Gremiumsmitglieder
3. Des Alters der Gremiumsmitglieder

INT: Dreischritt.
Single Choice

1 1 - gar nicht
2 2
3 3
4 4
5 5 - völlig
X No Answer

---

c51 Ich nenne Ihnen nun verschiedene berufliche Hintergründe, bitte sagen Sie mir jeweils, wie viele Mitglieder Ihres Gremiums IN ERSTER LINIE diesen beruflichen Hintergrund haben. Bitte nennen Sie nur einen Beruf pro Gremiumsmitglied.

1. Unternehmer
2. Manager
3. Unternehmensberater
4. Wirtschaftsprüfer/Steuerberater
5. Rechtsanwälte
6. Wissenschaftler
7. Sonstiges

Numeric

Numeric Range 0 - 99
X No Answer

---

c21a Ist die Dauer der Mitgliedschaft im Gremium beschränkt?

INT: Antworten vorlesen
Single Choice

1 Ja
2 Nein
X No Answer

Skip11
IF c21a = 1
THEN ASK: c21b

---

c21b Auf wie viele Jahre ist die Dauer der Mitgliedschaft im Gremium beschränkt?

Numeric

Numeric Range 0 - 100
X No Answer

c22 Welche der folgenden Funktionen übt das Gremium aus? Bitte verwenden Sie wieder die Skala von 1 bis 5, 1 bedeutet nun "gar nicht" und 5 bedeutet "in hohem Maße".

1. Einbringung von Management und Fachwissen ins Unternehmen
2. Übernahme von Repräsentationsaufgaben
3. Übernahme von Lobbyaufgaben
4. Beratung der Geschäftsführung bei allgemeinen Entscheidungen (Strategie, Organisation)
5. Beratung der Geschäftsführung bei speziellen Entscheidungen (Produktion, Marketing)
6. Kontrolle der Geschäftsführung hinsichtlich der Finanz-, Ertrags- und Investitionslage
7. Kontrolle der Geschäftsführung hinsichtlich des Risikomanagements und Controllings
8. Kontrolle der Umsetzung von langfristigen Strategien und Zielen
9. Pflege von Geschäftsbeziehungen und -kontakten
10. Imageförderung nach außen
11. Ausgleich unterschiedlicher Gesellschafterinteressen
12. Sicherung der Kontinuität bei Wechsel/Ausfall der Geschäftsführung
13. Vermittlung zwischen Gesellschaftern und Geschäftsführung
14. Vermittlung zwischen den Geschäftsführern
15. Bestimmung und Kontrolle der Vergütung der Geschäftsführung
16. Vermittlung zwischen den Gesellschaftern

INT: Dreischritt.
Single Choice.

1	1 = gar nicht
2	2
3	3
4	4
5	5 = in hohem Maße
X	No Answer

---

c22o1 Gibt es darüberhinaus noch weitere, nicht genannte Sonderaufgaben, die vom Gremium ausgeübt werden?

INT: Antworten vorlesen
Single Choice

1	Ja
2	Nein
X	No Answer

Skip10
IF c22o1 = 1
THEN ASK: c22o2

---

c22o2 Welche Sonderaufgaben gibt es?

INT: Offen, bitte genau eintragen. EINE Nennung pro ZEILE.
Open

X	No Answer

c38a Gibt es Entscheidungen, wie zum Beispiel der Verkauf von Grundstücken, Unternehmensteilen oder Budgetfestlegungen, die vom Gremium getroffen werden bzw. zustimmungspflichtig sind? Oder können alle Entscheidungen völlig unabhängig vom Gremium getroffen werden?

INT: Bitte nicht vorlesen
Single Choice

1 Ja, es gibt zustimmungspflichtige Entscheidungen
2 Nein, alle Entscheidungen können unabhängig getroffen werden
X No Answer

Skip15
IF c38a = 1
THEN ASK: c38

---

c38 Welche Entscheidungen werden vom Gremium getroffen, bzw. sind zustimmungspflichtig?

1. Kauf/Verkauf von Unternehmensteilen
2. Kauf/Verkauf von Grundstücken
3. Investitions- und Finanzentscheidungen (Budgetfestlegungen)
4. Bestellung/Abberufung von Geschäftsführern
5. Einstellung des Top-Managements unterhalb der Geschäftsführung
6. Änderungen des Gesellschaftervertrages
7. Aufnahme/Ausschluss von Gesellschaftern
8. Festlegung der Geschäftspolitik des Unternehmens (Aufnahme neuer Geschäftszweige)
9. Pensionszusagen

INT: Bitte vorlesen
Single Choice

1 trifft das Gremium
2 sind zustimmungspflichtig
3 unabhängig vom Gremium
X No Answer

---

c38o1 Gibt es darüberhinaus noch weitere, nicht genannte zustimmungspflichtige Entscheidungen?

INT: Antworten vorlesen
Single Choice

1 Ja
2 Nein
X No Answer

Skip6
IF C38o1 = 1
THEN ASK: c38o2

c38o2 Welche weiteren zustimmungspflichtigen Entscheidungen gibt es?

INT: Offen, bitte genau eintragen. EINE Nennung pro ZEILE.
Open

X No Answer

c48 Inwieweit stimmen Sie folgenden Äußerungen in Bezug auf das Gremium zu? Ich lese Ihnen wieder verschiedene Aussagen vor, bitte benutzen Sie für Ihre Antwort jeweils die bekannte Skala von 1 "stimme gar nicht zu" bis 5 "stimme voll zu".

1. Als Geschäftsführer fühle ich mich vom Gremium eher beraten als kontrolliert
2. Wichtige Entscheidungen kann ich als Geschäftsführer ohne Mitsprache des Gremiums nicht treffen

INT: Dreischritt.
Single Choice

1 1 - Stimme gar nicht zu
2 2
3 3
4 4
5 5 - Stimme voll zu
X No Answer

Skip13
IF sc02 = 1 / a13 = 3/4/5
THEN ASK: c48b

---

c48b Inwieweit stimmen Sie folgenden Äußerungen zu? Ich lese Ihnen wieder verschiedene Aussagen vor, bitte benutzen Sie für Ihre Antwort jeweils die bekannte Skala von 1 "stimme gar nicht zu" bis 5 "stimme voll zu".

1. Das Gremium trifft Entscheidungen ohne Beeinflussung durch die Familie

INT: Dreischritt.
Single Choice

1 1 - Stimme gar nicht zu
2 2
3 3
4 4
5 5 - Stimme voll zu
X No Answer

---

c52 Wie beurteilen Sie die folgenden Eigenschaften des Gremiums. Bitte beurteilen Sie anhand der Skala von 1 bis 5, 1 bedeutet "sehr gut", 5 bedeutet "mangelhaft".

1. Kooperationsfähigkeit
2. Entscheidungsfreude
3. Kritikfähigkeit
4. Durchsetzungsvermögen
5. Allgemeine Managementerfahrung

INT: Dreischritt.
Single Choice.

1 1 = sehr gut
2 2 = gut
3 3 = befriedigend
4 4 = ausreichend
5 5 = mangelhaft
X No Answer

c57 Wie beurteilen Sie die folgenden Kenntnisse des Gremiums. Bitte beurteilen Sie anhand der Skala von 1 bis 5, 1 bedeutet "sehr gut", 5 bedeutet "mangelhaft".

1. Marktkenntnis in Bezug auf das Unternehmen
2. Finanzierungskenntnisse
3. Controlling/Rechnungswesenkenntnisse
4. Strategiekenntnisse
5. Kenntnisse über das Unternehmen und dessen Branche

INT: Dreischritt.
Single Choice.

1 1 = sehr gut
2 2 = gut
3 3 = befriedigend
4 4 = ausreichend
5 5 = mangelhaft
X No Answer

---

c62 Wie oft erstattet die Geschäftsführung dem Gremium Bericht?

INT: Antworten bitte vorlesen.
Multiple Choice.

1 Quartalsweise
2 Halbjährlich
3 Unregelmäßig
4 Bei außerordentlichen Ereignissen
X No Answer
0 Other

Other Specify...

BLOCK E

Merkmale des Unternehmens

e01 Wann wurde das Unternehmen gegründet?

INT: Jahreszahl bitte vierstellig eintragen.
Numeric

	Numeric Range 1200 - 2010
X	No Answer

---

e02 In welcher Branche ist Ihr Unternehmen tätig?

INT: Antworten bitte vorlesen.
Single Choice.

1	Verarbeitendes Gewerbe
2	Baugewerbe
3	Handel
4	Unternehmensorientierte Dienstleistung
5	Gastgewerbe
6	Sonstige Dienstleistung
X	No Answer
0	Other

Other Specify...

---

e03 Wo liegen räumlich betrachtet die Schwerpunkte des wirtschaftlichen Engagements Ihres Unternehmens?

INT: Antworten bitte vorlesen.
Multiple Choice.

1	Lokal
2	Regional
3	National
4	International
X	No Answer

---

e04 Wie hoch war der Umsatz Ihres Unternehmens im Jahr 2009? Eine grobe Angabe reicht aus.

INT: Tausende mit "t"(100t) und Millionen mit "m"(3,5m) kennzeichnen!
Numeric

X No Answer

e05 Wie hoch war die Anzahl der Beschäftigten Ende 2009?
Eine Schätzung genügt.

Numeric

	Numeric Range 0 - 10000
X	No Answer

e09 Welche Rechtsform hat Ihr Unternehmen?

INT: Antworten bitte vorlesen.
Single Choice.

1 AG
2 GmbH & Co. KG
3 GmbH
4 KG
5 OHG
6 Einzelfirma
7 GbR
X No Answer
0 Other

Other Specify...

---

e10 Haben Sie einen Betriebsrat?

INT: Antworten vorlesen
Single Choice

1 Ja
2 Nein
X No Answer

---

g01 INT: NICHT vorlesen!

Geschlecht eintragen:

1 Männlich
2 Weiblich

---

g02 Vielen Dank für Ihre freundliche Auskunft. Als kleines Dankeschön für Ihre Bereitschaft, sich an der Studie zu beteiligen, erstellen wir für die Teilnehmer einen zusammenfassenden Endbericht. Darf ich Sie zum Abschluss nach Ihrem Namen fragen, damit wir Ihnen die Ergebnisse zusenden können?

INT: Antworten, vor allem "Keine Ergebnisse gewünscht" NICHT vorlesen!
INT: Auf Nachfrage: [L]Wir werden Ihren Namen getrennt von den heutigen Angaben aufbewahren. Ihre Daten werden nicht an Dritte weitergegeben, die Auswertung der Befragung erfolgt anonym.

1 Name eintragen
2 keine Ergebnisse gewuenscht

IF S1 <> 2
THEN ASK: g04, g03

g04 Nennen Sie mir bitte Titel, Vornamen und Namen.

GENAU aufzeichnen, BUCHSTABIEREN lassen!

---

g03 Würden Sie mir bitte noch Ihre E-Mail-Adresse nennen?

GENAU aufzeichnen, BUCHSTABIEREN lassen!
Wenn keine E-Mail-Adresse verfügbar, bitte Postadresse notieren!

Schluss

Damit sind wir am Ende des Interviews angelangt.
Die Ergebnisse der Befragung werden voraussichtlich Ende des Sommers 2010 versendet.

Ich möchte mich ganz herzlich für Ihre Teilnahme und für die Zeit, die Sie sich für die Beantwortung unserer zahlreichen Fragen genommen haben, bedanken und wünsche Ihnen noch einen schönen Tag/Abend.

Auf Wiederhören.

ENDE

Tabelle 19: Abhängigkeit Vertrauenskomponenten mit Funktionen des Beirats

Abhängigkeit Vertrauenskomponenten mit Funktionen des Beirats

Funktionen \ Vertrauen	Vertrauen	Gesellschafterversammlung	Abstimmung Strategie	Lageberichte	Treffen	Zustimmung Grundlegendes	Risikomanagement	Spezielles Gremium	Geschäftsordnung	Weitere nicht genannte Kontrollinstrumente	Unabhängige Entscheidungen	Wie oft Bericht an GF	GF eher beraten vom Gremium	Wichtige Entscheidungen ohne Gremium nicht möglich
Fachwissen	-	-	**	-	-	***	-	***	-	-	-	**	***	-
Repräsentation	-	-	*	-	**	-	-	*	-	**	-	-	-	-
Lobbyaufgaben	-	-	-	-	**	-	-	-	**	-	-	-	-	-
Beratung allgemein	-	-	***	***	-	**	-	**	-	-	-	-	***	**
Beratung speziell	-	-	***	-	**	**	-	-	-	-	-	***	**	***
Kontrolle Finanzen	-	-	-	***	-	-	***	**	-	**	***	***	-	***
Kontrolle Risiko	-	-	-	***	-	-	***	**	-	-	*	***	-	***
Kontrolle Strategie	-	*	***	**	-	**	***	*	-	-	**	***	**	***
Pflege Kontakte	-	-	***	-	***	-	-	-	*	-	-	-	-	-
Imageförderung	-	-	***	-	**	*	**	-	-	**	-	-	-	-
Interessenausgleich GS	-	-	-	-	-	-	-	*	-	*	-	-	-	*
Vermittlung GS-GF	-	**	-	*	-	-	-	-	-	-	-	-	-	*
Vermittlung GF	-	-	*	-	*	**	-	-	-	-	**	-	*	-
Vergütung GF	-	-	-	-	-	-	-	-	-	-	***	***	**	**
Vermittlung GS	-	-	-	-	-	-	-	-	-	-	*	-	-	-

*** Signifikanzniveau 99%, ** Signifikanzniveau 95%, * Signifikanzniveau 90%
Die Bezeichnungen der einzelnen Komponenten erscheinen in der Tabelle verkürzt. Für eine vollständige Bezeichnung siehe Fragebogen

Quelle: ifm Mannheim, Befragung zur unternehmerischen Verantwortung, 2010,

Tabelle 20: Abhängigkeit Komponenten F-PEC mit Funktionen des Beirats

Abhängigkeit Komponenten F-PEC mit Funktionen des Beirats							
F-PEC Komponente / Funktionen	Kultur	Erfahrung	Macht-Beirat	Macht-GF	Macht-Eigentum	Anzahl Gesellschafter	Übernahmejahr
Fachwissen	-	-	-	*-	-	-	-
Repräsentation	**	-	-	**	***	-	-
Lobbyaufgaben	***	***	**	***	***	-	*
Beratung allgemein	***	*	*	***	-	-	**
Beratung speziell	-	-	-	-	-	-	-
Kontrolle Finanzen	-	-	-	-	-	-	-
Kontrolle Risiko	-	-	-	-	-	-	-
Kontrolle Strategie	-	*	-	-	-	-	-
Pflege Kontakte	**	-	-	**	***	**	-
Imageförderung	***	**	*	***	***	-	-
Interessenausgleich GS	-	***	-	-	*	**	**
Vermittlung GS-GF	-		***	-	-	-	**
Vermittlung GF	**	***	***	***	**	-	**
Vergütung GF	-	-	-	-	-	**	-
Vermittung GS	-	***	***	***	*	-	**

*** Signifikanzniveau 99%, ** Signifikanzniveau 95%, * Signifikanzniveau 90%
Die Bezeichnungen der einzelnen Komponenten erscheinen in der Tabelle verkürzt. Für eine vollständige Bezeichnung siehe Fragebogen

Quelle: ifm Mannheim, Befragung zur unternehmerischen Verantwortung, 2010

Tabelle 21: Abhängigkeit Komponenten F-PEC mit Komponenten des Vertrauens

Abhängigkeit Komponenten F-PEC mit Komponenten des Vertrauens

F-PEC Komponente / Vertrauenskomponente	Kultur	Erfahrung	Macht-Beirat	Macht-GF	Macht-Eigentum	Anzahl Gesellschafter	Übernahmejahr
Vertrauen	**	-	**	-	**	-	**
Gesellschafterversammlung	-	-	-	-	-	-	-
Abstimmung Strategie	-	*	-	**	-	***	-
Lageberichte	**	-	-	-	-	-	-
Treffen	-	-	-	-	-	-	***
Zustimmung Grundlegendes	-	**	-	**	-	-	-
Risikomanagement	-	-	-	-	-	-	-
Spezielles Gremium	**	-	-	-	-	-	-
Geschäftsordnung	-	***	**	***	-	-	-

*** Signifikanzniveau 99%, ** Signifikanzniveau 95%, * Signifikanzniveau 90%
Die Bezeichnungen der einzelnen Komponenten erscheinen in der Tabelle verkürzt. Für eine vollständige Bezeichnung siehe Fragebogen

Quelle: ifm Mannheim, Befragung zur unternehmerischen Verantwortung, 2010

Tabelle 22: Abhängigkeit spezielle Vertrauenskomponenten mit Komponenten F-PEC

Abhängigkeit spezielle Vertrauenskomponenten mit Komponenten F-PEC								
F-PEC Komponente / Vertrauenskomponente	Kultur	Erfahrung	Macht-Beirat	Macht-GF	Macht-Eigentum	Macht-Eigentum2	Anzahl Gesellschafter	Übernahmejahr
Weitere nicht genannte Kontrollinstrumente	-	-	-	-	-	-	-	-
Unabhängige Entscheidungen	***	***	*	***	***	***	-	-
Wie oft GF Bericht an Gremium	-	-	-	**	-	-	-	-
G F eher beraten vom Gremium	**	*	**	-	**	**	-	*
Wichtige Entscheidungen ohne Gremium nicht möglich	-	-	-	*	-	-	*	-

*** Signifikanzniveau 99%, ** Signifikanzniveau 95%, * Signifikanzniveau 90%
Die Bezeichnungen der einzelnen Komponenten erscheinen in der Tabelle verkürzt. Für eine vollständige Bezeichnung siehe Fragebogen

Quelle: ifm Mannheim, Befragung zur unternehmerischen Verantwortung, 2010

Tabelle 23: Wahrnehmung der Mitarbeiterbindungsmaßnahmen der befragten Unternehmen

Mitarbeiterbindungsmaßnahme	**Vorhanden**	**Nicht-Vorhanden**	**Keine Antwort**
Überstundenvergütung	459 (78%)	117 (20%)	12 (2%)
Integration Behinderter	319 (54%)	260 (44%)	9 (2%)
Frauenförderung	219 (37%)	362 (62%)	7 (1%)
Messung Mitarbeiterzufriedenheit	401 (68%)	186 (32%)	1 (0%)
Festgelegte Beschwerdestellen	433 (74%)	154 (26%)	1 (0%)
Bürgerschaftliches Engagement	442 (75%)	136 (23%)	10 (2%)
Bevorzugte Behandlung der Kinder	376 (64%)	199 (34%)	3 (1%)
Arbeitnehmer im Ruhestand	471 (80%)	111 (19%)	6 (1%)
Familienfreundliche Unterstützungen	408 (69%)	178 (30%)	2 (1%)
Beteiligung am Unternehmenskapital	83 (14%)	503 (86%)	2 (0%)
Betriebsrente	312 (53%)	273 (46%)	3 (1%)
Programme für Mitarbeiter außerhalb der Arbeitszeit	310 (53%)	276 (47%)	2 (0%)
Variable Gehaltsbestandteile	203 (35%)	382 (65%)	3 (0%)
Weiterbildungsangebote	572 (97%)	16 (3%)	-
Honorierung von Verbesserungsvorschlägen	432 (73%)	154 (26%)	2 (1%)
Unkonventionelle Hilfe bei Problemen	560 (95%)	23 (4%)	5 (1%)

Quelle: ifm Mannheim, Befragung zur unternehmerischen Verantwortung, 2010
Die Bezeichnungen der einzelnen Komponenten erscheinen in der Tabelle verkürzt. Für eine vollständige Bezeichnung siehe Fragebogen

10 Literaturverzeichnis

A

Addison, J.T., Bellmann, L., Schnabel, C., Wagner, J. (2003): German Works Councils Old and New: Incidence, Coverage and Determinants. IZA, DP No. 495, Bonn

Ahrens, J.-P., Gottschalk, S., Woyowde, M. (2012): Nepotism – CEO Succession, Ownership and Enterprise Performance. Universität Mannheim, Working Paper, Mannheim

Alchian, A., Woodward, S. (1988): The firm is dead; long live the firm: A review of Oliver Williamson´s the economic institutions of capitalism. Journal of Economic Literature, 26: 65-79

Althaus, M., Geffken, M., Rawe, S. (2005, Hg.): Handlexikon Public Affairs. Lit Verlag, Münster

Anderson, R. C., Mansi, S.A., Reeb, D.M. (2003): Founding family ownership and the agency cost of debt. Journal of Financial Economics, 68: 263-285

Ang, J., Cole, R. (2000): Agency Costs and ownership structure. Journal of Finance, 55/1: 81-106

Aras, G., Crowther, D. (2012): Governance and Social Responsibility. Palgrave McMillan, New York

Argryis, C. (1964): Integrating the individual and the organization. Wiley, New York

Arregle, J.L., Hitt, D.S., Very, P. (2007): The Development of Organizational Social Capital: Attributes of Family Firms. Journal of Management Studies, 44/1: 73-95

Astrachan, J.H. (1988): Family Firm and Community Culture. Family Business Review, 1/2: 165-189

Astrachan, J.H., Shanker, M.C. (2003): Family Business Contribution to the U.S. Economy: A closer look. Family Business Review, 16/3: 211-219

Astrachan, J.H., Klein, S.B., Smyrnios, K.X. (2006): The F-PEC scale of family influence: A proposal for solving the family business definition problem. In: Poutziouris, P.Z., Smyrnios, K.X., Klein, S.B. (2006): Handbook of Research on Family Business. Edward Elgar, Cheltenham: 167-179

Auxilion (2010): Studie: Deutsche Familienunternehmen 2010/2011, Heppenheim

Auxilion (2011): Studie: Familienunternehmen 2011/2012, Heppenheim

Avram, D.O., Kühne, S. (2008): Implementing responsible business behaviour from a strategic management perspective: Developing a framework for Austrian SMEs. Journal of Business Ethics, 82: 463-475

B

BAG (1986): Urteil vom 7. August 1986 – 6 ABR 57/85, BAGE 52, 325, 329

Ballarini, K., Keese, D. (2013): Unternehmensnachfolge. In: Pfohl, H.-C. (2013): Betriebswirtschaftslehre der Mittel- und Kleinbetriebe. Erich Schmitt Verlag, Berlin: 482-509

Barney, J.B. (1991): Firm resources and sustained competitive advantage. Journal of Management, 17: 99-120

Barney, J., Clark, C., Alvarez, S. (2002): Where Does Entrepreneurship Come From: Network Models of Opportunity Recognition and Resource Acquisition with Application to the

Family Firm. Wharton School of Business, Paper presented at Second Annual Conference on Theories of the Family Enterprise, Philadelphia

Barontini, R., Caprio, L. (2006): The Effect of Family Control on Firm Value and Performance: Evidence from Continental Europe. European Financial Management, 12/5: 689-723

Bass, B.M. (1985): Leadership and performance beyond expectations. Free Press, New York

Bauer, H. H., Jensen, S. (2001): Determinanten der Mitarbeiterbindung – Überlegungen zur Verallgemeinerung der Kundenbindungstheorie. Institut für Marktorientierte Unternehmensführung, Mannheim

Becerra, M., Gupta, N. (2003): Perceived trustworthiness within the organization: The moderating impact of communication frequency on trustor and trustee effects. Organization Science, 14: 32-44

Beck, U., Beck-Gernsheim, E. (1994): Riskante Freiheiten. Zur Individualisierung der Lebensformen in der Moderne. Suhrkamp Verlag, Berlin

Beck, L., Janssens, W., Debruyne, M., Lommelen, T. (2011): A Study of the Relationships Between Generation, Market Orientation, and Innovation in Family Firms. Family Business Review, 24: 252-272

Becker, G.S. (1974): A theory of social interaction. Journal of Political Economy, 82: 1063-1093

Becker, F. G. (2010): Mitarbeiterbindung: Ein Einblick in ein schwieriges Objekt und den Status quo der Diskussion. In: Bruhn, M., Stauss, B. (2010): Serviceorientierung im Unternehmen. Springer, Heidelberg

Bellmann, L., Ellguth, P. (2006): Verbreitung von Betriebsräten und ihr Einfluss auf die betriebliche Weiterbildung. In: Jahrbücher f. Nationalökonomie u. Staat, 226/5: 487-504

Bennedsen, M., Nielson, K.M., Pérez-González, F., Wolfenzon, D. (2007): Inside the family firm: The role of families in Succession decisions and performance. Quarterly Journal of Economics, 122/2: 647-691

Berle, A., Means, G. (1932): The Modern Corporation and Private Property. New York

Berrar, C. (2001): Die Entwicklung der Corporate Governance in Deutschland im internationalen Vergleich. Nomos Verlag, Baden-Baden

Berrone, P., Cruz, C., Gomez-Mejia, L.R., Larraza-Kintana, M. (2010): Socioemotional Wealth and Corporate Response to Institutional Pressures: Do Family-Controlled Firms Pollute Less? Administrative Science Quarterly, 55: 82-113

Bertram, H. (2000): Kulturelles Kapital und familiale Solidarität: Zur Krise der modernen Familie und deren Folgen für die Entwicklung von Solidarität in der gegenwärtigen Gesellschaft. In: Tippelskirch, von D.C., /Spielmann, J. (2000, Hg.): Solidarität zwischen den Generationen – Familie im Wandel der Gesellschaft. W. Kohlhammer, Stuttgart: 17-50

Betriebsverfassungsgesetz (2013): Neugefasst durch Bek. v. 25.9.2001 I 2518, zuletzt geändert durch Art. 3 Abs. 4 G v. 20.4.2013 I 868, unter http://www.gesetze-im-internet.de/bundesrecht/betrvg/gesamt.pdf (abgerufen am 25.09.2013)

Bettermann, P., Heneric, O. (2009): Corporate Governance in börsenfernen Familiengesellschaften. In: Hommelhoff, P., Hopt, K.J., Werder, A.v. (2009, Hg.): Handbuch Corporate Governance – Leitung und Überwachung börsennotierter Unternehmen in der Rechts- und Wirtschaftspraxis. Schäffer Poeschel, Stuttgart

Beutner, M. (2001): Ausbildungsbereitschaft von Klein- und Mittelbetrieben. Botermann und Botermann, Köln

Bien, W., Marbach, J. H. (2003, Hg.): Partnerschaft und Familiengründung. Ergebnisse der dritten Welle des Familien-Survey. Verlag Barbara Budrich, Leverkusen

Blasche, S. (1994): Einleitung. In: Blasche, S., Köhler, W.R., Rohs, P. (1994): Markt und Moral. St. Galler Beiträge zur Wirtschaftsethik Band 13. Verlag Paul Haupt, Bern: 7-18

Blasius, H. (2007): Porsche – Toyota – General Electric. Gute Unternehmensführung in Deutschland, Japan und den USA. Orell Fuessli, Zürich

BMBF (2004): Ausbildungsbereitschaft der Betriebe, Berlin

BMFSFJ (2013): 1.-8. Familienbericht der Bundesregierung. Unter http://www.bmfsfj.de/BMFSFJ/Service/Publikationen/publikationsliste.html? (abgerufen am 25.09.2013)

Böhnisch, L., Lenz, K. (1997, Hg.): Familien – Eine interdisziplinäre Einführung. Juventa Verlag, Weinheim

Bollen, K.A., Stine, R.A. (1992): Bootstrapping Goodness-of-Fit Measures in Structural Equitation Models. Sociological Methods & Research, 21: 205-229

Bork, D. (1993): Family Business, Risky Business: How to make it work. Borkinstitute for Family Business, New York

Bornheim, S. (2000): The organizational form of family business. Springer, Heidelberg

Bradach, J.L., Eccles, R.G. (1989): Price, authority, and trust: From ideal type to plural forms. Annual review of sociology, 15: 97-118

Brammer, S., Millington, A. (2003): The effect of stakeholder preferences, organizational structure and industry type on corporate community involvement. Journal of Business Ethics, 45: 213-226

Breinlinger, U.G.N. (2006): Situative Corporate Governance: Ein Modell für kleine und mittelgrosse Familienunternehmen in der Schweiz. Hochschule St. Gallen

Brockhaus (2001): Enzyklopädie Studienausgabe Band 7. Gütersloh: 95-102

Browne, M.W. (1984): Asymptotically distribution-free methods for the analysis of covariance stuctures. British Journal of Mathematical and Staistical Psychology, 37: 62-83

Bruce, N., Waldman, M. (1990): The rotten kid theorem meet´s the Samaritan´s dilemma. Quarterly Journal of Economics, 105: 155-165

Brüderl, J. (2004): Die Pluralisierung partnerschaftlicher Lebensformen in Westdeutschland und Europa. *Aus Politik und Zeitgeschichte*, B 19/2004: 3-10

Bühner, R. (1999): Betriebswirtschaftliche Organisationslehre. Oldenbourg, München

Bundesinstitut für Berufsbildung (2009): Betriebliche Berufsausbildung: Eine lohnende Investition für die Betriebe. BIBB-Report, 8/09: 1-11

Bundesministerium der Justiz: Gute Unternehmenführung. Unter http://www.bmj.de/DE/Buerger/wirtschaftHandel/GuteUnternehmensf%C3%BChrung/corpGovernance_node.html (abgerufen am 17.6.2013)

Burkhart, D. (2006): Eine Geschichte der Ehre. Wissenschaftliche Buchgesellschaft, Darmstadt

C

Campopiano, G., De Massis, A., Cassia, L. (2012): The Relationship between motivations and actions in corporate social responsibility: An exploraty study. International Journal of Business and Society, 13/3: 391-425

Carney, M. (2005): Corporate Governance and Competitive Advantage in Family-Controlled Firms. Entrepreneurship: Theory & Practice, 29/3: 249-265

Caroll, A.B., Buchholtz, A.K., Ann, K. (2003): Business & Society. Ethics and Stakeholder Management. South Western Educ Pub, Ohio

Chambers, A. (2012): Corporate Governance Handbook. Bloomsbury Professional, West Sussex

Cheng, A., Brown, A. (1998): HRM Strategies and Labour Turnover in Hotel Industry: A Comparative Study of Australia and Singapore. The International Journal of Human Resource Management, 9/1: 136-155

Chrisman, J.J., Chua, J.H., Litz, R.A. (2004): Comparing the Agency Costs of Family and Non-Family Firms: Conceptual Issues and Exploratory Evidence. Entrepreneurship: Theory & Practice, 28/4: 335-354

Chrisman, J.J., Chua, J.H., Sharma, P. (2005): Trends and Directions in the Development of a Strategic Management Theory of the Family Firm. Entrepreneurship: Theory & Practice, 29/5: 555-575

Chrisman, J.J., Chua, J., Kellermanns, F., Chang, E. (2007): Are family managers agents or stewards? An exploratory study in privately held family firms. Journal of Business Research, 60/10: 1030-1038

Chua, J.H., Chrisman, J.J., Sharma, P. (1999): Defining the Family Business by Behavior. Entrepreneurship: Theory & Practice, 23/4: 19-39

Chua, J. H., Steier, L. P., Chrisman, J.J. (2006): How Family Firms solve intra-family agency problems using interlocking directorates: An extension. Entrepreneurship Theory & Practice, 30/6: 777-783

Churchill. N.C., Hatten. K.J. (1987): Non-market based transfers of wealth and power: A research framework for family businesses. American Journal of Small Business, 11/3: 51-64

Clark-Rayner, P., Harcourt, M. (2000): The Determinants of Employee Turnover Behaviour: New Evidence from a New Zealand Bank. Research, and Practice in Human Resource Management, 8/2: 61-71

Coase, R.H. (1937): The Nature of the Firm. Economica. New Series, 4/16: 386-405

Collin, S.O., Ahlberg, J. (2012): Blood in the Board Room: Family Relationships influencing the Functions of the Board. Journal of Family Business Strategy, 3/4: 207-219

Corbetta, G., Salvato, C. (2004): Self-Serving or Self-Actualizing? Models of Man and Agency Costs in Different Types of Family Firms: A Commentary on Comparing the Agency Costs of Family and Non-Family Firms: Conceptual Issues and Exploratory Evidence. Entrepreneurship: Theory & Practice, 28/4: 355-362

Currivan, D.B. (1999): The Causal Order of Job Satisfaction and Organizational Commitment in Models of Employee Turnover. Human Resource Management Review, 9/4: 495-524

D

Daily, C.M., Dollinger, M.J. (1992): An empirical examination of ownership structure in family professionally managed firms. Family Business Review, 5: 117-136

Dahlsrud, A. (2006): How Corporate Social Responsibility is defined. Corporate Social Responsibility and Environmental Management, 15/1, 1-13

Davis, J.H., Schoorman, F.D., Donaldson, L. (1997): Toward a Stewardship Theory of Management. Academy of Management Review, 22/1: 20-47

Davis, J.H., Allen, M.R., Hayes, H.D. (2010): Is Blood Thicker Than Water? A Study of Stewardship Perceptions in Family Business. Entrepreneurship: Theory & Practice, 24/6: 1093-1115

Deci, E.L., Koestner, R., Ryan, R. M. (1999): A metaanalytic review of experiments examining the effects of extrinsic rewards on intrinsic motivation. Psychological Bulletin, 125: 627-668

Deckop, J.R., Mangel, R., Cirka, C.C. (1999): Getting more than you pay for: Organizational citizenship behavior and pay-for-performance plans. Academy of Management Journal, 42: 420-428

Deniz, M., Suarez, M.K. (2005): Corporate Social Responsibility and Family Business in Spain. Journal of Business Ethics, 56/1; 27-41

DIHK (2009): Ausbildung 2009: Ergebnisse einer Online-Unternehmensbefragung, Berlin

Domschke, W., Scholl, A. (2008): Grundlagen der Betriebswirtschaftslehre: Eine Einführung aus entscheidungsorientierter Sicht. Springer, Heidelberg

Donaldson, L. (1990): The Ethereal Hand: Organizational Economics and Management Theory. Academy of Management Review, 15: 369-381

Donaldson, L., Davis, J.H. (1991): Stewardship theory or agency theory: CEO governance and shareholder returns. Australian Journal of Management, 16: 49-64

Donnelley, R.G. (1964): The Family Business. Harvard Business Review, 42/4: 93-105

Drozdow, N., Carroll, V.P. (1997): Tools for Strategy Development in Family Firms. Sloan Management Review, 39/1: 75-88

Dyer, W.G. (2006): Examining the "Family Effect" on Firm Performance. Family Business Review, 19/4: 253-273

Dyllick, T. (1992): Management der Umweltbeziehungen: öffentliche Auseinandersetzungen als Herausforderung. Gabler, Wiesbaden

E

Eddleston, K.A., Kellermans, F.W., Sarathy, R. (2008): Resource configuration in family firms: linking resources, strategic planning and technological opportunities to performance. Journal of Management Studies, 45/1: 26-50

Ehrhart, K.H., Mayer, D. M., Ziegert, J.C. (2012): Web-based recruitment in the Millennial generation: Work-life-balance, website usability, and organizational attraction. European Journal of Work & Organizational Psychology, 21/6: 850-874

Eisenhardt, K.M. (1989): Agency Theory: An Assessment and Review. Academy of Management Review, 14/1: 57-74

Eisenmann-Mittenzwei (2006): Familienunternehmen und Corporate Governance. Kovac, Hamburg

Ellguth, P., Kohaut, S. (2010): Tarifbindung und betriebliche Interessenvertretung aktuelle Ergebnisse aus dem IAB-Betriebspanel 2009. WSI-Mitteilungen, 63/4: 204-209

EU-Kommission (2001): Grünbuch Europäische Rahmenbedingungen für die soziale Verantwortung der Unternehmen, KOM (2001) 366 endgültig, 18.7.2001

Europäische Kommission (2002): Mitteilung der Kommission betreffend die soziale Verantwortung der Unternehmen: Ein Unternehmensbeitrag zur nachhaltigen Entwicklung. Amt für amtliche Veröffentlichungen der Europäischen Gemeinschaften, COM (2002) 347 endgültig, Brüssel

Europäische Kommission (2002a): Europäische KMU und soziale und umweltbezogene Verantwortung. Beobachtungsnetz der europäischen KMU 2002, Nr.4, EU-Kommission Beschäftigung und Soziales, Brüssel

Europäische Kommission (2006): Die neue KMU-Definition Benutzerhandbuch und Mustererklärung. Unter http://ec.europa.eu/enterprise/policies/sme/files/sme_definition/sme_user_guide_de.pdf (abgerufen am 26.09.2013)

F

Faccio, M., Parsley, D.C. (2009): Sudden Deaths: Taking Stock of Geographic Ties. Journal of Financial and Quantitative Analysis, 44/3: 683-718

Fama, E., Jensen, M.C. (1983): Separation of ownership and control. Journal of Law and Economics, 26: 301-325

Fassin, Y. (2008): SMEs and the fallacy of formalising CSR. Business Ethics: A European Review, 17/4: 364-378

Felfe, J. (2008): Mitarbeiterbindung. Hofgrefe, Göttingen

Fetzer, J. (2004): Die Verantwortung der Unternehmung – Eine wirtschaftsethische Rekonstruktion. Gütersloh

Financial Times Deutschland (2012): Familienunternehmen ticken anders als Konzerne. Unter http://www.ftd.de/karriere/management/:strategiebuch-familienunternehmen-ticken-anders-als-konzerne/60167077.html (abgerufen am 27.5.2013)

Franz, W., Soskice, D. (1995): The German Apprenticeship System. In: Buttler, F., Franz, W., Schettkat, R., Soskice, D. (1995, Hg.): Institutional Frameworks and Labor Market Performance, London, New York, 208-234

Frasl, E.J., Rieger, H. (2007): Einleitung und Überblick. In: Frasl, E.J., Rieger, H. (2007): Family Business Handbuch. Linde Verlag, Wien: 13-17

Freeman, E. R., Andrew C. W., Parmar B. (2004): Stakeholder Theory and „The Corporate Objective Revisited". Organization Science, 15/3: 364-369

Friedman, M. (1987): The Social Responsibility of Business. In: Leube, K.R. (1987): The Essence of Friedman. Stanford: 36-42

Friedman, M. (2002): Kapitalismus und Freiheit. Stuttgart

Freund, W. (2000): Familieninterne Unternehmensnachfolge: Erfolgs- und Risikofaktoren, Wiesbaden

Frey, B. S. (2002): Die Grenzen ökonomischer Anreize. In: Fehr, E., Schwarz, G. (2002): Psychologische Grundlagen der Ökonomie. Verlag Neue Züricher Zeitung, Zürich: 21-25

Fuchs-Heinritz, W., Lautmann, R., Rammstedt, O., Wienold, H. (1995, Hg.): Lexikon zur Soziologie. Westdeutscher Verlag, Opladen

G

Gabler Wirtschaftslexikon (1993): 13. Auflage. Gabler, Wiesbaden

Gabler Wirtschaftslexikon Online: Unter http://wirtschaftslexikon.gabler.de/Stichwort-Ergebnisseite.jsp (abgerufen am 15.6.2013)

Gantzel, K.-J. (1962): Wesen und Begriff der mittelständischen Unternehmung. Köln/Opladen

Gaugler, E., Heimburger, W. (1984): Firmenbeiräte mittelständischer Unternehmen, Forschungsstelle für Betriebswirtschaft und Sozialpraxis e.V. (FBS), Mannheim

Gedajlovic, E., Lubatkin, M., Schulze, W. (2004): Crossing the threshold from founder management to professional management. Journal of Management Studies, 41: 899-912

Geißler, K., Schmidt, H. (1996): Ungleiche Ausbildung? Diskussion zum System der Berufsausbildung in Deutschland. In: Bolder, A. (1996 Hg.): Die Wiederentdeckung der Ungleichheit, Jahrbuch Bildung und Arbeit ´96. Verlag Barbara Budrich, Leverkusen: 288-311

Gertz, W. (2004): Mitarbeiterbindung: Talente halten, Loyalität erhöhen, Fluktuation verringern, Düsseldorf. Management und Karriere Verlag, Düsseldorf

Giddens, A. (1995): Keeping the family firm. New Statesman & Society, 8/374: 30

GILDE GmbH (2007): Gesellschaftliches Engagement in kleinen und mittelständischen Unternehmen in Deutschland – aktueller Stand und zukünftige Entwicklung, Detmold

Godfrey, P.C. (2005): The relationship between corporate philanthropy and shareholder wealth: A risk management perspective. Academy of Management Review, 30/4: 777-798

Goffee, R., Scase, R. (1985): Proprietorial control in family firms: Some functions of „quasi-organixc" management systems. Journal of Management Studies, 22/1: 53-68

Gomez-Mejia, L., Larraza-Kintana, M., Makri, M. (2001): The determinants of executive compensation in family-controlled public corporations. Academy of Management Journal, 46: 226-237

Gottschalk, S., Niefert, M., Licht, G., Hauer, A., Keese, D., Woywode, M. (2011): Die volkswirtschaftliche Bedeutung der Familienunternehmen, München

Graafland, J.J. (2002): Corporate Social Responsibility and Family Business. Paper präsentiert beim Research Forum des Family Business Network (13th Annual Conference), Helsinki

Gramke, K., Fischer, D., Schlesinger, M., Schüssler, R., Windhövel, K., Wolff, H. (2009): Arbeitslandschaft 2030. Steuert Deutschland auf einen generellen Fachkräftemangel zu? Prognos AG, Basel

Greenwood, R., Oliver, C., Sahlin, K., & Suddaby, R.: (2008). Sage handbook of organizational institutionalism. London, UK.

Grollmann, P., Rauner, F. (2007): Exploring innovative apprenticeship: quality and costs. Education + Training, 49/6: 431-446

Gulati, R. (1995): Does familiarity breed trust? The implication of repeated ties for contractual choice in alliances. Academy of Management Journal, 38: 85-112

Gunningham, N., Kagan, R., Thornton, D. (2004): Social license and environmental protection: why businesses go beyond compliance. Law and Social Inquiry, 29: 307-342

Günterberg, B., Wolter, H.-J. (2002): Unternehmensgrößenstatistik 2001/2002 Daten und Fakten, Bonn

Gutenberg, E. (1975): Einführung in die Betriebswirtschaftslehre. Gabler Verlag, Wiesbaden

H

Habbershon, T., Williams, M. (1999): A Resource-based Framework for Assessing the Strategic Advantages of Family Firms. Family Business Review, 12/1: 1-25

Habig, H., Berninghaus, J. (1997): Die Nachfolge in Familienunternehmen ganzheitlich regeln. Springer, Berlin Heidelberg

Hack, A. (2009): Sind Familienunternehmen anders? Eine kritische Bestandsaufnahme des aktuellen Forschungsstands. Zeitschrift für Bestriebswirtschaft. Special Issue, 2: 1-29

Hamer, E. (1987): Das Mittelständische Unternehmen – Eigenarten, Bedeutung, Risiken und Chancen. Poller Verlag, Bonn

Handelsblatt (2010): Familienunternehmer sind keine besseren Menschen. 17.2.2010. Nr. 33. Unter http://www.genios.de/presse-archiv/artikel/HB/20100217/familienunternehmer-sind-keine-bess/021017566.html (abgerufen am 27.09.2013)

Handelsblatt (2012): Die stillen Champions. Unter http://www.genios.de/presse-archiv/artikel/HB/20121002/die-stillen-champions/BDC6BCA4-B5AE-4C68-BEC7-C3865C5E1B4C.html (abgerufen am 27.5.2013)

Handler, W.C. (1989): Methodological Issues and Considerations in studying Family Business. Family Business Review. 2/3: 257 276

Handler, W., Kram, K. (1988): Succession in family firms: The problem of resistance. Family Business Review, 1: 361-381

Handwörterbuch der Wirtschaftswissenschaften (1988). Vandenhoeck und Ruprecht, Göttingen

Hansen, U., Schrader, U. (2005): Corporate Social Responsibility als aktuelles Thema der Betriebswirtschaftslehre. Die Betriebswirtschaft (DBW), 65/4: 373-395

Harvey, M., Evans, R. (1994): Family Business and Multiple Levels of Conflict. Family Business Review, 7/4: 331-348

Haugh, H.M., McKee, L. (2003): It´s just like a family-shared values in the family firm. Community, Work & Family, 6/2: 141-158

Hausch, K.T. (2004): Corporate Governance im deutschen Mittelstand – Veränderungen externer Rahmenbedingungen und interner Elemente. Wiesbaden

Helzel, A. (2009): Studie zur Mitarbeiterbindung und Mitarbeitergewinnung in kleineren Betrieben der Wasserwirtschaft, Hamburg, www.helzel.net

Hengstmann (1935)*:* Die Familiengesellschaft, Diss., Berlin

Hennerkes, B.-H. (1998): Familienunternehmen sichern und optimieren. Campus, Frankfurt/M

Hennerkes, B.-H. (2004): Die Familie und ihr Unternehmen. Strategie, Liquidität, Kontrolle. Campus, Frankfurt/M.

Hettlage, R. (1992): Familienreport- Eine Lebensform im Umbruch. C.H. Beck, München

Hill, P.B., Kopp, J. (2006): Familiensoziologie – Grundlagen und theoretische Perspektiven. VS Verlag, Wiesbaden

Hirschfeld, K. (2006): Retention und Fluktuation: Mitarbeiterbindung – Mitarbeiterverlust. ID Text, Berlin

Holzborn, A. (2006): Corporate Social Responsibility in kleinen und mittleren Unternehmen. Saarbrücken

Homann, K., Blome-Drees, F. (1992): Wirtschafts- und Unternehmensethik. UTB, Göttingen

Homann, K. (1994): Marktwirtschaft und Unternehmensethik. In: Blasche, S., Köhler, W.R., Rohs, P. (1994): Markt und Moral. St. Galler Beiträge zur Wirtschaftsethik Band 13. Verlag Paul Haupt, Bern: 109-130

Homann, K. (2008): Das ethische Programm der Marktwirtschaft. In: *Waldkirch, R.* (2008, Hg.): Die Moral der Wirtschaft. Gesellschaftliche Verantwortung und Mittelstand. Lit Verlag, Berlin: 9-24

Hunziger, A., Biele, G., (2002): Retention-Management – Wie Unternehmen Mitarbeiter binden können. Wirtschaftspsychologie, 2/2002: 47-52

Hurrle, B.; Kieser, A. (2005): Sind Key Informants verlässliche Datenlieferanten? DBW - Die Betriebswirtschaft, 65/6: 584–602

Huse, M. (1998): Researching the Dynamics of Board-stakeholder Relations. Long Range Planning, 31: 218-226

I

Idowu, S.O., Capaldi, N., Zu, L., Gupta, A.D. (2013): Encyclopedia of Corporate Social Responsibility. Heidelberg

IFAK Institut (2007): Arbeitsklima-Barometer, hier zitiert: Arbeitszufriedenheit - Frust im Büro, www.süddeutsche.de, 9.5.2008

Iliou, C. D. (2004); Die Nutzung von Corporate Governance in mittelständischen Familienunternehmen. Logos, Berlin

Impulse (2012): Geld, Macht und Liebe. Unter http://www.impulse.de/management/geld-macht-und-liebe (abgerufen am 25.09.2013)

J

James, L., Mathew, L. (2012): Employee Retention Strategies: IT Industry. SCMS Journal of Indian Management, 3: 79-87

Jenkins, H. (2004): A Critique of Conventional CSR Theory: An SME Perspective. Journal of General Management, 29/4: 37-57

Jenkins, H. (2009): A business opportunity model of corporate social responsibility for small- and medium-sized enterprises. Business Ethics: A European Review, 18/1: 21-36

Jensen, M.C., Meckling, W.H. (1976): Theory of the firm: Managerial behavior, agency costs, and ownership structure. Journal of Financial Economics, 3: 305-360

K

Karra, N., Tracey, P., Phillips, N. (2006): Altruism and Agency in the Family Firm: Exploring the Role of Family, Kinship, and Ethnicity. Entrepreneurship: Theory & Practice, 30/6: 861-877

Kaufer, E. (1998): Spiegelungen wirtschaftlichen Denkens im Mittelalter. Innsbruck

Kay, R. (2008): Gemeinsamkeiten und Unterschiede in der Personalpolitik familien- und managementgeführter Unternehmen. Bonn

Keasy, K., Thompson, S., Wright, M. (1997): Corporate Governance: Economic and Financial Issues. Oxford

Keese, D., Tänzler, J.-K., Hauer, A. (2010): Die Wahrnehmung gesellschaftlicher Verantwortung in Familien- und Nicht-Familienunternehmen. Zeitschrift für KMU und Entrepreneurship, 58: 197-225

Keese, D., Hauer, A., Tänzler, J.K. (2011): Die Verweildauer des Managements von Familienunternehmen und Unternehmen im Streubesitz. Stiftung Familienunternehmen, München

Kellermanns, F.W., Eddleston, K.A. (2006): Corporate venturing in family firms: Does the family matter? Entrepreneurship: Theory & Practice, 30: 837-854

Kempf, T. (1985): Theorie und Empirie betrieblicher Ausbildungsplatzangebote. Peter Lang, Bern

Kets De Vries, M.F.R. (1993): The Dynamics of Family Controlled Firms: The Good and the Bad News. Organizational Dynamics, 21/3: 59-71

Kienbaum (2010a): Nachhaltigkeits-Management. Chancen und Herausforderungen der nachhaltigen Unternehmensführung. Gummersbach

Kienbaum (2010b): Attraktivität von Familienunternehmen. Gummersbach

Kieser; A., Ebers, M. (2006): Organisationstheorien. Kohlhammer, Stuttgart

Kirchdörfer, R., Kögel, R. (2000): Corporate Governance und Familienunternehmen – Die Kontrolle des Managements durch Eigner und Aufsichtsorganen in deutschen Familienunternehmen. In: Jeschke, D., Kirchdörfer, R. Lorz, R. (2000, Hg.): Planung, Finanzierung und Kontrolle im Familienunternehmen. Festschrift für Brun-Hagen Hennerkes, München

Klein, S. (2004): Familienunternehmen – Theoretische und empirische Grundlagen. Gabler, Wiesbaden

Klein, S., Astrachan, J.H., Smyrnios, K.X. (2005): The F-PEC Scale of Family Influence: Construction, Validation, and further Implication for Theory. Entrepreneurship Theory and Practice, 29/3: 321-339

Klink, D. (2007): Der ehrbare Kaufmann. Humbold-Universität zu Berlin, Bachelorearbeit, Berlin

Kobi, J.-M. (1999): Personalrisikomanagement. Gabler, Wiesbaden

Koch, A., Migalk, F. (2007): Neue Datenquelle „Unternehmensregister“ Mehr Informationen über den Mittelstand ohne neue Bürokratie. Abschlussbericht an das Wirtschaftsministerium Baden-Württemberg, Tübingen und Mannheim

Koeberle-Schmid, A. (2008): Family Business Governance. Aufsichtsgremium und Familienrepräsentanz. Gabler, Wiesbaden

König, R. (1974): Die Familie der Gegenwart. C.H. Becker Verlag, München

Koubek, N. (1983): Wirtschaftlichkeit. In: Bundesanstalt für Arbeitsschutz (1983, Hg.): Wörterbuch zur Humanisierung der Arbeit. Dortmund: 433-436

Kreitmeier, F. (2001): Corporate Governance: Aufsichtsgremien und Unternehmensstrategien. Barbara Kirsch, Herrsching

Kuhn, T. (1990): Unternehmensführung in der ökologischen Krise. In: Institut für Wirtschaftsethik an der Hochschule St. Gallen. Beiträge und Berichte. Nr. 41-50

L

La Porta, R., Lopez-de-Silanes, F., Shleifer, A. (1999): Corporate ownership around the world. The Journal of Finance, 54/2: 471-517

Lange, K.W., Leible, S. (2010, Hg.): Governance in Familienunternehmen. Jena.

Le Breton-Miller, I., Miller, D., Lester, R.H. (2011): Stewardship or Agency? A Social Embeddedness Reconciliation of Conduct and Performance. in Public Family Businesses. Organization Science, 22/3: 704-721

Lee, P.M., O'Neill, H.M. (2003): Ownership structures and R&D investments of U.S. and Japanese firms: Agency and stewardship perspectives. Academy of Management Journal, 46: 212-225

Lee, J. (2004): The Effects of Family Ownership and Management on Firm Performance. SAM Advanced Management Journal, 69/4: 46-53

Leibinger-Kammüller, N. (2010): Wirtschaften mit Werten – Was wir auf lange Sicht aus der Krise lernen können. Vortrag beim Übersee-Club Hamburg am 6.5.2010, Hamburg

Leicht, R., Tur Castello, J., Philipp, R. (2009): Ausbildungsplatzpotenziale in Mannheim. Analyse zur Stärkung und Verbesserung der Ausbildung in kleinen und mittleren Unternehmen. Studie im Auftrag der Stadt Mannheim, des Bundesministeriums für Bildung und Forschung und der Europäischen Union, Mannheim

Lin-Hi, N. (2008): Unternehmensverantwortung im Mittelstand. In: Waldkirch, R. (2008): Die Moral der Wirtschaft. Gesellschaftliche Verantwortung und Mittelstand. Lit Verlag, Berlin: 49-65

Lis B. (2012): The Relevance of Corporate Social Responsibility for a Sustainable Human Resource Management: An Analysis of Organizational Attractiveness as a Determinant in Employees´Selection of a (Potential) Employer. Management Review, 23/3, 279-295

Litz, R. A. (1995): The family business: Toward definitional clarity. Family Business Review, 8/2: 71-81

Loew, T., Ankele, K., Braun, S., Clausen, J. (2004): Bedeutung der internationalen CSR-Diskussion für Nachhaltigkeit und die sich daraus ergebenden Anforderungen an Unternehmen mit Fokus Berichterstattung. Münster und Berlin

Logan, D., Tuffrey, M. (1999): Companies in communities. Valuting the contribution. Charities Aid Foundation, Kent

Lubatkin, M., Schulze, W., Ling, Y., Dino, R. (2005): The affects of parental altruism on the governance of family-managed firms. Journal of Organizational Behavior, 26/3: 313-330

Lubatkin, M., Durand, R., Ling, Y. (2007): The missing lens in family firm governance theory: A self-other typology of parental altruism. Journal of Business Research, 60/10: 1022-1029

Lutter, M. (2009): Deutscher Corporate Governance Kodex. In: Hommelhoff, P., Hopt, K.J., Werder, A.v. (2009, Hg.): Handbuch Corporate Governance – Leitung und Überwachung börsennotierter Unternehmen in der Rechts- und Wirtschaftswissenschaft. Schäffer Poeschel, Stuttgart: 123-135

Lynch-Wood, G., Williamson, D., Jenkins, W. (2009): The over-reliance on self-regulation in CSR policy. Business Ethics: A European Review, 18/1: 52-65

M

Macklin, Eleanor D. (1980): "Nontraditional Family Forms: A Decade Of Research." Journal of Marriage and the Family, 42/11: 905-922

Manager Magazin (2000): Die ratlosen Räte – Unternehmenskontrolle. 09/00: S. 132-139.

Manager Magazin (2005): Wie sozial können Unternehmen sein? 05/05: 86-93

Manager Magazin (2011): Erbfeinde. 09/11: 37-41

Mann, T. (1969): Buddenbrooks – Verfall einer Familie. S. Fischer Verlag, Berlin

Manz, C. E., Sims, H. P. (1993): Leading workers to lead themselves: The external leadership of self-managed work teams. Administrative Science Quarterly, 32: 106-128

Martos, M.C.V., Torraleja, F.-A.G (2007): I Family Business more socially responsible? The Case of Grupo CIM. Business and Society Review, 112/1: 121-136

May, P. (2012): Erfolgsmodell Familienunternehmen. Murmann Verlag, Hamburg

Mayer, R.C., Davis, J.H., Schoorman, F.D. (1995): An integrative model of organizational trust. Academy of Management Review, 20/3: 709-734

Mayer, R.C., Davis, J.H. (1999): The effect of the Performance Appraisal System on Trust for Management: A Field Quasi-Experiment. Journal of Applied Psychology, 84/1: 123-136

Meifert, M. T. (2005): Mitarbeiterbindung. Eine empirische Analyse betrieblicher Weiterbildner in deutschen Großunternehmen. Rainer Hampp Verlag, München Mering

Meran, J. (1994): „Wir haben wirklich andere Sorgen" – Unternehmensethik im Zeichen der Rezession. In: Blaschke, S., Köhler, W.R., Rohs, P. (1994): Markt und Moral . Die Diskussion um die Unternehmensethik, Verlag Paul Haupt, Bern: 269-289

Metzler, F.v. (2012): Unternehmerfamilie und Familienunternehmen. Vortrag beim FBN World Summit München am 1.5.2012, München

Meyer, J. P., Allen, N. J., Smith, C. A. (1993): Commitment to Organizations and Occupations: Extension and Test of a Three-Component Conzeptualization. Journal of Applied Psychology, 78/4: 538-551

Miller, D. (1991): Stale in the Saddle: CEO Tenure and the match between organization and environment. Management Science, 37/1: 34-52

Miller, D., Le Breton-Miller, I. (2006): Family Governance and Firm Performance: Agency, Stewardship and Capabilities. Family Business Review, 19/1: 73-87

Miller, D., Le Breton-Miller, I., Scholnick, B. (2008): Stewardship vs. Stagnation: An Empirical Comparison of Small Family and Non-Family Businesses. Journal of Management Studies, 45/1: 51-78

Mishra, C.S., Randoy, T., Jenssen, J.I. (2001): The Effect of Founding Family Influence on Firm Value and Corporate Governance. Journal of International Financial Management and Accounting, 12/3: 235-259

Mitchell, R.K., Agle, B.R., Wood, D.J. (1997): Toward a theory of stakeholder identification and salience. Defining the principle of who and what really counts. Academy of Management Review, 22: 853-886

Mittelsten-Scheid, J. (2005): Gedanken zum Familienunternehmen. Schaeffer-Poeschel, Stuttgart

Morck, R., Shleifer, A., Vishny, R. (1988): Management ownership and market valuation: An empirical analysis. Journal of Financial Economics, 20: 293-316

Morck, R., Yeung, B. (2003): Agency Problems in Large Family Business groups. Entrepreneurship: Theory & Practice, 27/4: 367-382

Morck, R., Yeung, B. (2004): Family control and the rent-seeking society. Entrepreneurship Theory and Practice, 28/4: 391-409

Morsing, M., Perrini, F. (2009): CSR in SMEs: do SMEs matter fort he CSR agenda?, Business Ethics: A European Review, 18/1: 1-6

Mroczkowski, N.A., Tanewski, G. (2007): Delineating Publicly Listed Family and Nonfamily Controlled Firms: An Approach for Capital Market Research in Australia. Journal of Small Business Management, 45/3: 320-332

Mugler (1995): Betriebswirtschaftslehre der Klein- und Mittelbetriebe. Springer, Wien, New York

Mueller, K., Hattrup, K., Spiess, S.-O., Lin-Hi, N. (2012): The Effects of Corporate Social Responsibility on Employees Affective Commitment: A Cross-Cultural Investigation. Journal of Applied Psychology. Advanced online publication. Doi: 10.1037/a0030204

Müller, C. (2012): Die Zukunft von Familienunternehmen – der Kern der Wirtschaft. PriceWaterhouseCoopers, Hamburg

Mutz, G., Korfmacher, S. (2003): Sozialwissenschaftliche Dimensionen von Corporate Citizenship in Deutschland. In: Backhaus-Maul, H., Brühl, H. (2003 Hg.): Bürgergesellschaft und Wirtschaft – zur neuen Rolle von Unternehmen. Deutsches Institut für Urbanistik, Berlin: 45-62

N

Naujoks, W. (1975): Unternehmensgrößenbezogene Strukturpolitik und gewerblicher Mittelstand – Zur Lage und Entwicklung mittelständischer Unternehmen in der Bundesrepublik Deutschland. (Schriften zur Mittelstandsforschung Nr. 68), Göttingen

Nave-Herz, R. (1997): Familie heute – Wandel der Familienstrukturen und Folgen für die Erziehung. Primus, Darmstadt

Neubauer, F.-F., Lank, A,G. (2001): The family business: its governance for sustainability. Basingstoke, McMillan

Niederalt, M. (2004): Betriebliche Ausbildung als kollektives Phänomen. Jahrbuch für Wirtschaftswissenschaften, 55/1: 80-105

Niederalt, M. (2005): Bestimmungsgründe des betrieblichen Ausbildungsverhaltens in Deutschland. Unter http://hdl.handle.net/10419/23778 (abgerufen am 26.09.2013)

Nielsen, A.E., Thomsen, C. (2009): Investigating CSR communication in SMEs: a case study among Danish middle managers. Business Ethics: A European Review, 18/1: 83-92

Nutzinger, H.G. (1994): Unternehmensethik zwischen ökonomischem Imperialismus und diskursiver Überforderung. In: Blasche, S., Köhler, W.R., Rohs, P. (1994): Markt und Moral. St. Galler Beiträge zur Wirtschaftsethik Band 13. Verlag Paul Haupt, Bern: 181-214

O

OECD: OECD Principles of Corporate Governance. Unter http://acts.oecd.org/Instruments/ShowInstrumentView.aspx?InstrumentID=151&Lang=en&Book=False (abgerufen am 18.6.2013)

Oetker, A. (2006): Vertrauen durch Marke und die Werte eines Familienunternehmens. In: Unger, S., Hattendorf, K., Korndörffer, S.H. (2006): Was uns wichtig ist – Eine neue Führungsgeneration definiert die Unternehmenswerte von morgen. Wiley, Weinheim: 221-248

P

Pechthold, N. (1988): Betr.: Wirtschaft – wohin? Kritische Thesen, in: Bochumer Symposium, Wirtschaften im Jahr 2000 – mit welchen Konzeptionen? Arbeitsheft, 6.-9. Okt. 1988, Ruhruniversität, S. 10-12.

Perez-Gonzales, F. (2006): Inherited Control and Firm Performance. American Economic Review, 96/5: 1559-1588

Petzold, M. (1999): Entwicklung und Erziehung in der Familie – Familienentwicklungspsychologie im Überblick. Schneider Verlag, Baltmannsweiler

Peuckert, R. (2005): Familienformen im sozialen Wandel. VS Verlag für Sozialwissenschaften, Wiebaden

Pfeifer, H., Dionisius, R., Schönfeld, G., Walden, G., Wenzelmann, F. (2009): Kosten und Nutzen der betrieblichen Berufsausbildung. Forschungsprojekt des Bundesinstitut für Berufsbildung, Bonn. Unter http://www.bibb.de/de/wlk28857.htm (abgerufen am 26.09.2013)

Pfohl, H.-C. (1997): Abgrenzung der Klein- und Mittelbetriebe von Großbetrieben. In: Pfohl, H.-C. (1997 Hg.): Betriebswirtschaftslehre der Mittel- und Kleinbetriebe. Erich Schmidt Verlag, Berlin: 1-25

Plünnecke, A., Scharnagel, B., Stettes, O., Angenendt, J. (2009): Einstiegsmonitor Europa, iw Analysen Nr. 54, Köln

Pollak, R.A. (1985): A transaction cost approach to families and households. Journal of Economic Literature, 23: 581–608

Poutzioris, P., O`Sullivan, K., Nicolescu, L. (1997): The (re)-generation of family-business entrepreneurship in the Balkans. Family Business Review, 10/3: 239-262

Powell, W.W., DiMaggio, P.J. (1991): The New Institutionalism in Organizational Analysis, Chicago.

Poza, E.J. (2006): Family Business. Thomson, South-Western

R

Rappaport, A. (1999): Shareholder Value. Ein Handbuch für Manager und Investoren. Stuttgart.

Ratna, R., Chawla, S. (2012): Key Factors of Retention and Retention Strategies in Telecom Sector. Sona Global Management Review, 6/3: 35-46

Rieger, E., Sandmaier, S., Keese, D. (2003): Firmenbeiräte mittelständischer Unternehmen. Forschungsstelle für Betriebswirtschaft und Sozialpraxis e.V. (FBS), Schriftenreihe Band 60

Ross, S.A. (1973): The economic theory of agency: The principal´s problem. American economic review, 62/2: 134-139

Rüsen, T.A. (2012): „Attraktivität von Familienunternehmen als Arbeitgeber". Vortrag im Rahmen der Tagung von AGP und Commerzbank zur Mitarbeiterbeteiligung im Mittelstand am 21.6.2012

Rutherford, M.W., Kuratko, D.F., Holt, D.T. (2008): Examining the link between „Familiness" and Performance: Can the F-PEC untangle the Family Business Theory Jungle? Entrepreneurship: Theory & Practice, 32/6: 1089-1109

S

Sadowski, D. (1980): Berufliche Bildung und betriebliches Bildungsbudget. Schäffer Poeschel, Stuttgart

Salm-Salm, M. (2012): Unser Familienunternehmen. Kurzvortrag beim Family Business Network im Hause Käfer München am 28.6.2012, München

Samoilow, T. K. (2009): Der Ehrenmann und der Spekulant. Vom Bild des Unternehmers in Thomas Manns Buddenbrooks mit einem Vergleich zu Alexander Kiellands Roman Fortuna. Unter http://www.literaturkritik.de/public/rezension.php?rez_id=12889&ausgabe=200905 (abgerufen am 8.1.2011)

Schlömer, N., Kay, R., Backes-Gellner, U., Rudolph, W., Wassermann, W. (2007): Mittelstand und Mitbestimmung – Unternehmensführung, Mitbestimmung und Beteiligung in mittelständischen Unternehmen. Verlag Westfälisches Dampfboot, Münster

Schlömer-Laufen, N., Kay, R., Werner, A. (2012): Zum Einfluss der Inhaberführung auf die Betriebsrat-Geschäftsführer-Beziehung- Eine theoretische und empirische Analyse in mittelständischen Unternehmen. ZfB 3: S. 93-115

Schlömer-Laufen, N. (2012): Die Entstehung von Betriebsräten in kleinen und mittleren Familienunternehmen. Gabler, Wiesbaden

Schmidt, R.H. (2001): Kontinuität und Wandel bei der Corporate Governance in Deutschland. Zfbf, 47/01: 61-87

Schneewind, K. A. (1999): Familienpsychologie. W. Kohlhammer, Stuttgart

Scholl, H., Stockhausen, A. (2011): Eine Kultur zum Bleiben. Personalwirtschaft, 5: 18-21

Scholz, O. (2007): Bundesminister für Arbeit und Soziales, Rede anlässlich des Symposiums "Unternehmen für Jugend - Fit in die Zukunft" der Initiative "Freiheit und Verantwortung" von BDI, BDA, DIHK, ZDH und Wirtschaftswoche in Berlin am 3.12.2007

Schraml, S.C. (2009): Finanzierung von Familienunternehmen. Eine Analyse spezifischer Determinanten des Entscheidungsverhaltens. Gabler Verlag, Wiesbaden

Schranz, M. (2007): Wirtschaft zwischen Profit und Moral. VS Verlag für Sozialwissenschaften, Heidelberg

Schwerk, A. (2007): Corporate Governance und Corporate Social Responsibility – Integrative Betrachtung für eine „gute“ Corporate Governance. Unter http://www.econbiz.de/archiv1/2008/47803_governance_corporate_responsibility.pdf (abgerufen am 25.09.2013)

Setzen, R., Setzen, K. M. (1978): Familie in der Bundesrepublik Deutschland. Otto Maier, Ravensburg

Shah, M. (2011): Talent Retention through Employer Branding. Journal of Marketing & Communication, 6/3: 30-33

Shleifer, A., Vishny, R.W. (1997): A Survey of Corporate Governance. Journal of Finance, 52/2: 737-783

Simon, F.B., Wimmer, R., Groth, T. (2005): Mehr-Generationen-Familienunternehmen – Erfolgsgeheimnisse von Oetker, Merck, Haniel u.a. Carl Auer Verlag, Heidelberg

Sirmon, D., Hitt, M. (2003): Managing Resources: Linking Unique Resources, Management, and Wealth Creation in Family Firms. Entrepreneurship: Theory & Practice, 27/4: 339-358

Single Generation: Unter http://www.single-generation.de/glossar/multilokale_mehrgenerationen_familie.htm (abgerufen am 4.6.2013)

Sonnenfeld, J.A., Spence, P.L. (1989): The parting patriarch of a family firm. Family Business Review, 2: 354-375

Spence, L.J., Lozano, J.F. (2000): Communicating about Ethics with small firms: Experiences from the U.K. and Spain. Journal of Business Ethics, 27/1/2: 43-52

Stark, O. (1995): Altruism and Beyond: An Economic analysis of Transfers and Exchanges Within Families and Groups. Cambridge University Press, New York

Statistisches Bundesamt (2006): Pressemitteilung Nr. 320 vom 9.8.2006: 23% der Jugendlichen wachsen in alternativen Familienformen auf, Wiesbaden

Steger (2006): Corporate Governance in deutschen KMU – Der Schlüssel für Wachstum und Internationalisierung? In: Meyer, J.A. (2006 Hg.): Aufbruch und Wachstum von KMU in neuen Märkten. Jahrbuch der KMU-Forschung und –praxis 2006. Eul Verlag, Lohmar: 117-131

Stephan, P. (2002): Nachfolge in mittelständischen Familienunternehmen – Handlungsempfehlungen aus Sicht der Unternehmensführung. In: Becker, W., Weber, J. (2002): Unternehmensführung und Controlling. Gabler Verlag, Wiesbaden

Stiftung Familienunternehmen (2007): Das gesellschaftliche Engagement von Familienunternehmen, München

Stiftung Familienunternehmen (2011): Attraktivität von Familienunternehmen als Arbeitgeber, München

Stine, R. (1989): An Introduction to Bootstrap Methods: Examples and Ideas. Sociological Methods and Research, 18/2/3: 243-291

Suchanek, A. (2004): Ökonomische Unternehmensethik, in: Arnold, V. (2004, Hg.): Wirtschaftsethische Perspektiven VII. Duncker & Humblot, Berlin: 79-101

Suchanek, A. (2007): Ökonomische Ethik. UTB, Stuttgart

Süddeutsche Zeitung (2008): Das Vermögen ist nicht zu meinem Vergnügen da – Ferdinand zu Castell-Castell über die Familie, Last und Lust des Reichtums und darüber, was der Wald über das Bankgeschäft lehrt. Sonderbeilage 15.5.2008

T

Tänzler, J.K., Keese, D., Hauer, A. (2012): Mitarbeiterbindung in kleinen und mittleren Unternehmen mit und ohne Familieneinfluss. In: Meyer, J.-A. (2012, Hg.): Jahrbuch KMU-Forschung – Personalmanagement in kleinen und mittleren Unternehmen. Eul Verlag, Lohmar: 165-182

Thompson, J.K., Smith, H.L. (1991): Social Responsibility and small business: Suggestions for research. Journal of Small business management, 29/1: 30-44

Thompson, T. (1960, Hg.): Stewardship in Contemporary theology. Association Press, New York

Tirole (2001): Corporate Governance. Econometrica, 69/1: S. 1-35

Toman, S. (2006): Work-Life-Balance als ein Aspekt der Mitarbeitermotivation: familienfreundliche Maßnahmen im Betrieb unter Berücksichtigung rechtlicher Rahmenbedingungen. Shaker, Aachen

Tosi, H.L., Brownlee, A.L., Silva, P., Katz, J.P. (2003): An empirical exploration of decision-making under agency controls and stewardship structure. Journal of Management Studies, 40: 2053-2071

U

Uhlaner, L.M., Wright, M., Huse, M. (2007): Private firms and corporate governance: an integrated economic and management perspective. Small Business Economics, 29: 225-241

Ulrich, H. (1987): Führungsphilosophie. In: Kieser, A., Reber, G., Wunderer, R. (1987, Hg.): Handwörterbuch der Führung. Schäffer-Poeschel, Stuttgart: 640-650

Ulrich, P. (1994): Integrative Wirtschafts- und Unternehmensethik – ein Rahmenkonzept. In: Blasche, S., Köhler, W.R., Rohs, P. (1994): Markt und Moral. St. Galler Beiträge zur Wirtschaftsethik Band 13. Verlag Paul Haupt, Bern: 75-107

V

Van den Berghe, L.A.A., Carchon, S. (2003): Agency relations within the family business system: An exploratory approach. Corporate Governance: An International Review, 11/3: 171-180

Van den Heuvel, J., Van Gils, A., Voordeckers, W. (2006): Board Roles in Small and Medium-Sized Family Businesses: performance and importance. Corporate Governance, 14/5: 467-485

Vetter, E. (2003): Deutscher Corporate Governance Kodex. DNotZ 2003, 748, 764

Velte, P. (2009): Stewardship-Theorie. Zeitschrift für Planung und Unternehmenssteuerung, 20: 285-293

Villalonga, B., Amit, R. (2006): How do family ownership, management and control affect affect firm value. Journal of Financial Economics, 80: 385-417

Vogler, M. (1990): Die Aufgaben des Beirats im Familienunternehmen unter Berücksichtigung rechtlicher Aspekte. Eul, Bergisch Gladbach

Vom Hofe, A. (2005): Strategien und Maßnahmen für ein erfolgreiches Management der Mitarbeiterbindung. Kovac, Hamburg

Von Schlippe, A., Nischak, A., El Hachimi, M. (2011): Familienunternehmen verstehen – Gründer, Gesellschafter und Generationen. Vandenhoeck & Ruprecht, Göttingen

W

Waddock, S. (2003): Parallel Universes – Companies, Academics and the Progress of Corporate Citizenship Business and Society Review. 109/1: 5-42

Walden, G., Herget, H. (2002): Nutzen der betrieblichen Ausbildung für Betriebe – erste Ergebnisse einer empirischen Erhebung. BWP - Berufsbildung in Wissenschaft und Praxis, 6/2002: 32-37

Waldkirch, R., Voigt, G., Henrici, D., Kersting, E. (2008): Unternehmer und Ethik – Ein Gespräch. In: Waldkirch, R. (2008): Die Moral der Wirtschaft. Gesellschaftliche Verantwortung und Mittelstand. Lit Verlag, Berlin: 67-88

Waldkirch, R. (2008): Die Moral der Wirtschaft. Gesellschaftliche Verantwortung und Mittelstand. Lit Verlag, Berlin

Ward, J. L. (1988): The special role of strategic planning for family businesses. Family Business Review, 1/2: 105-117

Weber, M. (2008): The business case for corporate social responsibility: A company-level measurement approach for CSR. European Management Journal, 26: 247-261

Wegmann, J., Zeibig, D., Zilkens, H. (2009): Der ehrbare Kaufmann Leistungsfaktor Vertrauen – Kostenfaktor Misstrauen. Bank-Verlag Medien, Köln

Weissenberger-Eibl, M., Spieth, P. (2006): Family Business Governance. Zeitschrift für Corporate Governance, 7: 127-133

Weissman, A., Artmann, A. (2007): Was Familienunternehmen von anderen Unternehmen unterscheidet. In: Frasl, E.J., Rieger, H. (2007): Family Business Handbuch. Linde Verlag, Wien: 20-29

Wenzelmann, F., Schönfeld, G., Pfeifer, H., Dionisius, R. (2009): Betriebliche Berufsausbildung: Eine lohnende Investition für die Betriebe. Ergebnisse der BIBB-Kosten- und Nutzen-Erhebung 2007. BIBB Report 8/2009, Bonn

Werder, A.v. (2009): Ökonomische Grundfragen der Corporate Governance. In: Hommelhoff, P., Hopt, K.J., Werder, A.v. (2009, Hg.): Handbuch Corporate Governance – Leitung und Überwachung börsennotierter Unternehmen in der Rechts- und Wirtschaftspraxis. Schäffer Poeschel, Stuttgart

Whetten, D.A., Mackey, A. (2005): An identity-congruence explanation of why firms would consistently engage in corporate social performance. Working Paper. Brigham Young University, Provo, UT

Wimmer, R., Domayer, E., Oswald, M., Vater, G. (2005): Familienunternehmen – Auslaufmodell oder Erfolgstyp? Gabler,Wiesbaden

Wimmer, R. (2007): Erfolgsstrategien in Familie und Unternehmen. In: Frasl, E.J., Rieger, H. (2007): Family Business Handbuch. Linde Verlag, Wien: 30-46

Wingen, M. (1989): Familie im Wandel – Situation, Bewertung, Schlussfolgerungen. Katholisch-Soziales Institut der Erzdiözese Köln, Bad Honnef

Wirz, S. (2007): Erfolg und Moral in der Unternehmensführung – Eine ethische Orientierungshilfe im Umgang mit Managementtrends. Peter Lang, Frankfurt

Witt, P. (2003): Corporate Governance – Systeme im Wettbewerb. Deutscher Universitätsverlag, Wiesbaden

Wöhe, G., Döring, U. (2008): Einführung in die allgemeine Betriebswirtschaftslehre. Vahlen, München

Wolter, H.-J., Hauser, H.-E. (2001): Die Bedeutung des Eigentümerunternehmens in Deutschland – Eine Auseinandersetzung mit der qualitativen und quantitativen Definition des Mittelstands. In: Jahrbuch zur Mittelstandsforschung Bonn Band 01/2001. Institut für Mittelstandsforschung Bonn (Hg.), Gabler, Wiesbaden: 25-77

Wolter, S.C. (2008): Ausbildungskosten und –nutzen und die betriebliche Nachfrage nach Lehrlingen. Perspektiven der Wirtschaftspolitik, 9 (SI): 90-108

Wood, D.J., Logsdon, J. (2001): Theorising business citizenship. In: Andrioff, J., McIntosh, M. (2001, Hg.): Perspectives on Corporate Citizenship, Greenleaf Publishing Sheffield: 66-82

Wössner, M. (1998): Familienunternehmen – Charakteristika und typische Problemfelder. In: Miller, M., Deecke, J., Keyser, C., Sperber, O., Burfeind (1998, Hg.): Familienunternehmer heute. Gabler, Wiesbaden

Woywode, M., Keese, D., Taenzler, J. (2012): Corporate Governance in geschlossenen Gesellschaften - insbesondere in Familienunternehmen - unter Berücksichtigung von Aufsichtsgremien. Zeitschrift für Unternehmens- und Gesellschaftsrecht, 418-445.

Z

Zeitschrift für das gesamte Kreditwesen (2010): Renaissance traditioneller Werte im Bankgeschäft. 1.4.2010: 344-345

Zellweger, T., Meister, R., Fueglistaller, U. (2007): The outperformance of family firms: the role of variance in earnings per share and analyst forecast dispersion on the Swiss market. Financial Markets and Portfolio Management, 21/2: 203-220